新编高等职业教育电子信息、机电类精品教材

多媒体技术及应用

叶 莉 主 编

罗俊岭 杜 鸿 银 波 副主编

电子工业出版社
Publishing House of Electronics Industry
北京·BEIJING

内 容 简 介

本书集 3ds Max、Unity 3D、Photoshop、微课设计与制作 4 个部分为一体，以实例为载体，讲解各种软件的功能、使用方法和技巧。本书主要内容包括：3ds Max 效果图制作、Unity 3D 游戏开发、Photoshop 图形图像处理、微课设计与制作等。

本书可作为高职和中职院校计算机类及相关专业的教材，也可作为多媒体从业人员的参考用书，还可作为培训学校的教学用书。

未经许可，不得以任何方式复制或抄袭本书之部分或全部内容。
版权所有，侵权必究。

图书在版编目（CIP）数据

多媒体技术及应用 / 叶莉主编. —北京：电子工业出版社，2024.2
ISBN 978-7-121-47146-9

Ⅰ. ①多… Ⅱ. ①叶… Ⅲ. ①多媒体技术 Ⅳ. ①TP37

中国国家版本馆 CIP 数据核字（2024）第 027402 号

责任编辑：王艳萍
印　　刷：三河市良远印务有限公司
装　　订：三河市良远印务有限公司
出版发行：电子工业出版社
　　　　　北京市海淀区万寿路 173 信箱　邮编 100036
开　　本：787×1 092　1/16　印张：19.5　字数：525 千字
版　　次：2024 年 2 月第 1 版
印　　次：2024 年 2 月第 1 次印刷
定　　价：58.00 元

凡所购买电子工业出版社图书有缺损问题，请向购买书店调换。若书店售缺，请与本社发行部联系，联系及邮购电话：（010）88254888，88258888。
质量投诉请发邮件至 zlts@phei.com.cn，盗版侵权举报请发邮件至 dbqq@phei.com.cn。
本书咨询联系方式：wangyp@phei.com.cn，（010）88254574。

前　　言

党的二十大报告指出，教育、科技、人才是全面建设社会主义现代化国家的基础性、战略性支撑。必须坚持科技是第一生产力、人才是第一资源、创新是第一动力，深入实施科教兴国战略、人才强国战略、创新驱动发展战略，开辟发展新领域新赛道，不断塑造发展新动能新优势。

本书编者坚持以全面贯彻党的教育方针，落实立德树人根本任务，培养德智体美劳全面发展的社会主义建设者和接班人为指导思想，深度挖掘"多媒体技术及应用"课程的思政育人功效，在潜移默化中坚定学生理想信念，厚植爱国主义情怀，培养学生敢为人先的创新精神，精益求精的工匠精神。

"多媒体技术及应用"课程通过项目引领学生进行学习，掌握多媒体的基本知识，培养学生应用计算机软件进行多媒体编辑及合成的基本技能，对多媒体技术有基本的了解；能承担企业的多媒体技术相关工作任务，并能应用 3ds Max 软件进行建模与渲染设置，使用 Unity 3D 动态语言和算法进行简单的游戏开发，利用 Photoshop 软件进行图像合成与创意设计。

"多媒体技术及应用"是计算机类及相关专业的一门专业必修课程，本课程采用理实一体化的教学方法，具有很强的实践性和应用性。学生通过学习软件了解有关多媒体技术的相关知识，掌握多媒体数据的特点和基本处理方法，熟练应用多媒体集成工具创作多媒体作品，从而拓宽学生的专业知识面和基本技能，为以后在相关领域发展打下基础。

本书推荐学时安排如下。

模　块	内　容	学　时
1	3ds Max 效果图制作	20
2	Unity 3D 游戏开发	20
3	Photoshop 图形图像处理	20
4	微课设计与制作	20
合计（学校可按照专业特点从中选取两个模块进行学习）		80（40）

本书具有如下特色。

（1）模块化设计，引入丰富案例。全书采用模块化设计，将知识点按模块进行划分，同时引入实际工程案例，强调实践操作能力的培养。

（2）图文结合，步骤详细。本书采用图文结合的方式，案例操作一步一图，使学生快速掌握知识与技能。

（3）内容必需、够用。本书以"必需、够用"为原则，选取实用的内容进行讲解，让学生掌握关键知识点。

（4）本书配有丰富的教学资源，可有效辅助教与学。

本书由武汉职业技术学院叶莉担任主编，罗俊岭、杜鸿、银波担任副主编。其中，罗俊岭负责模块1的编写，杜鸿负责模块2的编写，叶莉负责模块3的编写，银波负责模块4的编写。在本书的编写过程中得到了烽火通信科技股份有限公司杨凯工程师的大力支持，提供了大量的素材,在此表示感谢。

由于编者水平有限,书中难免存在不足之处,敬请广大读者批评指正。

编　者

目 录

模块 1　3ds Max 效果图制作 (1)
　项目 1　3ds Max 入门知识 (1)
　　1.1.1　3ds Max 版本的选择 (2)
　　1.1.2　3ds Max 工作界面与视图 (2)
　　1.1.3　3ds Max 基本变换操作 (7)
　　1.1.4　基本建模 (12)
　项目 2　3ds Max 多边形建模 (42)
　　1.2.1　多边形建模的概念 (42)
　　1.2.2　可编辑多边形界面 (43)

模块 2　Unity 3D 游戏开发 (71)
　项目 1　认识和安装 Unity 3D (71)
　项目 2　认识 Unity 3D 界面 (78)
　项目 3　制作游戏场景中的 3D 模型 (94)
　项目 4　布局游戏场景中的光源 (105)
　项目 5　操作 Unity 3D 场景中的摄像机组件 (110)
　项目 6　开发 Unity 3D 脚本实现外键输入 (114)
　项目 7　用 Unity 3D 模拟物理运动 (124)
　项目 8　游戏打包发布 (138)

模块 3　Photoshop 图形图像处理 (140)
　项目 1　Photoshop 基础知识 (140)
　　3.1.1　图形与图像的基础知识 (141)
　　3.1.2　Photoshop 2020 的工作界面 (145)
　　3.1.3　文件的基本操作 (148)
　　3.1.4　调整图像和画布大小 (150)
　　3.1.5　辅助工具的应用 (152)
　项目 2　Photoshop 工具的使用 (159)
　　3.2.1　套索工具组 (159)
　　3.2.2　魔棒工具组 (161)
　　3.2.3　选框工具组 (162)
　　3.2.4　自由变换 (163)
　　3.2.5　画笔工具组 (165)
　　3.2.6　填色工具组 (167)
　　3.2.7　橡皮擦工具组 (169)

- 3.2.8 图章工具组 (171)
- 3.2.9 修复工具组 (172)
- 3.2.10 模糊工具组 (174)
- 3.2.11 调色工具组 (175)

项目3 色彩调整 (180)
- 3.3.1 颜色模式 (180)
- 3.3.2 色彩调整命令 (182)

项目4 路径 (190)
- 3.4.1 钢笔工具组 (191)
- 3.4.2 对路径的操作 (192)
- 3.4.3 "路径"面板和"色彩范围"命令 (194)

项目5 文字的处理与应用 (202)
- 3.5.1 文字工具的操作 (203)
- 3.5.2 "字符"面板 (206)
- 3.5.3 "段落"面板 (207)
- 3.5.4 编辑文字 (208)

项目6 使用图层工作 (215)
- 3.6.1 图层的概念 (216)
- 3.6.2 图层的基本操作 (217)
- 3.6.3 图层样式 (224)

项目7 蒙版的使用 (232)
- 3.7.1 图层蒙版 (233)
- 3.7.2 快速蒙版 (237)
- 3.7.3 剪贴蒙版 (238)

项目8 通道的综合应用 (241)
- 3.8.1 "通道"面板 (241)
- 3.8.2 通道的颜色 (244)
- 3.8.3 Alpha通道和通道的运算 (245)

项目9 使用滤镜工作 (250)
- 3.9.1 滤镜概述 (251)
- 3.9.2 液化 (251)
- 3.9.3 模糊滤镜组 (253)
- 3.9.4 艺术效果、像素化和扭曲滤镜组 (256)

项目10 自动功能的应用 (263)
- 3.10.1 动作和"动作"面板 (264)
- 3.10.2 批处理和其他自动处理 (265)
- 3.10.3 获取原稿 (270)

模块 4　微课设计与制作 ……………………………………………………………（277）
　　项目 1　微课开发与制作 ………………………………………………………（277）
　　　　4.1.1　微课相关知识 …………………………………………………………（278）
　　　　4.1.2　微课开发常用软件——PowerPoint …………………………………（280）
　　　　4.1.3　微课开发常用软件——会声会影 ……………………………………（290）

模块 1　3ds Max 效果图制作

项目 1　3ds Max 入门知识

【任务导入】

3ds Max 是由 Autodesk 公司旗下的 Discreet 公司开发的三维造型与动画制作软件。在 20 世纪 90 年代之前，3D 制作软件还是大型工作站特有的，而 3D Studio Max（常简称为 3d Max 或 3ds Max）软件率先将三维造型与动画制作软件移植到计算机硬件平台上，因此该软件一经推出就受到广大设计人员和爱好者的欢迎，获得了广泛的支持。

3ds Max 与其他的 3D 制作软件相比较，具有易学、功能强大、应用广泛等特点。它是集建模、材质、灯光、渲染、动画、输出等于一体的全方位 3D 制作软件，可以为创作者提供多方面的选择，满足不同的需要。其广泛应用于广告、影视、工业设计、建筑设计、三维动画、多媒体制作、游戏、工程可视化等领域。

【任务要求】

3ds Max 的功能非常强大，相对应的界面和命令也比较复杂，如图 1-1-1 所示。本任务要求为掌握 3ds Max 基本界面，以及常用设置、视图控制、图形变换、基本体建模等功能。

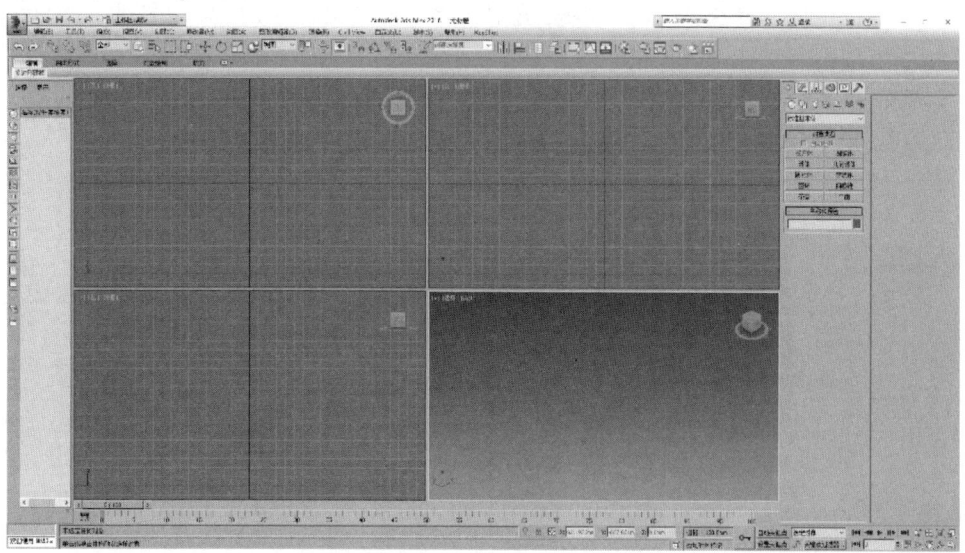

图 1-1-1　3ds Max 软件

【任务计划】

本任务主要学习 3ds Max 相关基础知识，构建基本体并对其进行变换等操作，掌握模型创建的基本思路。

 【难点剖析】

（1）视图的操作。
（2）对象的基本变换操作。
（3）二维图形和文本的创建与编辑。
（4）几何体的创建方法。
（5）修改器的应用。

 【必备知识】

1.1.1　3ds Max 版本的选择

自 1990 年 3D Studio Max 软件诞生至今，已历经二十多个版本的更新迭代。初学者可以根据自己的计算机配置选择一个稳定的版本，但过旧的版本会面临新版渲染器和插件逐渐不再支持的问题。3ds Max 2016 是稳定性较高、功能全面的版本之一，本书内容基于此版本。

1.1.2　3ds Max 工作界面与视图

1．工作界面

启动 3ds Max 2016，即可看到其工作界面，如图 1-1-2 所示。

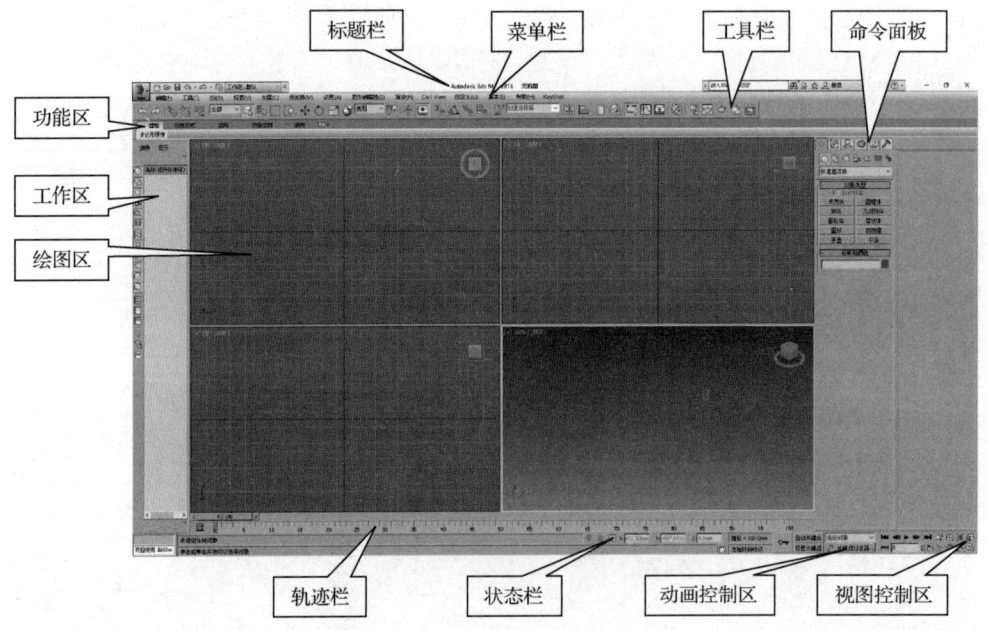

图 1-1-2　3ds Max 2016 工作界面

（1）标题栏：位于工作界面顶部，包含正在编辑的文件名称、软件版本信息，还有软件图标（也称为"应用程序"图标）、快速访问工具栏和信息中心3个工具栏。

（2）菜单栏：位于工作界面第二行，包含"编辑""工具""组""视图""创建""修改器""动画""图形编辑器""渲染""Civil View""自定义""脚本""帮助"13个菜单。

（3）工具栏：集合了常用的编辑工具，有些工具的右下角带有一个小三角图标，用鼠标左键单击该图标就会打开下拉工具列表，显示更多工具选项。

（4）命令面板：场景对象的操作都可以在命令面板中完成。命令面板由6个面板组成，分别是"创建""修改""层次""运动""显示""实用程序"，每个面板又细分为很多小面板和工具图标。

（5）功能区：可以在功能区中定义常用的工具。

（6）工作区：可以在绘图过程中进行快速选择、显示/隐藏对象及进行VRay渲染操作。

（7）绘图区：绘图区是工作界面中最大的一个区域，如图1-1-3所示，也是实际操作中用得最多的区域，默认状态下为四个视图显示。在这些视图中可以从不同的角度对场景中的对象进行观察和编辑。每个视图的左上角都会显示视图的名称及模型的显示方式，右上角有一个导航器（不同视图显示的状态也不同）。

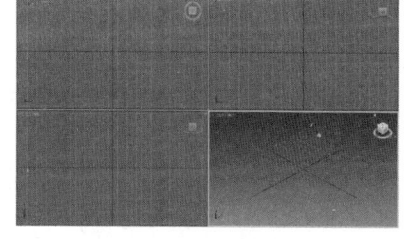

图1-1-3　绘图区

（8）轨迹栏：可对选定动画的关键帧进行编辑操作，如复制、移动、删除等。

（9）状态栏：用来显示当前坐标、栅格、命令提示等辅助信息。

（10）动画控制区：可以进行动画的记录、播放、关键帧锁定等操作。

（11）视图控制区：针对视图进行操作，如对视图进行缩放、平移、旋转等。

2．快捷操作

3ds Max中对鼠标和快捷键的操作需要熟练掌握，常用的操作如下。

（1）按住鼠标中键并移动，可平移视图。

（2）上下滚动鼠标滚轮，可缩放视图。

（3）按Alt+鼠标中键，可旋转视图。

（4）单击鼠标左键选择一个对象，再按Alt+鼠标中键，则可以该对象为中心旋转视图。

3．视图操作

视图操作是3ds Max中相当重要的部分，也是实际工作中使用非常频繁的一个功能。默认状态下3ds Max呈现四个视图，分别是顶视图（快捷键T）、前视图（快捷键F）、左视图（快捷键L）和透视图（快捷键P）。

（1）视图选择

在四个视图中任意选择一个单击鼠标左键、中键或者右键，都可以激活所选视图，被激活的视图会呈现黄色边框。

（2）视图最大化显示

选择任一个视图后，按Alt+W组合键可最大化显示所选视图，此时工作区中只有一个视图，便于进行绘图，如图1-1-4所示；如果再按一次Alt+W组合键，将恢复到显示四个视图，如图1-1-5所示。对所有视图进行最大化显示可以按Shift+Ctrl+Z键。

 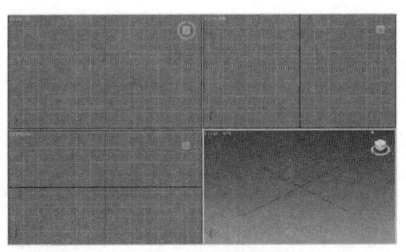

图 1-1-4　视图最大化显示　　　　　　图 1-1-5　四个视图

（3）对象最大化显示

在绘图过程中如果对象过大则不能完全显示，如图 1-1-6 所示，此时可以按 Z 键使对象最大化显示，此时对象会全部显示在视图正中心，如图 1-1-7 所示。另外，此方法也适用于对象显示过小的情况。

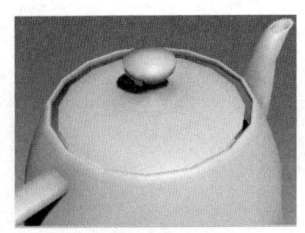 

图 1-1-6　对象过大　　　　　　图 1-1-7　对象最大化显示

如果想对多个对象进行最大化显示，如显示图 1-1-8 中的球和圆柱体，可以按住 Ctrl 键选择它们，再按 Z 键将它们最大化显示，如图 1-1-9 所示。如果想对视图中的所有对象最大化显示，则可以不选择任何对象，按 Z 键即可将它们最大化显示（按 Alt+Ctrl+Z 键也可以实现此效果），如图 1-1-10 所示。

 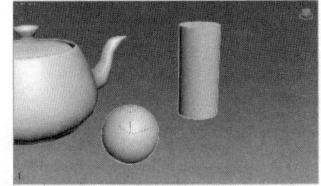 

图 1-1-8　球和圆柱体　　　图 1-1-9　球和圆柱体最大化显示　　　图 1-1-10　所有对象最大化显示

（4）视图变换

在三维建模中，需要频繁地切换不同的视图来进行模型的设计和对象的调整，对不同视图的切换就需要熟练掌握。在学习视图前，先学习工程制图中的一些基础知识。

日光或灯光照射到物体上，从而在地面或墙面上留下影子，这种现象称为投影。人们在长期的生产实践中对投影现象进行了科学研究和概括，总结出了投影法。

投射线汇交于一点的投影法称为中心投影法，如图 1-1-11 所示。这种投影会呈现人眼观感中"近大远小"的变化，而且会产生一定的形变，但立体感较强，故适用于工业设计和艺术创作等。

投射线相互平行的投影法称为平行投影法，根据投射线是否垂直于投影面又分为斜投影法和正投影法，如图 1-1-12 所示。这种投影能够反映物体的真实形状，且具有一定的积聚性和类似性，故主要用来绘制机械图样和制造用参考图。

模块1　3ds Max 效果图制作

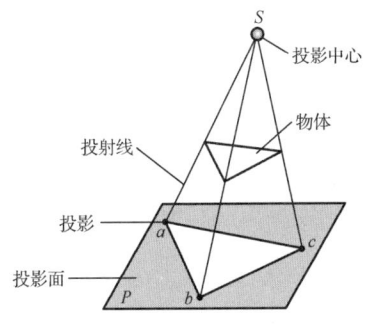

图 1-1-11　中心投影法

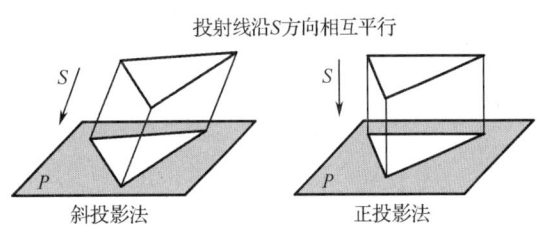

图 1-1-12　斜投影法和正投影法

选择绘图区中右下角的视图，按 Alt+W 组合键最大化显示视图，单击命令面板中的"茶壶"，在绘图区按住鼠标左键拖动，绘制出一个大小合适的茶壶，如图 1-1-13 所示。

此时单击视图区域左上角的"透视"菜单，即可看到"透视""正交""顶"等各种视图选项及其快捷键。茶壶的透视图即由中心投影法得到，如图 1-1-14 所示，在场景内进行移动操作时，要遵循"近大远小"的原则。

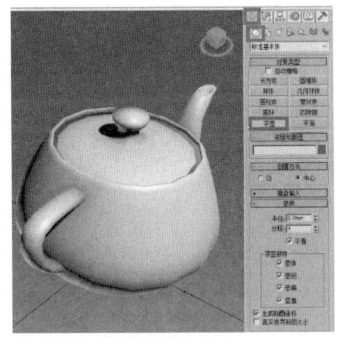

图 1-1-13　绘制茶壶

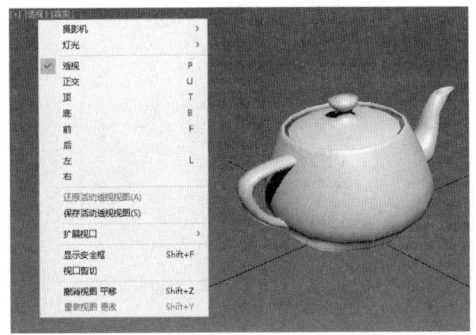

图 1-1-14　茶壶透视图

按下快捷键 U，可切换至正交视图，如图 1-1-15 所示，同理顶视图如图 1-1-16 所示，底、前视图如图 1-1-17 所示，后、左视图如图 1-1-18 所示，右视图也由平行投影法得到，即在三维空间中，可从对象的 6 个标准方向进行投影。对比透视图和正交视图，可发现透视图有明显畸变，在建模时，透视图和正交视图均会用到，需牢记其快捷键。

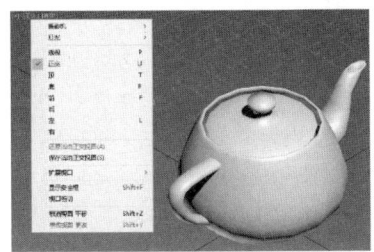

图 1-1-15　正交视图

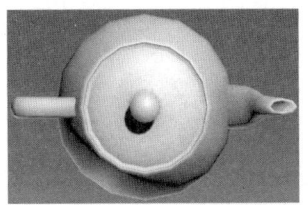

图 1-1-16　顶视图

图 1-1-17　底、前视图

图 1-1-18　后、左视图

4. 视图显示模式

3ds Max 有很多的视图显示模式（默认情况下为"真实"模式），单击视图左上角最后一个菜单即可弹出如图 1-1-19 所示的显示模式。需注意显示效果与刷新速度成反比，即显示效果越好刷新速度越慢，反之则越快。通常使用"真实"和"线框"模式，这两种模式可按 F3 键进行快速切换，按 F4 键则可添加"边面"显示效果。当遇到物体之间相互重叠不便于选择的情况时，选择"线框"模式是较好的解决方案。

5. 坐标

在三维建模中坐标尤为重要，3ds Max 提供了很多种坐标，单击工具栏中"视图"下拉列表，即可看到所有的坐标模式，如图 1-1-20 所示。

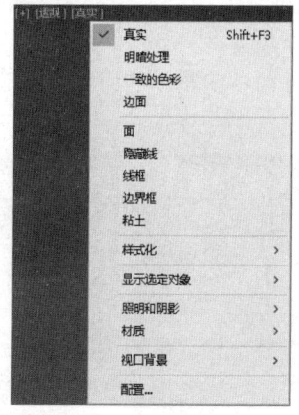
图 1-1-19　视图显示模式

图 1-1-20　坐标模式

（1）"世界"坐标

在透视图中，从前视图观察，X 轴水平向右为正，Z 轴垂直向上为正，Y 轴由外向内为正（即从操作者指向屏幕），"世界"坐标属于系统中的绝对坐标，下方状态栏中的绝对坐标输入模式即以"世界"坐标为参考。其与其他视图的坐标保持一致，因此在其他视图中也能用同一个坐标进行参数的调整。

（2）"屏幕"坐标

在活动视图中，主要根据屏幕确定坐标，即屏幕的水平方向为 X 轴，屏幕的竖直方向为 Y 轴，垂直屏幕的方向为 Z 轴，且随着模型的旋转，该坐标始终保持与屏幕的相对关系。

（3）"视图"坐标

3ds Max 默认的坐标模式，等于"世界"坐标+"屏幕"坐标。在正投影视图（顶、底、前、后、左、右视图）中使用"屏幕"坐标，在透视图中使用"世界"坐标。

（4）"拾取"坐标

操作者可以自定义的坐标，源于物体本身的坐标。简单来说，A 物体有自身的坐标，B 物体可以拾取 A 物体的坐标，这样其他物体可以以 A 物体的坐标进行移动等操作。

（5）"父对象"坐标

这种坐标使用选定对象的父对象的坐标。如果对象未链接至特定对象，则其为"世界"坐标，其父对象的坐标与"世界"坐标相同。如果选定了链接对象，子对象以父对象的坐标为准。

(6)"局部"坐标

物体在建模时所产生的坐标,与自身保持一致,如物体旋转了一定的角度,则坐标也一同旋转。

(7)"栅格"坐标

在 3ds Max 中可直接创建一个栅格,其具备普通物体的属性。通过选择菜单栏中的"创建"→"辅助对象"→"栅格"命令,创建一个栅格对象,类似系统默认的栅格,可以旋转一定的角度,右击可以激活栅格,此时创建物体,即可在此栅格上进行。"栅格"坐标指物体的坐标能够以创建出来的栅格坐标为准。

(8)"万向"坐标

与"局部"坐标类似,但其 3 个旋转轴之间不一定互成直角。

(9)"工作"坐标

选择"层次"面板中"轴"→"编辑工作轴"后,再选择"使用工作轴",即可转换为"工作"坐标,如图 1-1-21 所示。

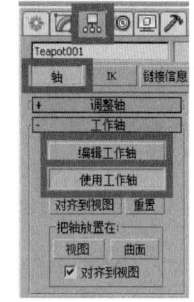

图 1-1-21 选择"使用工作轴"

6. 坐标中心

3ds Max 中除了坐标,还有坐标中心,共同配合提供丰富的功能。

(1)使用轴点中心

操作时以对象自己的坐标为准,一般为"局部"坐标。

(2)使用选择中心

操作时将多个对象作为一个整体,以它们的几何中心作为坐标中心。

(3)使用变换坐标中心

当更改对象的坐标后,再切换此功能,会以改变后的坐标为中心。

1.1.3 3ds Max 基本变换操作

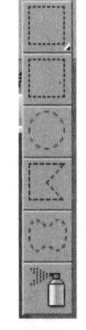

图 1-1-22 矩形选择区域

1. 选择

在 3ds Max 中有很多种选择模型的方式,在此仅讲解常用的部分。

在工具栏中,"选择对象"的图标默认为激活状态,可以用鼠标点选模型,或者按住鼠标左键框选多个模型,默认情况下框选为矩形,长按"矩形选择区域",可以更换其他选择区域,如图 1-1-22 所示。选择状态又分为"交叉"和"窗口",区别在于:"交叉"指物体部分位于选择范围内即可被选中,"窗口"则需要物体完全在选择范围内才可被选中。在实际操作中可以根据所需进行选择。

其余的快捷键选择方式有:按 Ctrl+A 键全选,按 Ctrl+I 键反向选择,按 Ctrl 键加选,按 Alt 键减选等。

2. 变换

模型创建完成后,需要对其位置或本身的形态进行调整,就需要用到以下 3 种变换命令。

(1)选择并移动:按快捷键 W 选择模型就可以进行移动操作。如图 1-1-23 所示,对茶壶进行移动,拖动图中 3 个坐标轴箭头,即可沿着相应方向移动茶壶;拖动两两坐标轴形成的面,即可在相应的面内移动茶壶;拖动坐标轴原点,即可在 3 个维度自由移动茶壶。共有 7

种移动方式。

提示：以上为直接对坐标轴进行操作，在绘图时，如果放大了模型，看不到坐标轴，此时要对模型进行变换，可以使用快捷键直接拖动模型。按 F5 键锁定 *X* 轴，按 F6 键锁定 *Y* 轴，按 F7 键锁定 *Z* 轴，按 F8 键锁定面。例如，第一次锁定 *XY* 面，第二次锁定 *YZ* 面，第三次锁定 *XZ* 面，然后循环。

（2）选择并旋转：按快捷键 E 再选择模型就可以进行旋转操作，如图 1-1-24 所示。对茶壶进行旋转，拖动最外侧的圆环，即可在屏幕所在平面内旋转茶壶；拖动内侧 3 个圆环，即可沿着 3 个坐标轴进行旋转；拖动坐标轴原点，可在 3 个维度自由旋转茶壶。共有 5 种旋转方式。

图 1-1-23　选择并移动　　　　　　　　图 1-1-24　选择并旋转

（3）选择并缩放：按快捷键 R 再选择模型就可以进行缩放操作，如图 1-1-25 所示。对茶壶进行缩放，拖动图中 3 个坐标轴，即可沿着相应方向缩放茶壶；拖动两两坐标轴形成的带状面，即可在相应面内缩放茶壶；拖动坐标轴原点，可在 3 个维度缩放茶壶。共有 7 种缩放方式。

以上 3 种变换均为粗略编辑，操作简便速度快，需熟练掌握。

如需精确移动，则在执行"选择并移动"命令选择模型后，右击，在弹出的快捷菜单中选择"移动"后的小图标，在弹出的对话框中输入数值即可进行移动，如图 1-1-26 所示。旋转和缩放的精确编辑方法与移动一致。

"绝对"：相对于系统原点进行移动。

"偏移"：相对于前一点坐标进行移动。需注意在此模式下，输入数值并按回车键后，物体移动，但窗口中依然显示"0"，绝对坐标会发生变化。

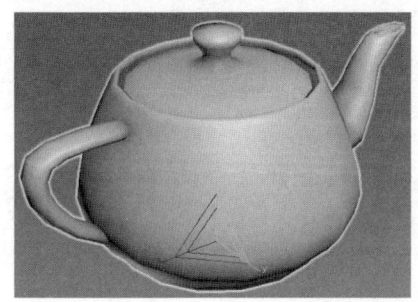 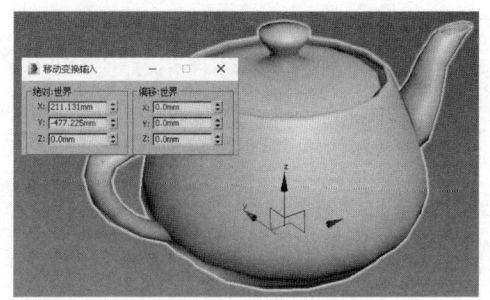

图 1-1-25　选择并缩放　　　　　　　　图 1-1-26　精确移动

3．复制

在建模时，遇到相同的模型，可通过复制操作进行快速创建，3ds Max 中有多种复制方式。

(1) 快速复制：首先选择茶壶，按 Ctrl+V 快捷键，弹出"克隆选项"对话框，单击"确定"按钮即可重叠复制出新茶壶，如图 1-1-27 所示。

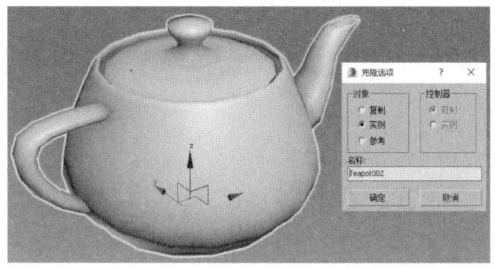

图 1-1-27　快速复制

"复制"：复制的对象与原对象完全独立，对复制的对象或原对象做任何修改都不会互相影响。

"实例"：复制的对象与原对象相互关联，对复制的对象或原对象中的任一个进行修改，都会影响其他对象。

"参考"：复制的对象是原对象的参考对象，对复制的对象做修改不会影响原对象；对原对象的修改会影响复制的对象，复制的对象会随原对象的改变而变化。

(2) 变换复制：首先按 W 键并选择茶壶，按住 Shift 键拖动 X 轴到新的位置，如图 1-1-28 所示，松开按键弹出"克隆选项"对话框，如图 1-1-29 所示，单击"确定"按钮即可复制出新茶壶。如需要一次性复制出多个新茶壶，可以更改其中的"副本数"。

图 1-1-28　变换复制

图 1-1-29　"克隆选项"对话框

(3) 阵列：选择茶壶，选择菜单栏中"工具"→"阵列"命令，即可弹出"阵列"对话框，如图 1-1-30 所示，分别可以实现"移动""旋转""缩放"或者混合模式的阵列效果。

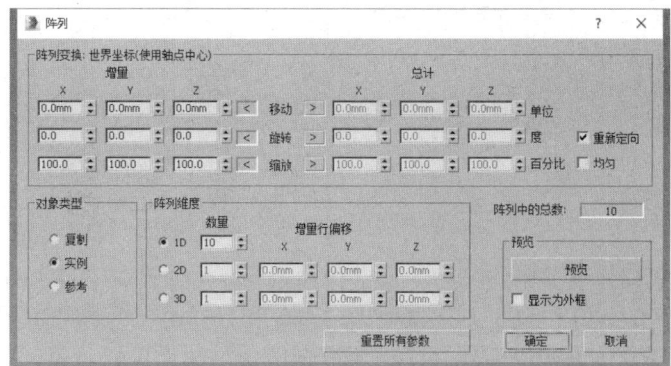

图 1-1-30　"阵列"对话框

"增量":以两个物体的间隔尺寸为准。
"总计":以阵列后的总尺寸为准。
"对象类型":与"克隆选项"对话框中参数含义一样。
"阵列维度":在一维、二维和三维尺度上进行阵列,同时二维和三维尺度上还可输入间隔尺寸。
"预览":激活"预览",可显示阵列结果。
"显示为外框":阵列物体过多,影响显示和计算速率时,可选中此复选框。

(4)间隔工具:使复制的物体沿着一条路径进行阵列。首先绘制好茶壶和一条曲线作为路径,选择茶壶,选择菜单栏中"工具"→"对齐"命令,弹出"间隔工具"对话框,单击"拾取路径"按钮,选择曲线,调整参数,单击"应用"按钮即可阵列,如图 1-1-31 所示。

图 1-1-31　间隔工具

(5)镜像:镜像也可以理解为一种复制。绘制茶壶,单击工具栏中的"镜像"图标,弹出"镜像"对话框,选择"镜像轴"为"X"轴,输入镜像距离,选中"复制"单选按钮,单击"确定"按钮,即可实现镜像,如图 1-1-32 所示。

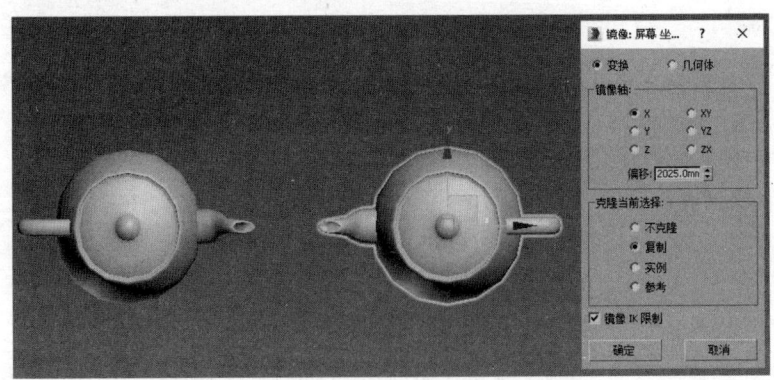

图 1-1-32　镜像

4. 对齐

在 3ds Max 中建模效率非常高,为保证模型的规整,可通过"对齐"命令,结合"移动"命令快速调整物体间的相互位置,主要调整当前对象和目标对象的参考位置进行对齐。

下面以茶壶和长方体为例讲解对齐的相关概念,长方体为目标对象,茶壶为当前对象,如图 1-1-33 所示。

（1）选择茶壶，单击工具栏中的"对齐"图标（或者按 Alt+A 快捷键），单击长方体，即可弹出"对齐当前选择"对话框，如图 1-1-34 所示。

图 1-1-33　茶壶和长方体

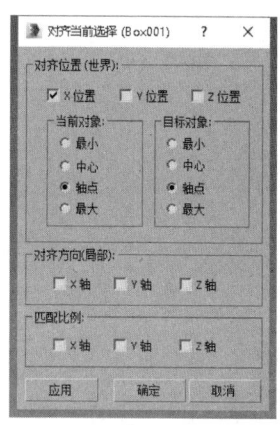

图 1-1-34　"对齐当前选择"对话框

提示：有"对齐位置""对齐方向（局部）""匹配比例"三种对齐方式。

"对齐位置"：对齐的参考以"世界"坐标为准。以茶壶为例，如图 1-1-35 所示，最小为左侧壶柄位置，最大为右侧壶嘴位置，中心为此二者中点，茶壶的轴心默认在底部坐标系处，轴心后期可按根据需要修改。明确了当前对象的参考位置，再结合目标对象的参考位置即可在某一方向实现对齐。

"对齐方向（局部）"：对齐方向的参考位置以对象本身的坐标为准，即"局部"坐标。

"匹配比例"：将两个对象相应的比例设置为一致。

（2）选中"X 位置"复选框，"当前对象"和"目标对象"都选择"最小"，单击"确定"按钮，即可看到茶壶和长方体左侧对齐，如图 1-1-36 所示。

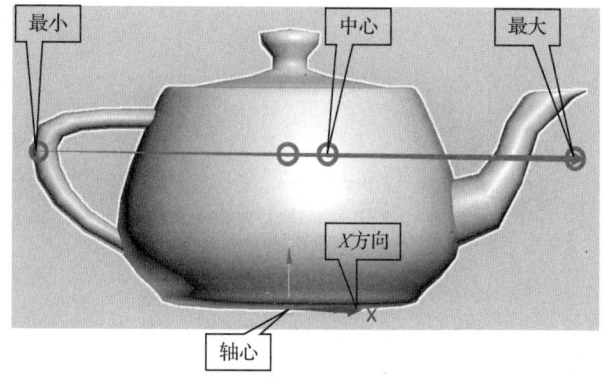

图 1-1-35　对齐方式

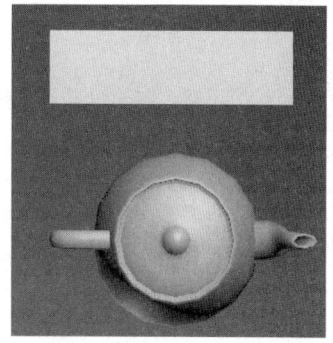

图 1-1-36　对齐结果

5. 捕捉

在 3ds Max 中，利用捕捉工具也可以快速实现精确绘图和编辑，主要有以下几种方式。

（1）3 维捕捉

可以捕捉三维空间内的参考。

（2）2.5 维捕捉

虽然捕捉三维空间内的参考，但结果投影在二维平面内。

（3）2维捕捉

可以捕捉二维平面内的参考。

捕捉的快捷键为 S，角度捕捉的快捷键为 A，还可以进行百分比的捕捉。

右击工具栏中"捕捉"图标，可在弹出的对话框中设置捕捉的参考点，如图 1-1-37 所示，还可以设置捕捉的选项，如图 1-1-38 所示。

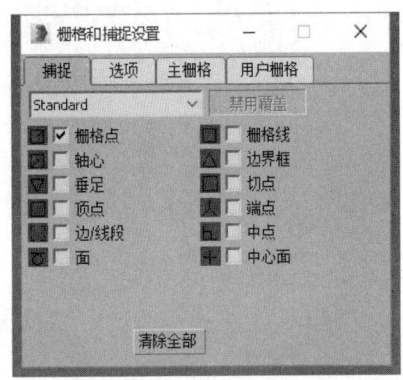

图 1-1-37　设置捕捉的参考点

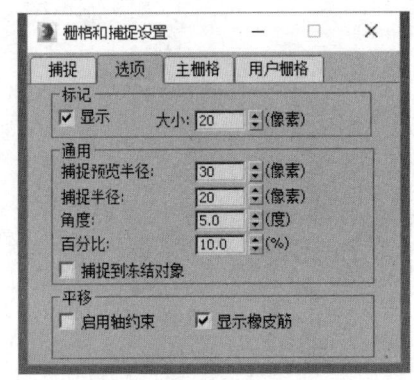

图 1-1-38　设置捕捉的选项

1.1.4　基本建模

1. 基本体建模

3ds Max 中的三维建模可以理解为处理点、线、面之间的关系，物体可以由封闭或不封闭的面组成。

默认情况下"标准基本体"图标是激活状态，在"创建"面板（见图 1-1-39）的"几何体"菜单中，打开"标准基本体"下拉列表，可以看到还有"扩展基本体"等其他选项，如图 1-1-40 所示。

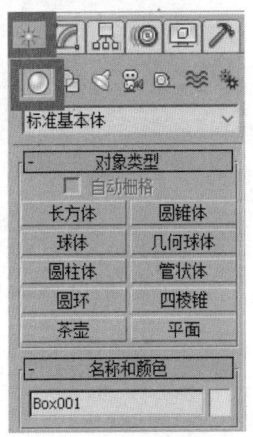

图 1-1-39　"创建"面板

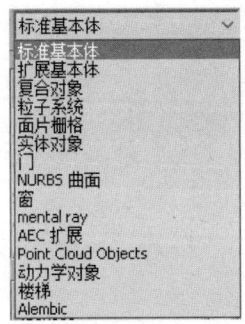

图 1-1-40　其他选项

标准基本体的绘制遵循一定的顺序，默认使用左键在绘图区内拖动，如图 1-1-41 所示。

模型创建完成后，先选择模型再单击"修改"图标（快捷键"2"），可修改模型的参数，如图 1-1-42 所示。

模块1　3ds Max 效果图制作

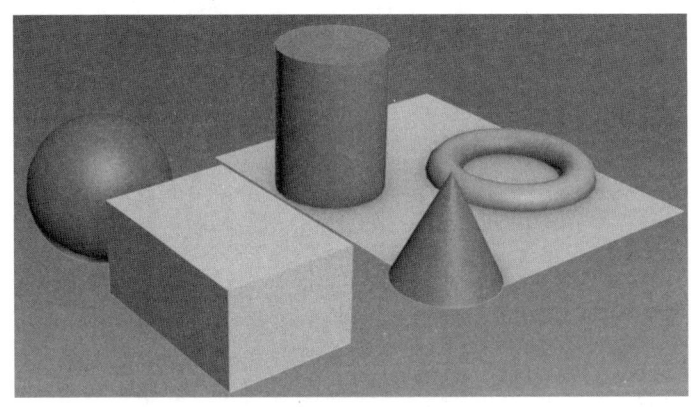

图 1-1-41　绘制基本体　　　　　　　　图 1-1-42　修改模型的参数

2. 二维图形建模

单击"创建"面板中的"图形"菜单，如图 1-1-43 所示，即可进行二维绘图。默认情况下绘制在 XY 平面上，也可以使用顶视图、左视图等，从而绘制在不同的平面上，如图 1-1-44 所示。

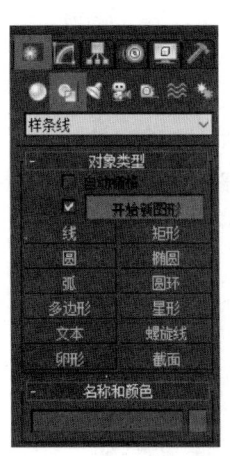

图 1-1-43　"图形"菜单　　　　　　　　图 1-1-44　绘制二维图形

在 3ds Max 中，二维图形可分为两类，一类为贝塞尔曲线，如直线；另一类为普通曲线，包括矩形、圆、弧、文本等。

这两类图形在修改时有明显差别，选择矩形，单击"修改"图标（快捷键"2"），可修改其参数，如图 1-1-45 所示。不但可以修改图形参数，还可以进行"渲染"和"插值"。"渲染"可以理解为将线条变粗，截面可变成圆形或矩形从而实体化，能够控制在建模视图中或者渲染时分别显示加粗的效果。"插值"相当于柔性化，通过自动优化，使硬朗的线条由更多的点来控制，从而实现曲线化。

选中直线，对其参数进行修改，如图 1-1-46 所示。可看到可以修改的参数很多，在"选择"中又分为"顶点""线段"和"样条线"三种,如"顶点"下有很多可修改的选项,其中灰色菜单表示当前模式下禁用。

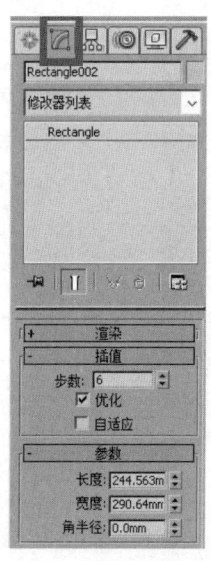

图 1-1-45　修改矩形参数

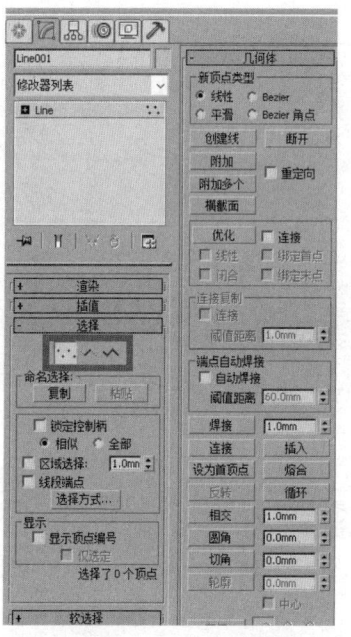

图 1-1-46　修改直线参数

普通曲线可以转化为贝塞尔曲线,如选择矩形后右击,可在弹出的快捷菜单中选择"转换为可编辑样条线"命令,如图 1-1-47 所示,再进行参数修改,即可看到不但曲线的名称由"Rectangle"变为"可编辑样条线",其他选项也和贝塞尔曲线的选项一致,如图 1-1-48 所示。

图 1-1-47　转化矩形

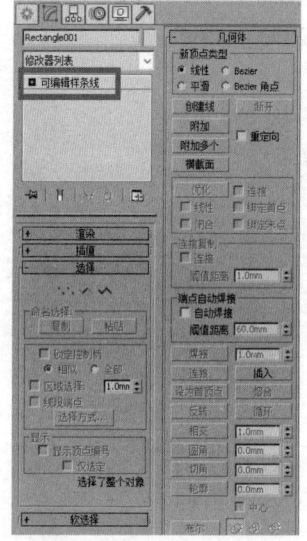

图 1-1-48　修改矩形参数

3. 修改器建模

修改器,就是可以对模型进行编辑,改变其几何形状及属性的工具。修改器在创建一些形状特殊的模型时具有非常强的优势,基础建模只能构建相对规则的模型,使用修改器可以起到事半功倍的效果。

在 3ds Max 中加载修改器有多种方式，可以通过"修改器"菜单进行加载，如图 1-1-49 所示，也可以在模型的"修改"菜单中加载，如图 1-1-50 所示。因本书篇幅所限，对修改器的详解不再展开，后面在案例中用到修改器时再进行讲解。

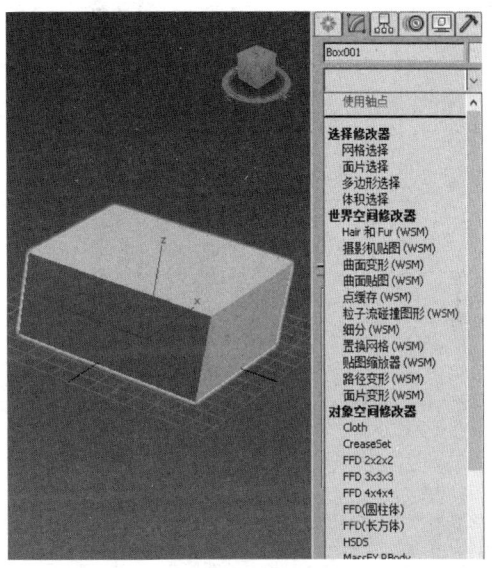

图 1-1-49 "修改器"菜单　　　　　图 1-1-50 "修改"菜单

【任务实施】

1. 制作锁链

（1）打开 3ds Max，选择菜单栏中"自定义"→"单位设置"命令，打开"单位设置"对话框（见图 1-1-51），将"显示单位比例"中的"公制"设为"毫米"，单击"系统单位设置"按钮，弹出"系统单位设置"对话框，设置"1 单位=1.0 毫米"，单击"确定"按钮。

（2）选择右下角透视图，按 Alt+W 组合键最大化显示，按 T 键变为顶视图，在命令面板中选择"创建"→"图形"→"矩形"，在绘图区绘制一个矩形，如图 1-1-52 所示，绘制完毕在选中状态下按"2"键修改其参数，如图 1-1-53 所示。

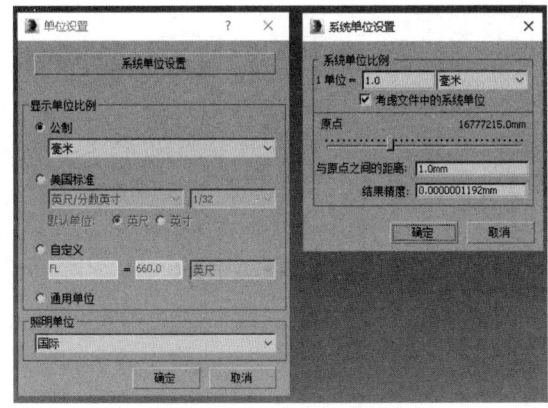
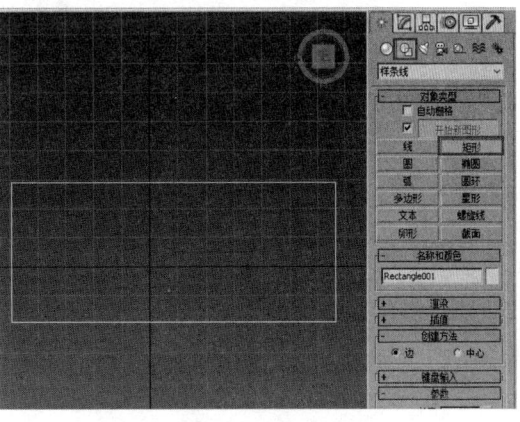

图 1-1-51 单位设置　　　　　　　图 1-1-52 绘制矩形

（3）选中矩形，单击右键，在弹出的快捷菜单中选择"转换为可编辑样条线"命令，如图 1-1-54 所示。按"1"键修改其顶点，框选矩形所有顶点，激活"圆角"，如图 1-1-55 所示。将鼠标放在矩形一个顶点上，向上拖动鼠标使其变为跑道形，如图 1-1-56 所示。在"渲染"菜单中选中"在视口中启用"复选框，"径向"厚度为 10mm，如图 1-1-57 所示。单击右键，在弹出的快捷菜单中选择"顶层级"命令退出编辑模式，完成一环锁链的制作。

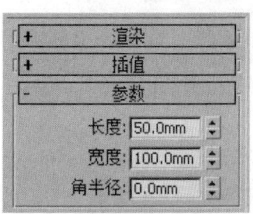

图 1-1-53 修改矩形参数

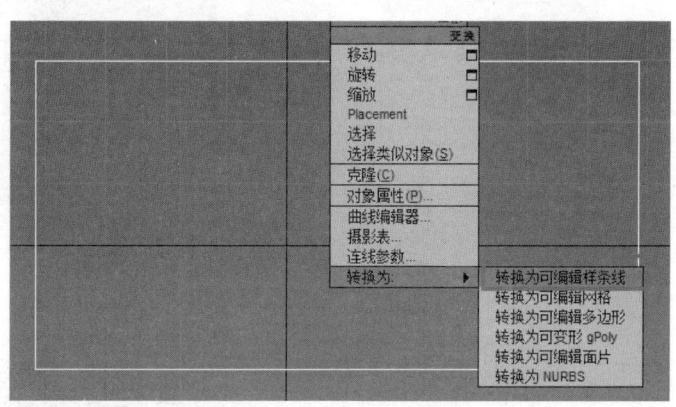

图 1-1-54 转换为可编辑样条线

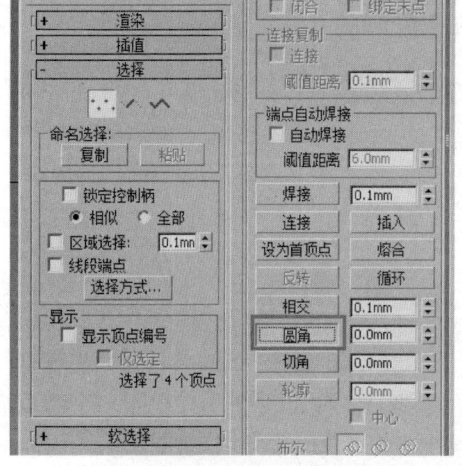

图 1-1-55 激活"圆角"

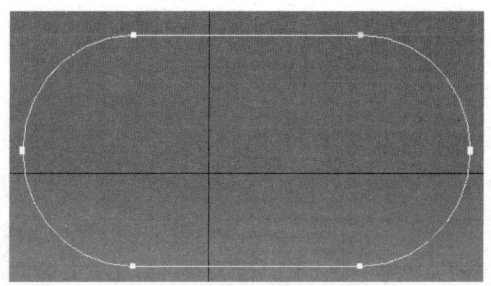

图 1-1-56 圆角效果

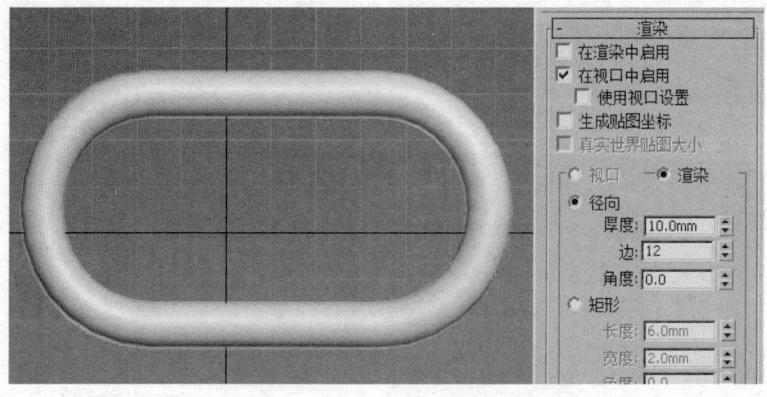

图 1-1-57 启用渲染

（4）选中锁链，选择菜单栏中"工具"→"阵列"命令，弹出"阵列"对话框，激活"预览"，将"X"的增量移动设为80mm，"X"的增量旋转设为90°，阵列数量为10，即可看到阵列后的效果，如图1-1-58所示。

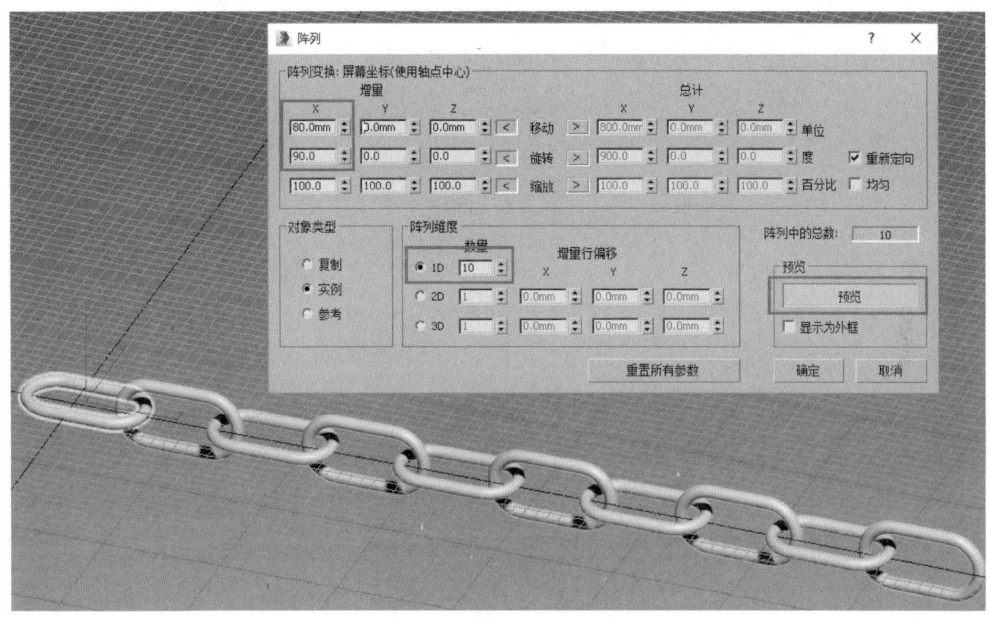

图1-1-58　锁链阵列

2．制作方凳

（1）打开3ds Max，选择菜单栏中"自定义"→"单位设置"命令，弹出"单位设置"对话框，将"显示单位比例"中的"公制"设为"毫米"，如图1-1-59所示。单击"系统单位设置"按钮，弹出"系统单位设置"对话框，设置"1单位=1.0毫米"，单击"确定"按钮。

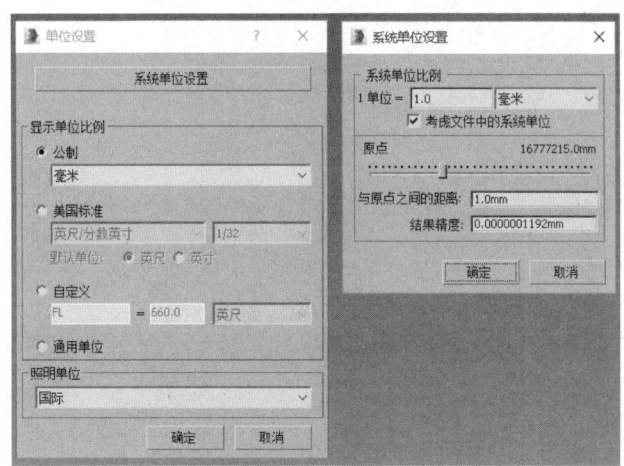

图1-1-59　单位设置

（2）选择右下角透视图，按Alt+W组合键最大化显示。单击命令面板中的长方体"Box"，在绘图区绘制凳面，绘制完毕在选中状态下按"2"键修改其参数，如图1-1-60所示。

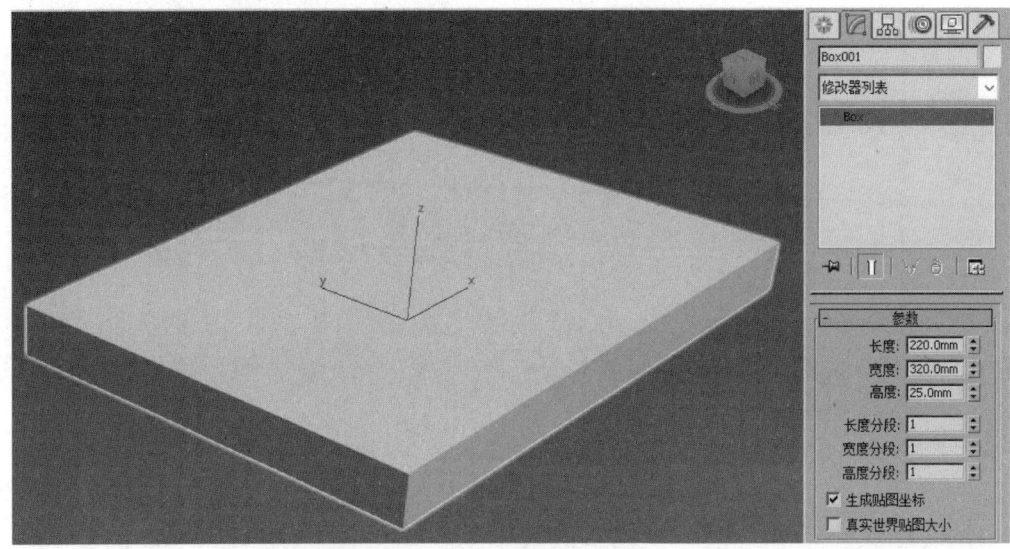

图 1-1-60 修改凳面参数

参数修改完毕，如果模型过大，可以单击一下绘图区，再按 Z 键最大化显示模型。

（3）选中凳面，按 W 键，修改其状态栏中的坐标，参数全设为 0，如图 1-1-61 所示。

图 1-1-61 修改凳面状态栏中的坐标

（4）再次创建一个长方体作为凳腿，修改其参数，如图 1-1-62 所示。

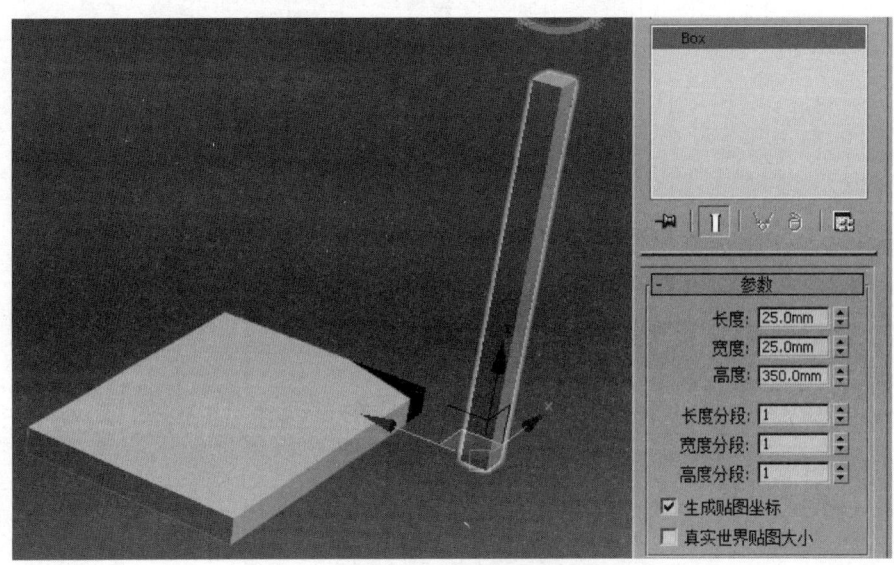

图 1-1-62 修改凳腿参数

（5）修改凳腿状态栏中的坐标，如图 1-1-63 所示。修改凳面状态栏中的坐标，如图 1-1-64 所示。

模块1　3ds Max 效果图制作

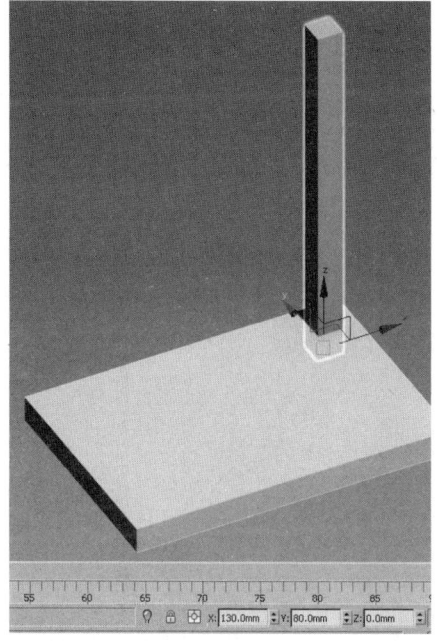
图 1-1-63　修改凳腿状态栏中的坐标

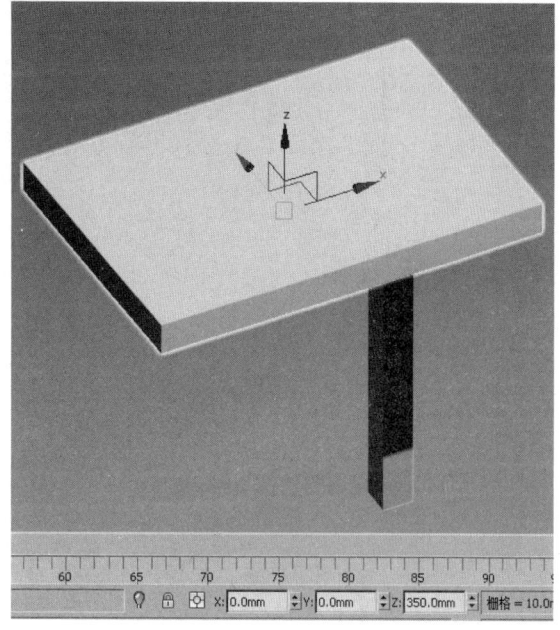
图 1-1-64　修改凳面状态栏中的坐标

（6）选中凳腿，选择菜单栏中"工具"→"阵列"命令，弹出"阵列"对话框，修改阵列参数，如图 1-1-65 所示，单击"确定"按钮，完成凳腿阵列，如图 1-1-66 所示。

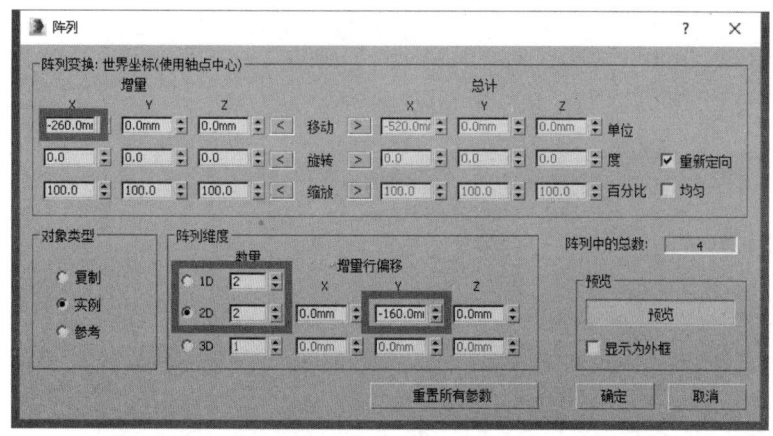
图 1-1-65　修改阵列参数

图 1-1-66　完成凳腿阵列

（7）再次创建一个长方体作为横杆，修改其参数，如图 1-1-67 所示。

（8）在横杆被选中状态下，按 E 键旋转，在状态栏中，"Y"轴设为 90°，如图 1-1-68 所示。按 W 键移动横杆至凳腿附近，按 Alt+A 组合键对齐，点选凳腿为对齐目标，如图 1-1-69 所示。在弹出的"对齐当前选择"对话框中选中"X 位置"复选框，"当前对象"选择"最小"，"目标对象"选择"最大"，如图 1-1-70 所示，单击"应用"按钮。选中"Y 位置"复选框，"当前对象"和"目标对象"均选择"中心"，如图 1-1-71 所示，单击"应用"按钮。选中"Z 位置"复选框，"当前对象"和"目标对象"均选择"最大"，如图 1-1-72 所示，单击"确定"按钮，结果如图 1-1-73 所示。

（9）单击横杆进行镜像，参数如图 1-1-74 所示，单击"确定"按钮。

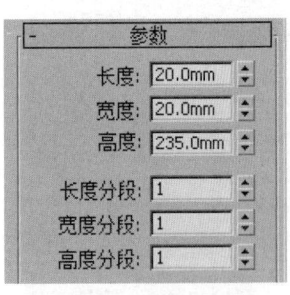 图1-1-67 修改横杆参数
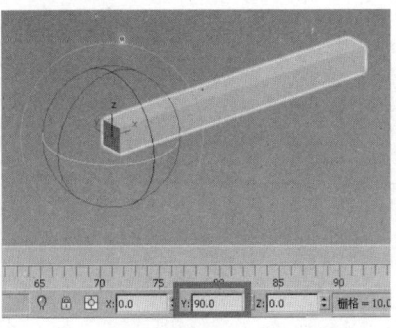 图1-1-68 旋转横杆
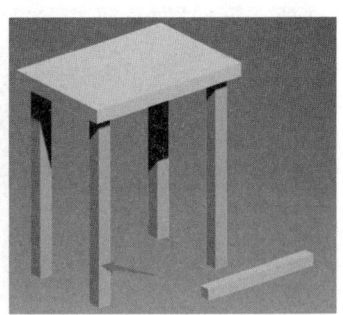 图1-1-69 对齐凳腿

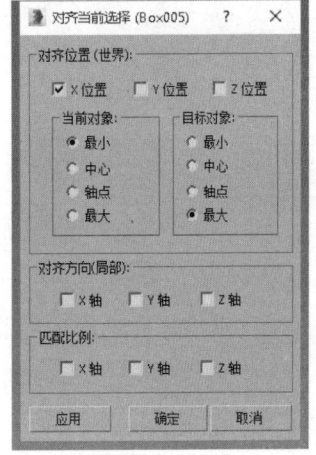 图1-1-70 "X位置"对齐
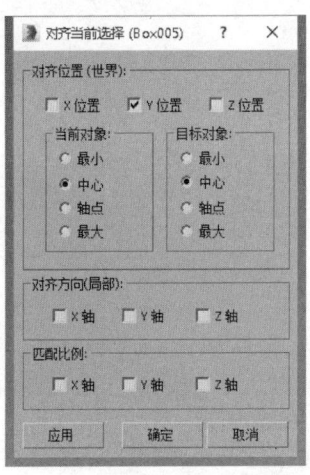 图1-1-71 "Y位置"对齐
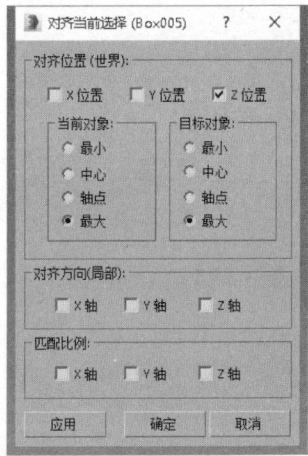 图1-1-72 "Z位置"对齐

 图1-1-73 对齐结果
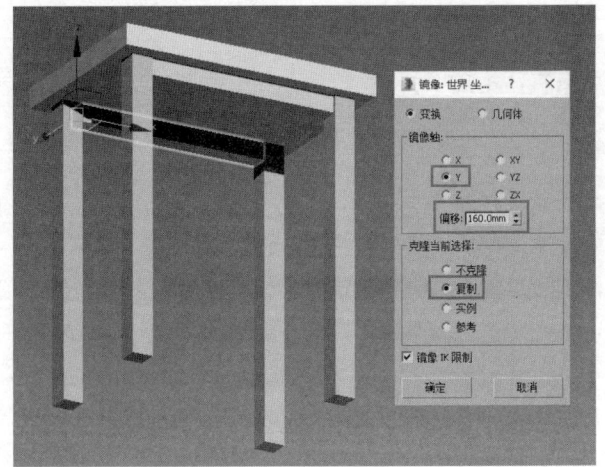 图1-1-74 镜像参数

（10）单击前侧横杆，按W键移动，按住Shift键拖动Z轴向下复制一根横杆，如图1-1-75所示，在弹出的"克隆选项"对话框中单击"确定"按钮。

（11）在横杆被选中状态下，按E键旋转，在状态栏中，"Z"轴设为90°，如图1-1-76所示。

模块 1　3ds Max 效果图制作

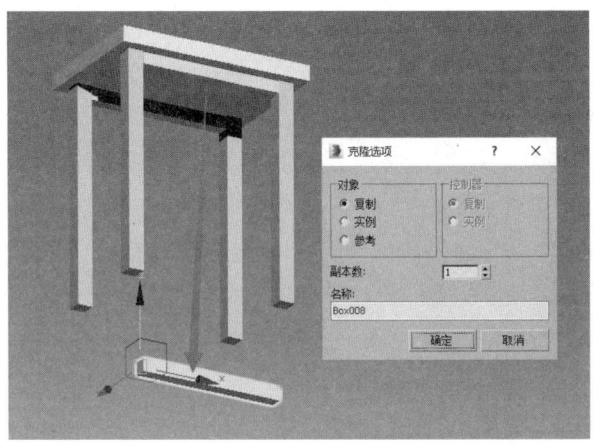

图 1-1-75　复制一根横杆　　　　　图 1-1-76　旋转 Z 轴

（12）修改横杆参数，将其变为短横杆，如图 1-1-77 所示。

思考：如何将短横杆对齐到侧面。自己尝试操作一下，结果如图 1-1-78 所示。

（13）将短横杆进行镜像，如图 1-1-79 所示。

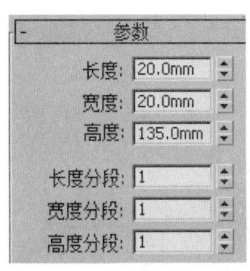  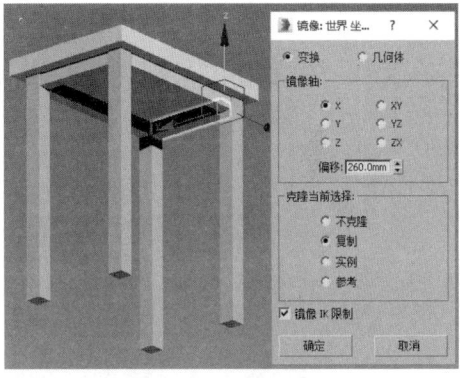

图 1-1-77　修改横杆参数　　图 1-1-78　对齐短横杆结果　　图 1-1-79　镜像短横杆

（14）按住 Ctrl 键选中 4 根横杆，按 Ctrl+V 快捷键原地复制一份，按住 Ctrl 键点选 2 根长横杆，修改其状态栏中的"Y"轴为 30°并按回车键，如图 1-1-80 所示。按住 Ctrl 键点选 2 根短横杆，修改其状态栏中的"Y"轴为 170°并按回车键，如图 1-1-81 所示，凳子制作完毕。

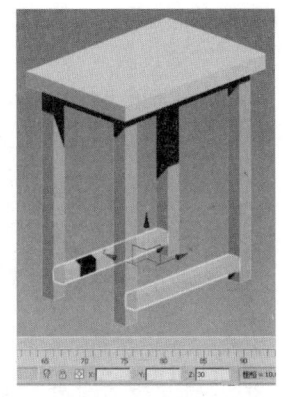 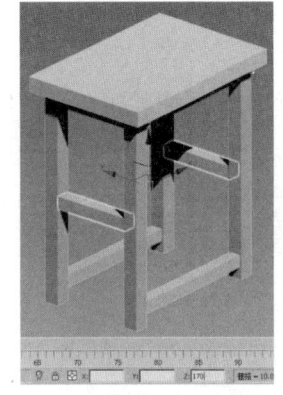

图 1-1-80　复制并移动长横杆　　图 1-1-81　复制并移动短横杆

3．制作电脑桌

（1）打开 3ds Max，选择菜单栏中"自定义"→"单位设置"命令，弹出"单位设置"对话框，将"显示单位比例"和"系统单位比例"均设置为"毫米"。

（2）选择右下角透视图，按 Alt+W 快捷键最大化显示，新建一个长方体，修改其参数如图 1-1-82 所示，移动使其坐标归零，如图 1-1-83 所示。

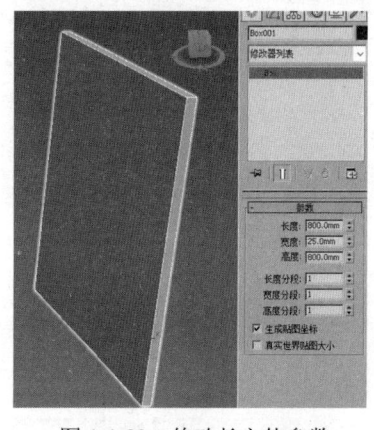

图 1-1-82　修改长方体参数　　　　　图 1-1-83　坐标归零

（3）复制并旋转长方体作为桌面，如图 1-1-84 所示。

（4）按 S 键激活"捕捉"，右击工具栏中"捕捉"图标，在弹出的对话框中设置仅捕捉"顶点"，如图 1-1-85 所示。

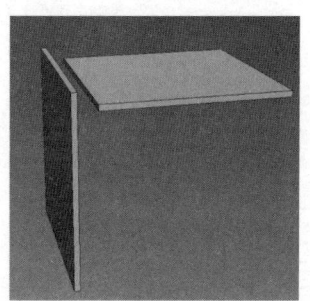
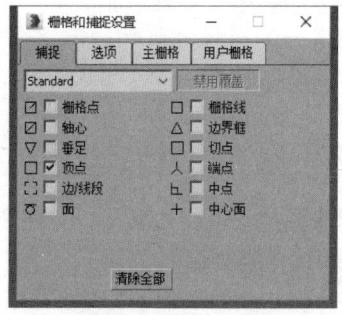

图 1-1-84　复制并旋转长方体　　　　　图 1-1-85　捕捉设置

（5）按 W 键移动桌面，按鼠标左键拖动桌面左上角使其与立板右上角顶点重合，如图 1-1-86 所示，移动结果如图 1-1-87 所示，按 S 键取消"捕捉"。

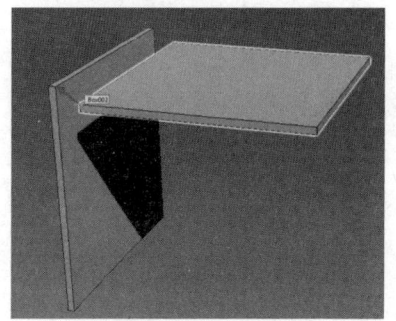
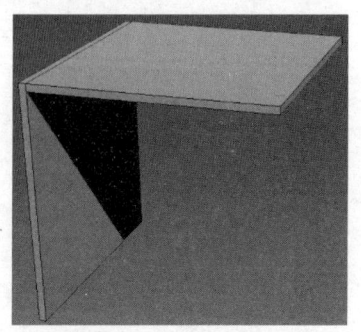

图 1-1-86　移动桌面　　　　　图 1-1-87　移动结果

提示:"捕捉"作为临时命令,在用完后记得关闭,以免影响后续操作。

(6)选择桌面,按 W 键移动,将桌面状态栏中的"Z"轴坐标设置为 600mm,如图 1-1-88 所示。

(7)镜像立板,镜像距离设为 825mm,如图 1-1-89 所示。

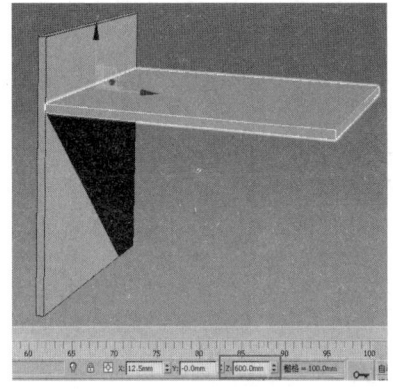
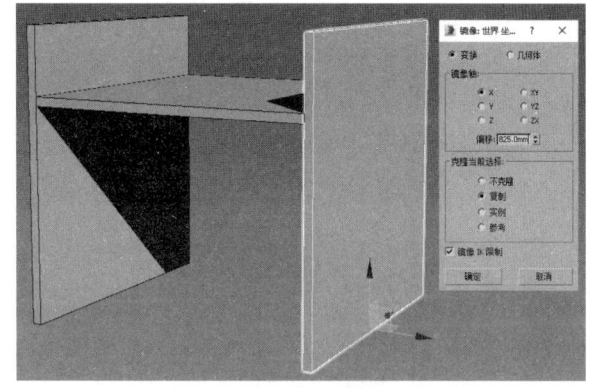

图 1-1-88　修改桌面状态栏中坐标　　　　　图 1-1-89　镜像立板

(8)复制桌面作为脚踏板,修改其参数,如图 1-1-90 所示。

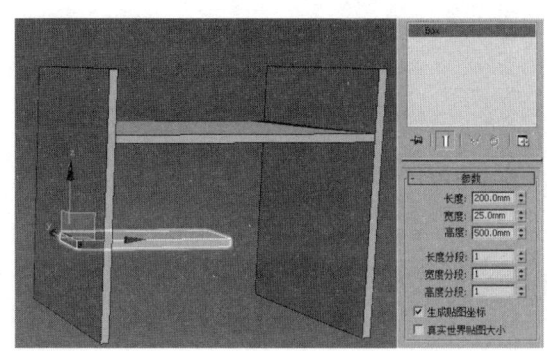

图 1-1-90　复制桌面并修改其参数

(9)旋转脚踏板,旋转角度为-30°,如图 1-1-91 所示。

提示:旋转时,首先确定旋转轴;其次旋转的角度依据右手定则确定,即伸出右手,握住旋转轴,拇指指向旋转轴正方向,四指弯曲,顺着四指方向的角度为正,逆着四指方向的角度为负。

(10)移动脚踏板,将其底边与立板底部重合,如图 1-1-92 所示。

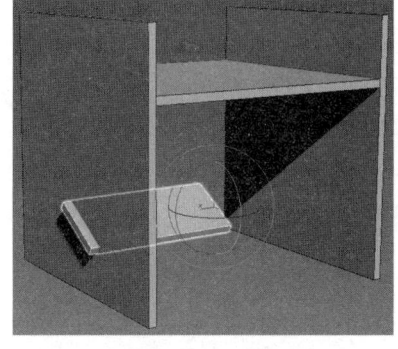
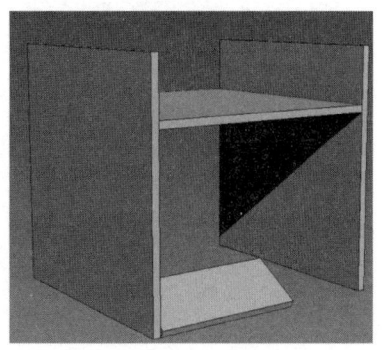

图 1-1-91　旋转脚踏板　　　　　　　　　图 1-1-92　移动脚踏板

(11) 移动脚踏板，激活状态栏中的相对坐标，如图 1-1-93 所示。使脚踏板向内移动 500mm，如图 1-1-94 所示（此处请自行判断坐标轴方向及移动距离的正负）。

提示："相对坐标"作为临时命令，在用完后记得关闭，以免影响后续操作。

图 1-1-93　激活相对坐标

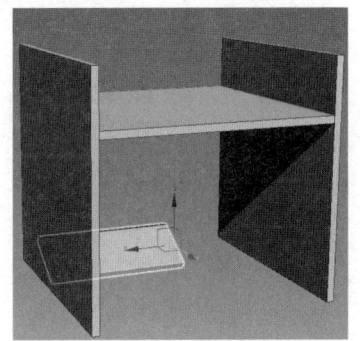

图 1-1-94　移动脚踏板

(12) 复制立板，修改其参数，如图 1-1-95 所示。移动立板，使其贴紧脚踏板，如图 1-1-96 所示。

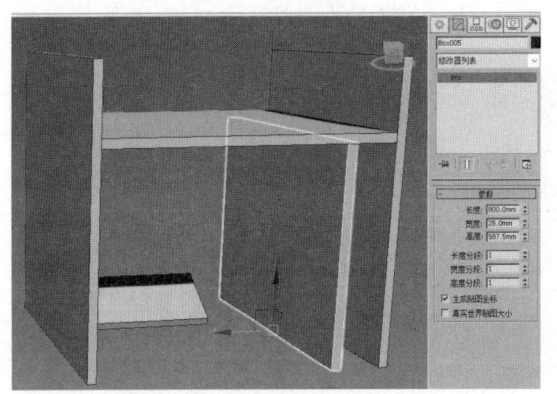

图 1-1-95　复制立板并修改其参数

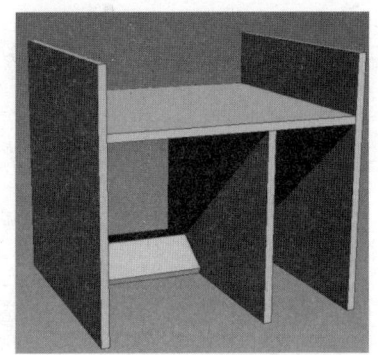

图 1-1-96　移动立板

(13) 复制桌面作为机箱支撑板，移动并修改其参数，使其紧贴两侧立板，前后长度为 775mm，与前侧面对齐，并确保其 Z 轴高度为 100mm，如图 1-1-97 和 1-1-98 所示。

提示：建模时，如需测量尺寸，可找到"工具"菜单里的"测量距离"功能，结合捕捉顶点功能，可精确测量两点间尺寸。

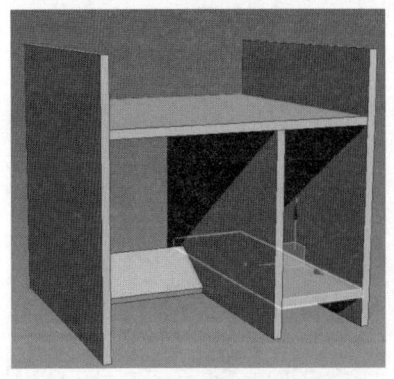

图 1-1-97　复制桌面作为机箱支撑板

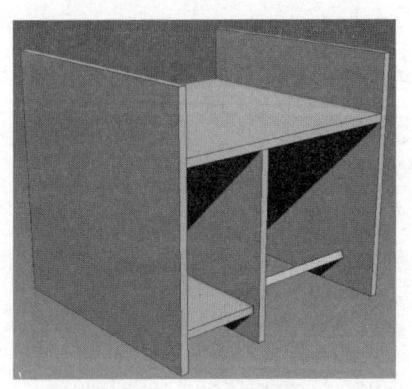

图 1-1-98　移动支撑板

（14）在机箱支撑板前侧底部，制作厚度为 25mm 的立板，如图 1-1-99 所示。在机箱后侧，制作厚度为 25mm 的后挡板，如图 1-1-100 所示。

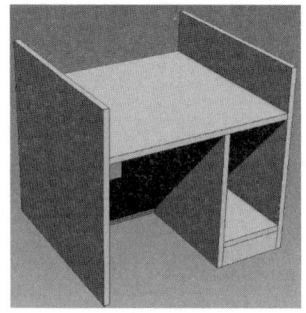
图 1-1-99　制作立板

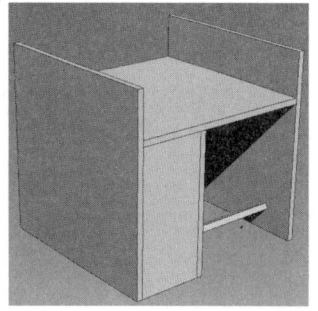
图 1-1-100　制作后挡板

（15）选中后挡板，按 Alt+Q 快捷键进行"孤立"显示。选中"自动栅格"复选框，在后挡板上绘制一个直径为 40mm，长度超过板厚的圆柱体，如图 1-1-101 所示。

（16）可自行调整圆柱体尺寸，并阵列出共 6 个圆柱体，如图 1-1-102 所示。

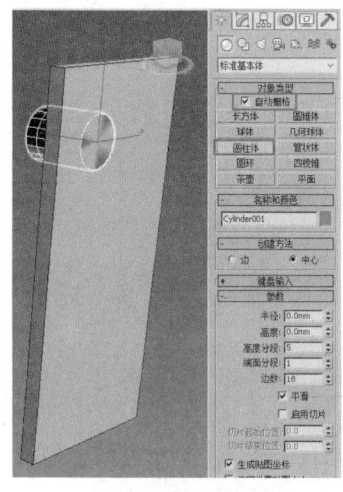
图 1-1-101　绘制圆柱体

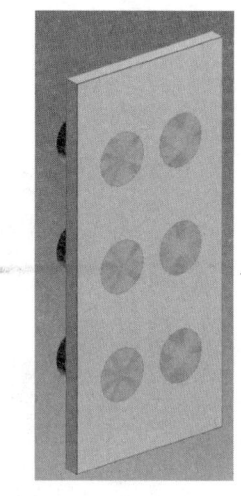
图 1-1-102　阵列圆柱体

（17）选中 6 个圆柱体，右击，在弹出的快捷菜单中选择"组"→"组"命令，弹出"组"对话框，单击"确定"按钮，即可将 6 个圆柱作为一个组，如图 1-1-103 所示。

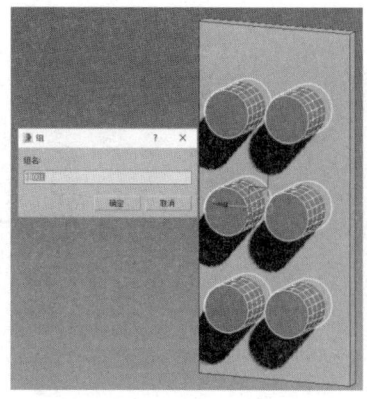
图 1-1-103　新建组

（18）选中后挡板，在"创建"面板中选择"复合对象"，激活超级布尔"ProBoolean"，单击"开始拾取"按钮，选择任一个圆柱体，单击右键确认。"运算"默认为"差集"，即可生成6个孔，如图1-1-104所示。单击状态栏中的"孤立"，按Z键显示所有模型，如图1-1-105所示，完成后退出"孤立"模式。

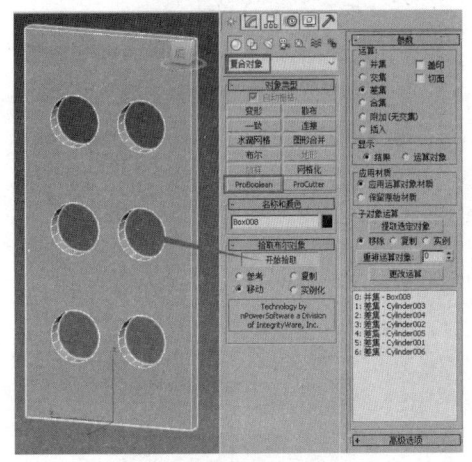

图1-1-104 超级布尔

图1-1-105 "孤立"

（19）创建一个支撑板，其摆放和参数如图1-1-106所示。

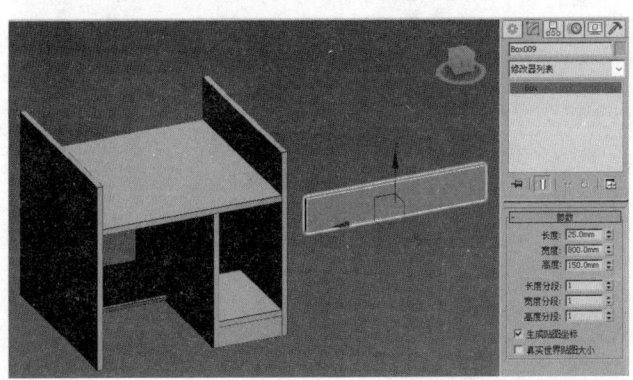

图1-1-106 创建一个支撑板

（20）调整支撑板与前侧面和桌面对齐，如图1-1-107所示。激活状态栏中的相对坐标，将支撑板向内移动450mm，如图1-1-108所示。

图1-1-107 对齐支撑板

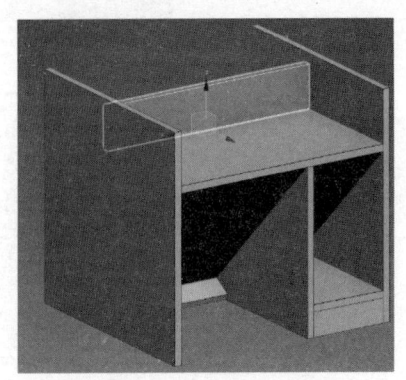

图1-1-108 移动支撑板

（21）修改桌面长度尺寸为600mm，如图1-1-109所示。将其对齐前侧面，如图1-1-110所示。

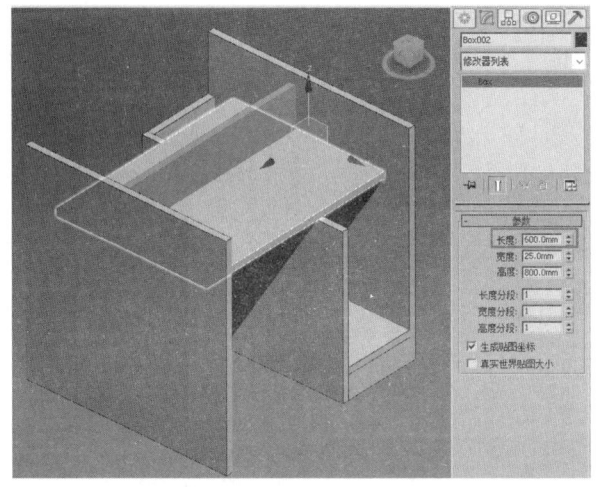

图 1-1-109　修改桌面长度尺寸　　　　图 1-1-110　对齐前侧面

（22）复制第（19）步中创建的支撑板，如图1-1-111所示。将其对齐后侧面，如图1-1-112所示。此时发现其与后挡板还有一定的间隙，思考应如何修改支撑板。修改后的效果如图1-1-113所示。

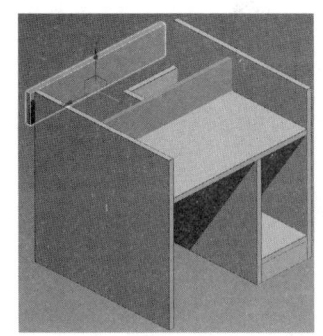

图 1-1-111　复制支撑板　　　　图 1-1-112　对齐后侧面　　　　图 1-1-113　修改后的效果

（23）在支撑板下方相应位置添加直径为40mm的孔，思考如何创建，结果如图1-1-114和图1-1-115所示。

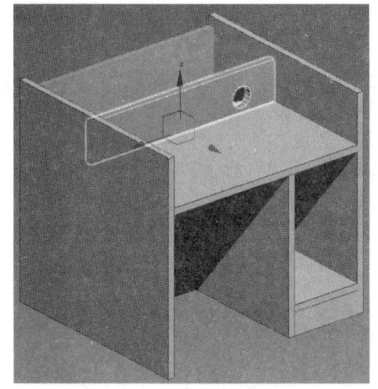
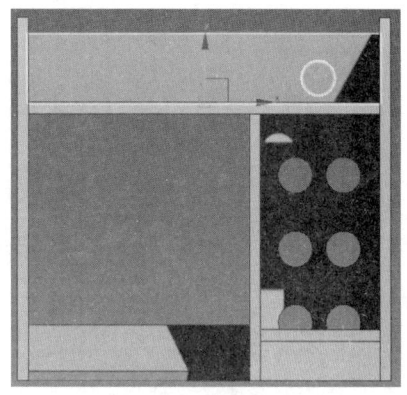

图 1-1-114　为支撑板打孔1　　　　图 1-1-115　为支撑板打孔2

（24）思考：在顶部两个支撑板上方，添加一块小桌面，如图 1-1-116 和图 1-1-117 所示。再添加一块机箱挡板，完成电脑桌的制作，如图 1-1-118 所示。

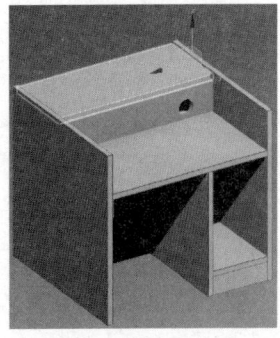 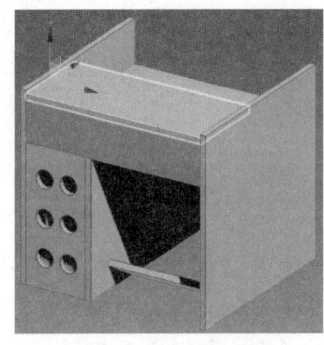 

图 1-1-116　添加小桌面 1　　　图 1-1-117　添加小桌面 2　　　图 1-1-118　完成电脑桌的制作

4. 制作门牌

（1）打开 3ds Max，选择菜单栏中"自定义"→"单位设置"命令，弹出"单位设置"对话框，将"显示单位比例"和"系统单位比例"均设置为"毫米"。

（2）选择右下角透视图，按 Alt+W 键最大化显示。在命令面板中选择"创建"→"图形"→"椭圆"，绘制一个椭圆并修改其参数，如图 1-1-119 所示。

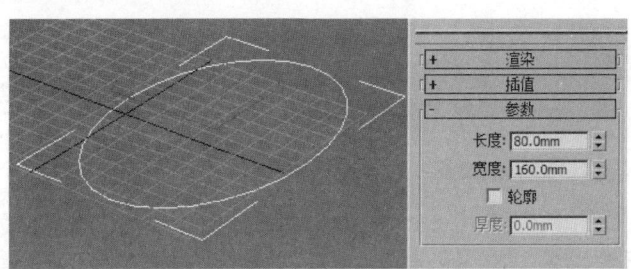

图 1-1-119　绘制一个椭圆并修改其参数

（3）选中椭圆，按 W 键移动，修改其状态栏中的坐标，参数全设为 0，如图 1-1-120 所示。

图 1-1-120　修改坐标

（4）选择椭圆，按 Ctrl+V 键复制出一个椭圆，并修改其参数，如图 1-1-121 所示。

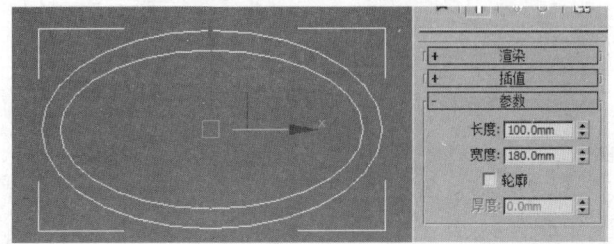

图 1-1-121　复制并修改椭圆参数

（5）继续在命令面板中选择"创建"→"图形"→"文本"，单击绘图区创建一个默认文本，修改其"文本"为 201，并移动到椭圆内部，如图 1-1-122 所示。

图 1-1-122　创建一个默认文本

（6）选择外部椭圆，选择菜单栏中的"修改器"→"网格编辑"→"挤出"命令，向下方挤出 12mm，如图 1-1-123 所示。

图 1-1-123　挤出参数 1

（7）同理，将文本向下方挤出 5mm，如图 1-1-124 所示。

图 1-1-124　挤出参数 2

（8）修改内部椭圆，打开"渲染"菜单，如图 1-1-125 所示。选中"在视口中启用"复选框，选择"矩形"并修改其参数。

图 1-1-125　修改"矩形"参数

(9) 在"创建"面板中选择"复合对象",激活"布尔",单击"拾取操作对象 B"按钮,如图 1-1-126 所示。选择文本"201",调整差集效果,完成效果如图 1-1-127 所示。

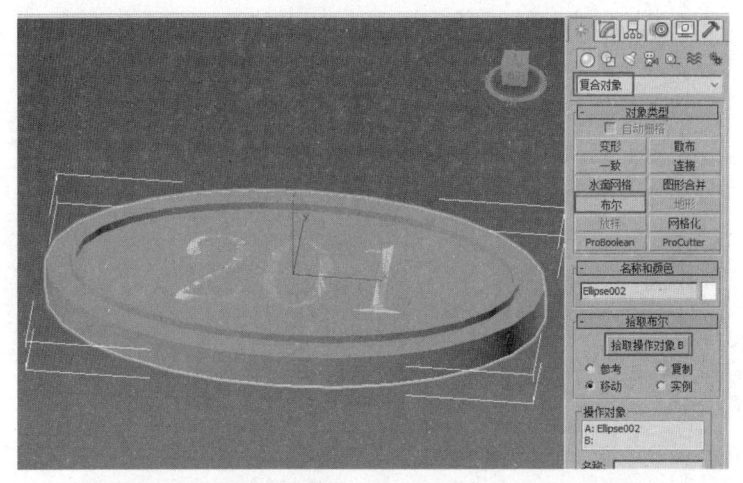

图 1-1-126　激活"布尔"

图 1-1-127　完成效果

(10) 选择椭圆环,单击右键,在弹出的快捷菜单中选择"转换为可编辑多边形"命令,如图 1-1-128 所示。

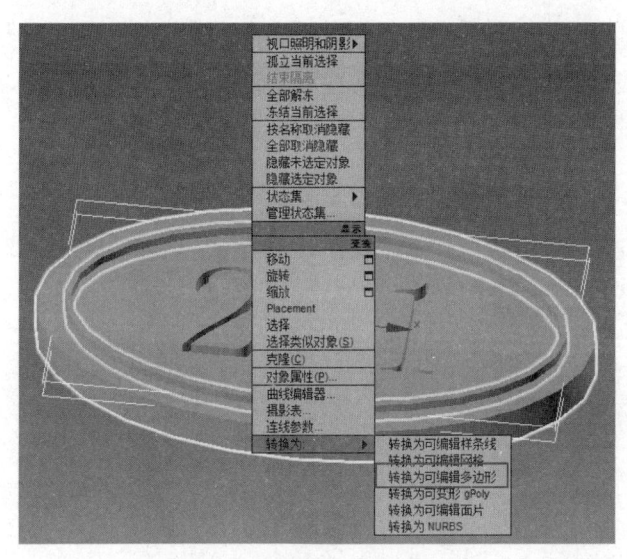

图 1-1-128　转换为可编辑多边形

(11) 再次激活"布尔"将椭圆环切去,完成效果图如图 1-1-129 所示。

图 1-1-129　完成效果图

5. 制作挂钟

（1）打开 3ds Max，选择菜单栏中"自定义"→"单位设置"命令，弹出"单位设置"对话框，将"显示单位比例"和"系统单位比例"均设置为"毫米"。

（2）选择右下角透视图，按 Alt+W 键最大化显示，新建一个圆柱体并修改其参数，如图 1-1-130 所示。

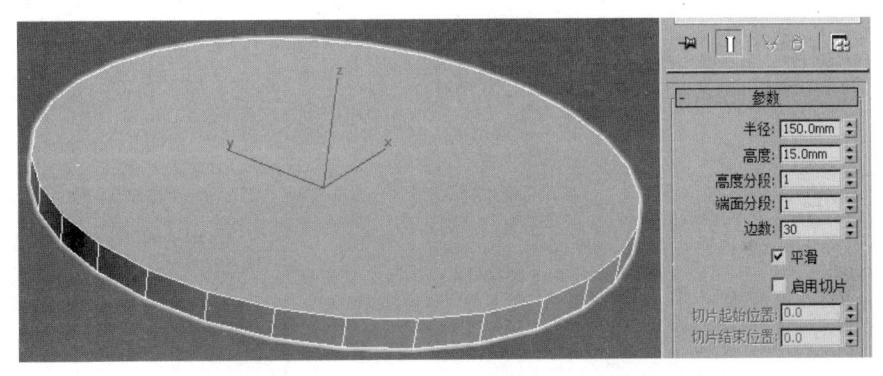

图 1-1-130　新建一个圆柱体并修改其参数

（3）选中圆柱体，按 W 键移动，修改其状态栏中的坐标，参数全设为 0，如图 1-1-131 所示。

图 1-1-131　修改坐标

（4）绘制一个长方体，修改其参数，如图 1-1-132 所示。

（5）将长方体对齐圆柱体表面，放置在圆柱体（表盘）上方 12 点的位置，如图 1-1-133 所示。

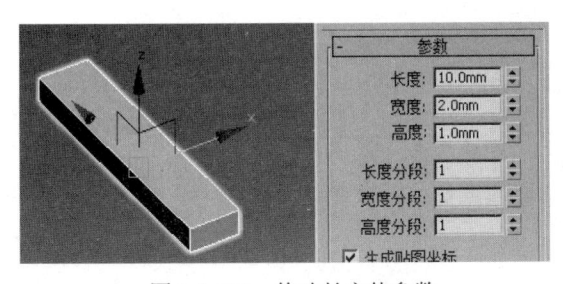

图 1-1-132　修改长方体参数　　　　　　图 1-1-133　对齐长方体

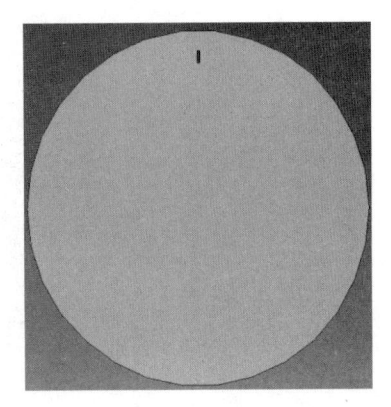

（6）设置捕捉"轴心"，如图 1-1-134 所示。按 S 键激活"捕捉"，选择长方体，在"层次"面板中选择"仅影响轴"，拖动长方体的轴心到圆柱体的轴心处，如图 1-1-135 所示。取消选择"仅影响轴"，按 S 键取消"捕捉"。

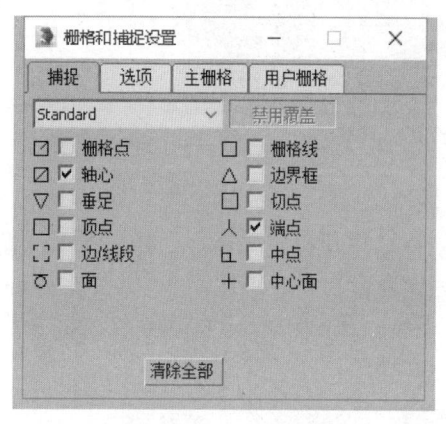

图 1-1-134 捕捉设置

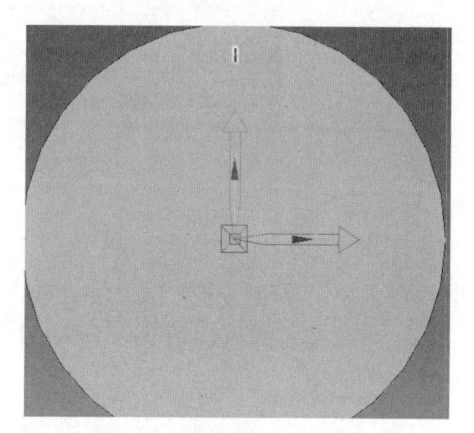

图 1-1-135 拖动长方体轴心

（7）选择长方体，选择菜单栏中"工具"→"阵列"命令，弹出"阵列"对话框，设置参数，如图 1-1-136 所示，单击"确定"按钮。

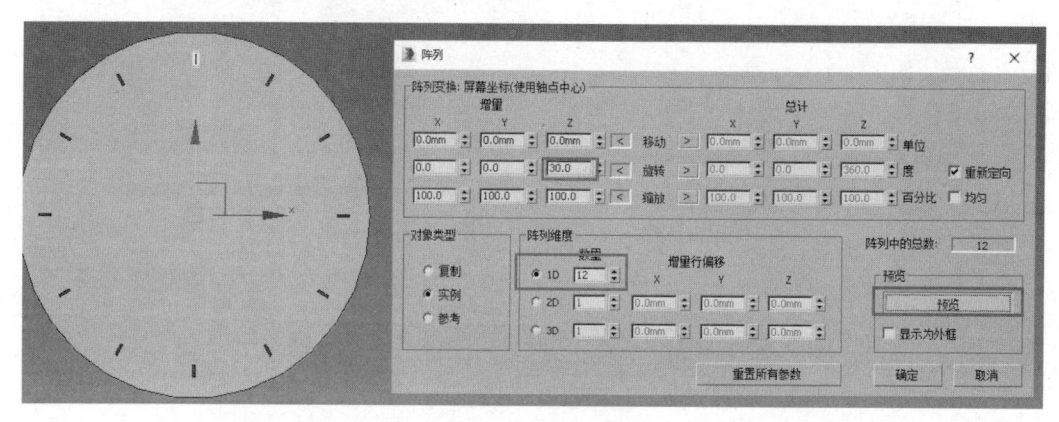

图 1-1-136 阵列参数

（8）再绘制一个长方体，并修改其参数，如图 1-1-137 所示。将其对齐在 12 点的短长方体处，顶端平齐，如图 1-1-138 所示。

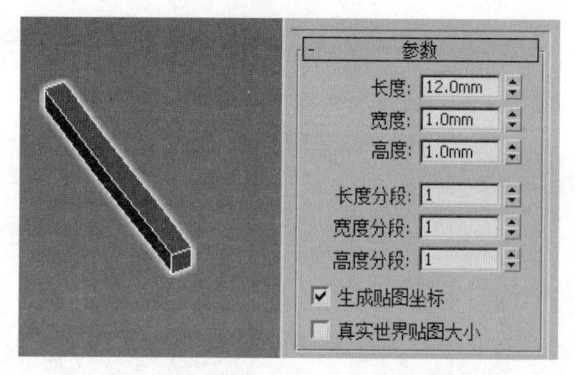

图 1-1-137 绘制一个长方体并修改其参数

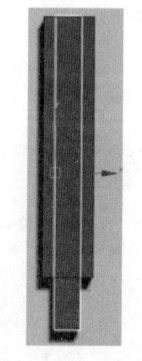

图 1-1-138 对齐长方体

（9）参考第（6）步，将其轴心也移动至圆柱体的轴心处，再对其进行阵列，如图 1-1-139 所示。删掉 12 点处重合的细长方体，保留 4 个作为刻度划分，如图 1-1-140 所示。

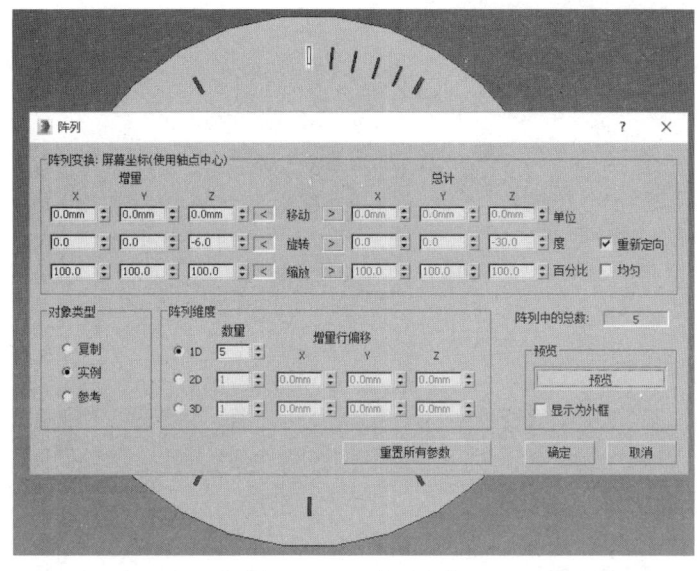

图 1-1-139　阵列参数

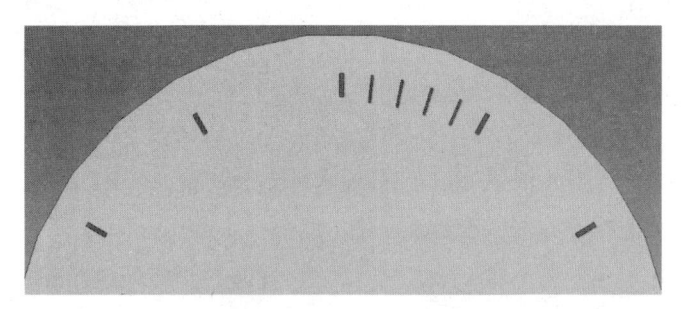

图 1-1-140　阵列完成

（10）按住 Ctrl 键选择 4 个细长方体，右击，在弹出的快捷菜单中选择"组"→"组"命令，弹出"组"对话框，单击"确定"按钮，如图 1-1-141 所示。将组的轴心对齐到圆柱体的圆心处，对组进行阵列，修改参数，如图 1-1-142 所示，单击"确定"按钮。

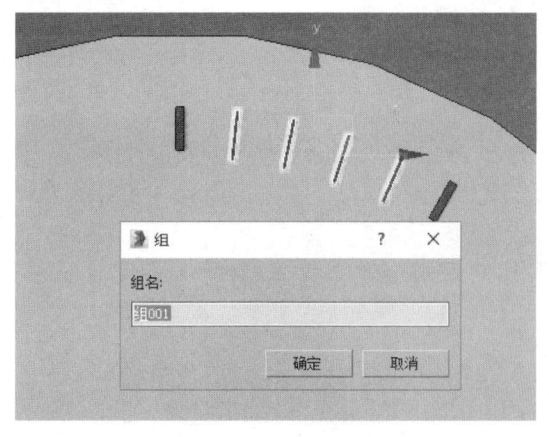

图 1-1-141　新建组

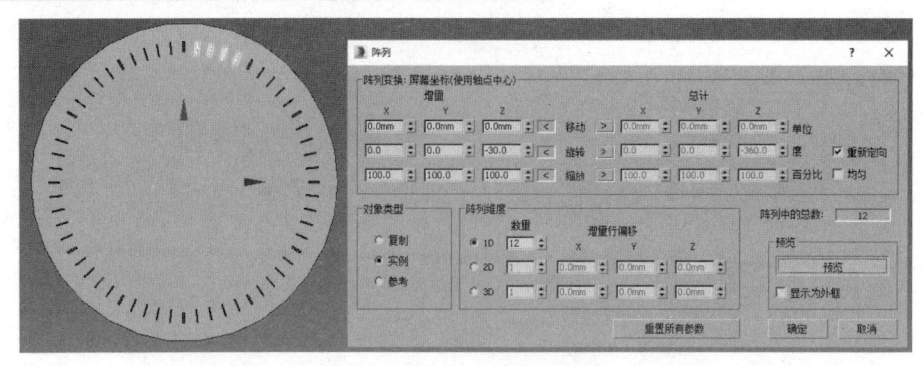

图 1-1-142　阵列参数

(11) 使用文本书写数字"12",并对齐在相应位置,如图 1-1-143 所示。添加"挤出"修改器,如图 1-1-144 所示。

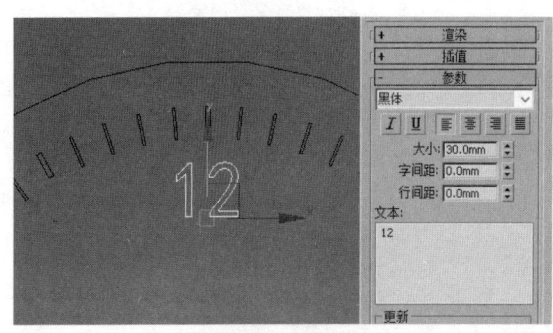

图 1-1-143　对齐数字 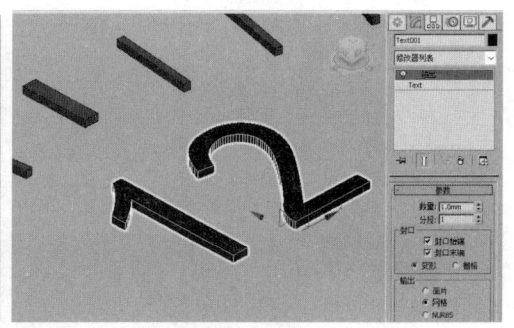　　　　　　　　　图 1-1-144　挤出

(12) 思考:如何阵列出 12 个数字,并对齐在相应位置,如图 1-1-145 所示;如何绘制时针、分针、秒针和边框,并对齐在相应位置,如图 1-1-146 所示。

图 1-1-145　阵列数字 　　　　　　　　　图 1-1-146　绘制指针

思考题:尝试完成如图 1-1-147~图 1-1-152 所示各种挂钟造型,图片仅供参考。

图 1-1-147　挂钟 1 　　　　图 1-1-148　挂钟 2 　　　　图 1-1-149　挂钟 3

图 1-1-150　挂钟 4 　　　　　图 1-1-151　挂钟 5 　　　　　图 1-1-152　挂钟 6

6．制作圆凳

（1）打开 3ds Max，选择菜单栏中"自定义"→"单位设置"命令，弹出"单位设置"对话框，将"显示单位比例"和"系统单位比例"均设置为"毫米"。

（2）选择右下角透视图，按 Alt+W 组合键最大化显示，在命令面板中选择"创建"→"图形"→"圆"，绘制一个圆并修改其参数，如图 1-1-153 所示。

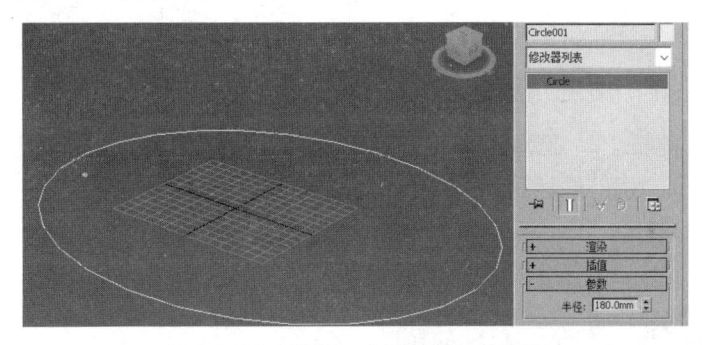

图 1-1-153　绘制一个圆并修改其参数

（3）选中圆，按 W 键移动，修改其状态栏中的坐标，参数全设为 0，如图 1-1-154 所示。

（4）选中圆，按住 Shift 键并向上拖动 Z 轴，复制出一个圆，修改"半径"和"Z"轴参数，如图 1-1-155 所示。

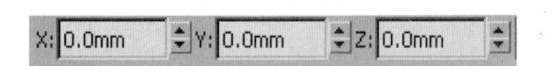

图 1-1-154　修改坐标 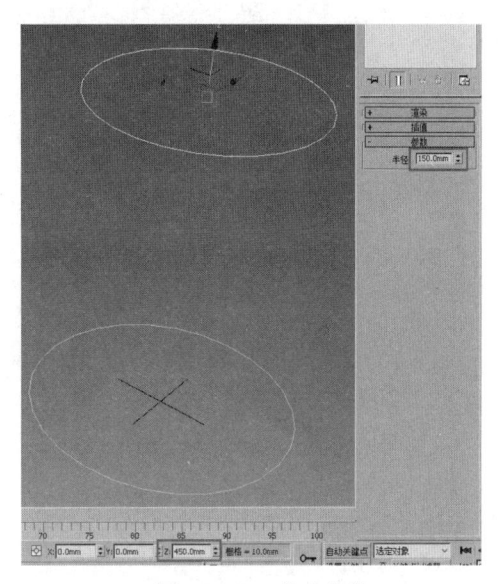　　　　　图 1-1-155　修改参数

（5）按 F 键转至前视图，按 G 键隐藏栅格，按 Z 键最大化显示，设置仅捕捉"端点"，如图 1-1-156 所示。按 S 键激活"捕捉"，绘制直线，形状如图 1-1-157 所示。按 S 键取消"捕捉"。

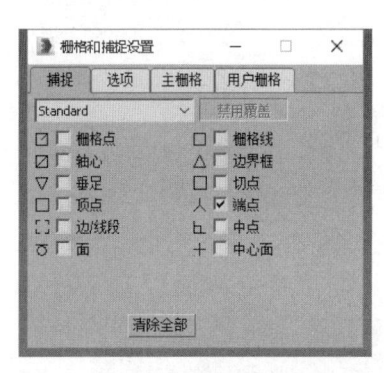

图 1-1-156　捕捉设置　　　　　　　　图 1-1-157　绘制直线

（6）选中直线，按"2"键修改直线参数，按"1"键切换至修改顶点参数，选择中间的端点，单击右键，在弹出的快捷菜单中选择"Bezier"命令（激活"移动"命令），如图 1-1-158 所示，调整手柄和端点位置。在"渲染"菜单中选中"在视口中启用"复选框，"径向"厚度设为 6mm，如图 1-1-159 所示。

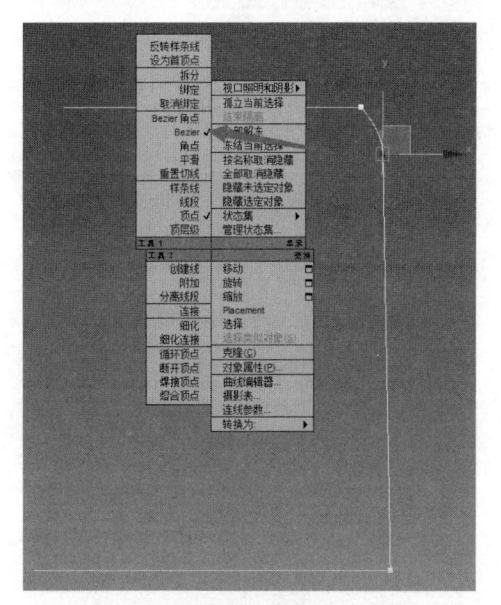

图 1-1-158　选择"Bezier"命令　　　　图 1-1-159　修改参数

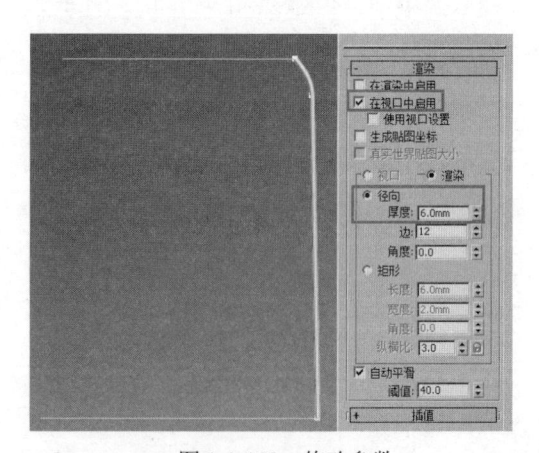

（7）选中直线，在"层次"面板中选择"仅影响轴"，设置仅捕捉"轴心"，按 S 键激活"捕捉"（激活"移动"命令），拖动直线的轴心到底部圆形上，如图 1-1-160 所示。取消选择"仅影响轴"，完成轴心调整，按 S 键取消"捕捉"。

（8）对直线进行环形阵列，效果如图 1-1-161 所示。

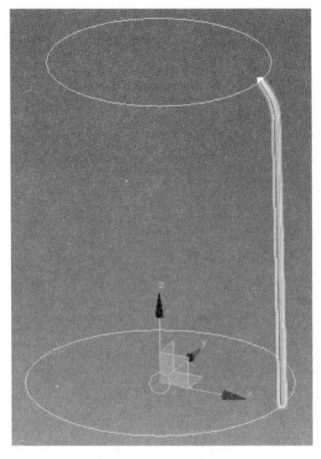

图 1-1-160　移动直线轴心 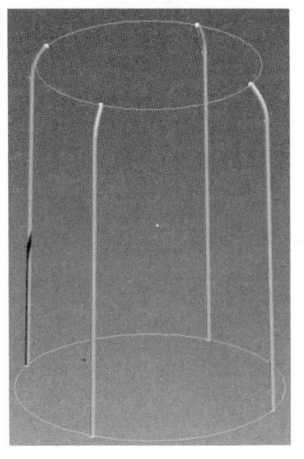　　　　　图 1-1-161　环形阵列直线

（9）修改顶部和底部的圆，在"渲染"菜单中选中"在视口中启用"复选框，"径向"厚度设为 6mm，如图 1-1-162 所示。

（10）按 F 键转至前视图，按 G 键显示栅格，设置仅捕捉"栅格点"并激活"捕捉"，捕捉如图 1-1-163 所示的栅格点，绘制矩形。

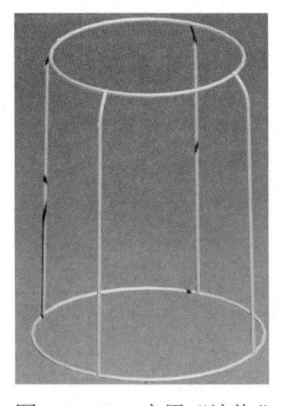

图 1-1-162　启用"渲染" 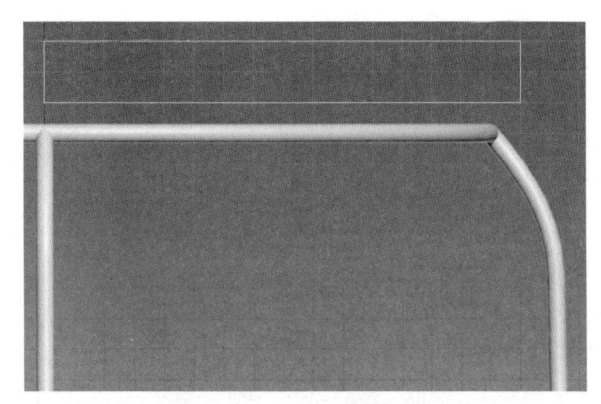　　　　　图 1-1-163　捕捉栅格点

（11）选择矩形，单击右键，在弹出的快捷菜单中选择"转换为可编辑样条线"命令，移动右上角端点，并修改其为"Bezier"，拖动手柄至如图 1-1-164 所示位置（如果手柄无法拖动，可按 F8 切换至 *XY* 平面，*XY* 平面呈现黄色时再拖动），激活"圆角"，选择右下角端点，如图 1-1-165 所示。输入"圆角"值 10 并按回车键，单击右键，在弹出的快捷菜单中选择"顶层级"命令退出编辑，完成效果图如图 1-1-166 所示。

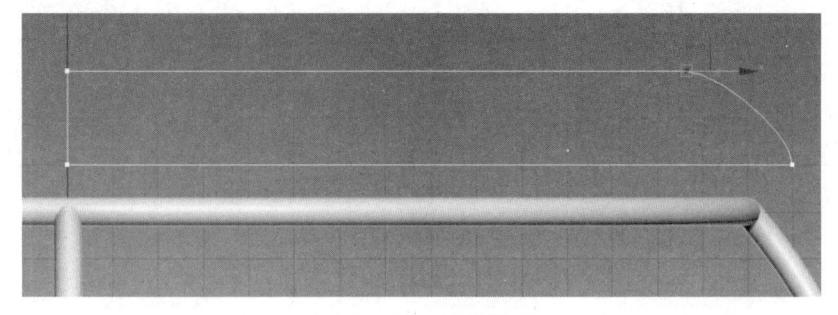

图 1-1-164　移动端点

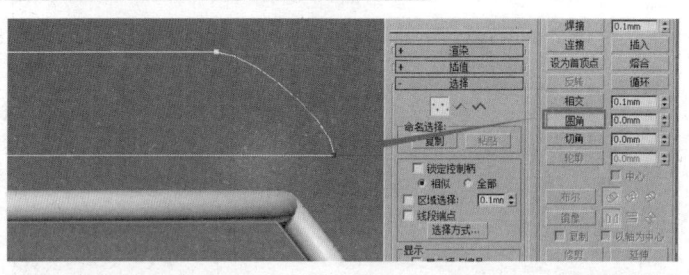

图 1-1-165　选择端点

图 1-1-166　完成效果图

（12）向下移动矩形，尽量贴近顶部圆，如图 1-1-167 所示。选择菜单栏中"修改器"→"面片/样条线编辑"→"车削"命令，修改参数，如图 1-1-168 所示。在命令面板中选择"车削"→"轴"，选中"焊接内核"复选框，选择"Y"方向，修改状态栏中"X"轴坐标为 0mm，单击右键，在弹出的快捷菜单中选择"顶层级"命令退出修改，完成效果图如图 1-1-169 所示。

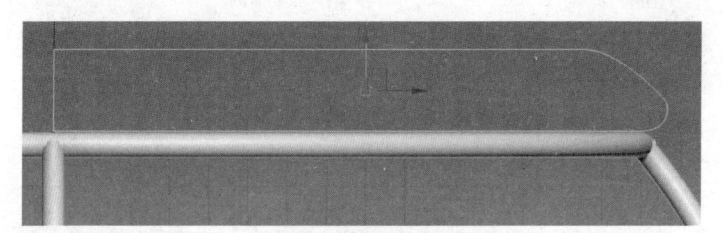

图 1-1-167　移动矩形

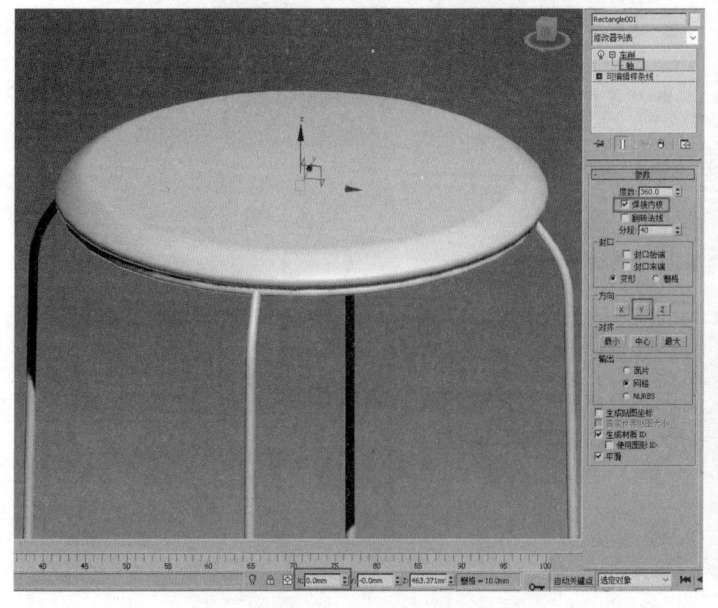

图 1-1-168　修改参数 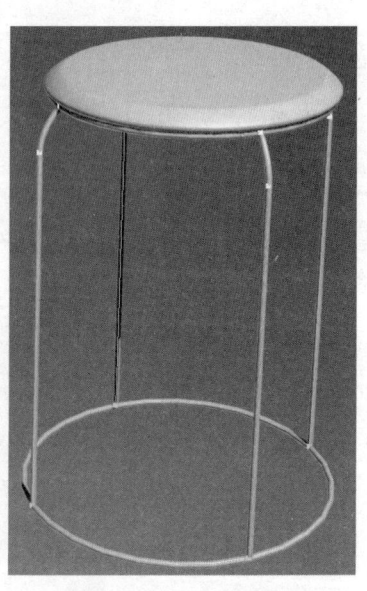　　　　　　　图 1-1-169　完成效果图

【技能实训】

1. 信息收集

分析书桌的具体构造，提出给书桌建模所需命令及构建流程。

2. 方案实施

（1）打开书桌的素材图片，如图 1-1-170 所示。

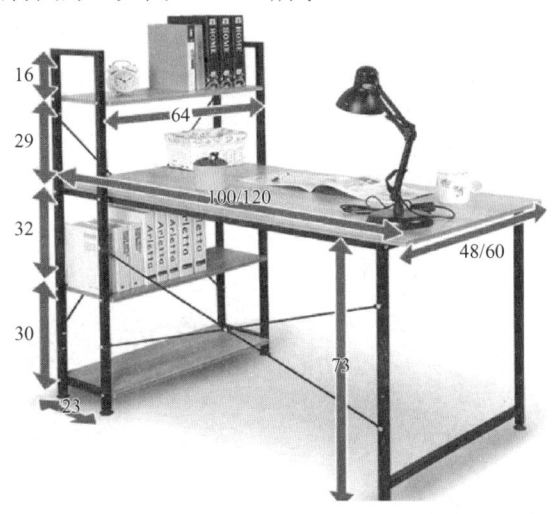

图 1-1-170　素材图片

（2）根据图片所给尺寸，设置其"显示单位比例"和"系统单位比例"均为"厘米"，如图 1-1-171 所示。

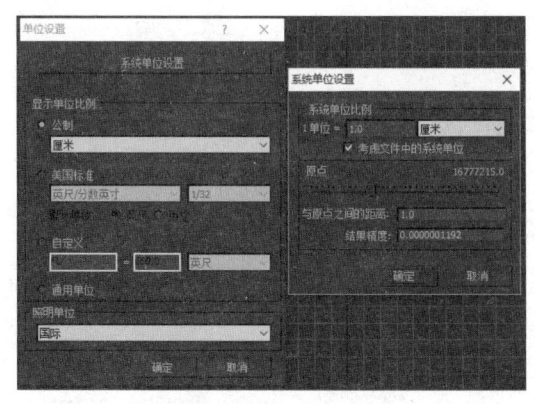

图 1-1-171　设置单位

（3）使用切角长方体构建桌面，如图 1-1-172～图 1-1-173 所示。

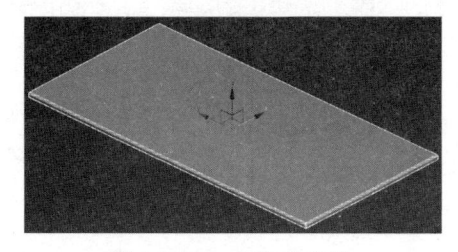

图 1-1-172　切角长方体 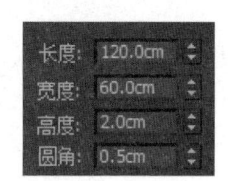　　　　　　　　图 1-1-173　修改参数

（4）再用切角长方体构建桌腿，如图 1-1-174～图 1-1-175 所示。

图 1-1-174　构建桌腿 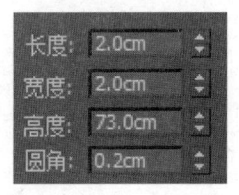　　　　　　图 1-1-175　修改参数

（5）复制桌腿并修改尺寸，如图 1-1-176～图 1-1-177 所示。

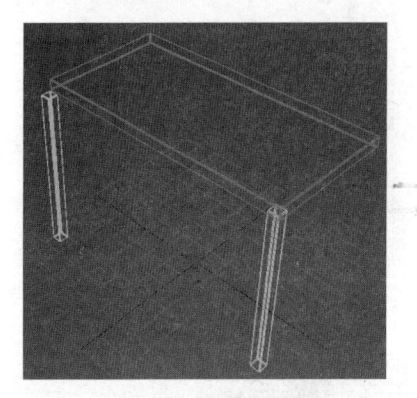

图 1-1-176　复制桌腿 　　　　　　图 1-1-177　修改尺寸

（6）完成其他桌板及桌腿，如图 1-1-178 所示。
（7）完成支撑杆，如图 1-1-179 所示。

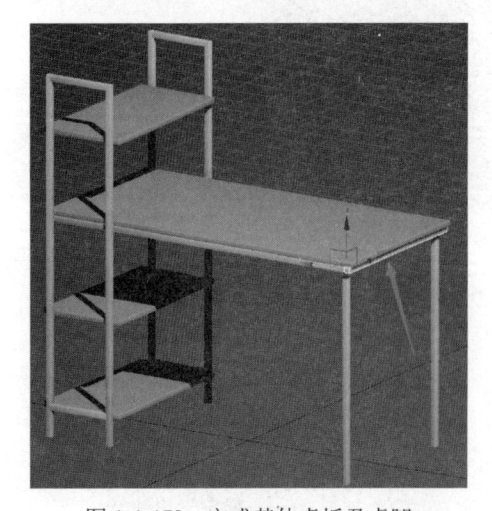

图 1-1-178　完成其他桌板及桌腿 　　　　　　图 1-1-179　完成支撑杆

（8）完成其余模型，如图 1-1-180 所示。

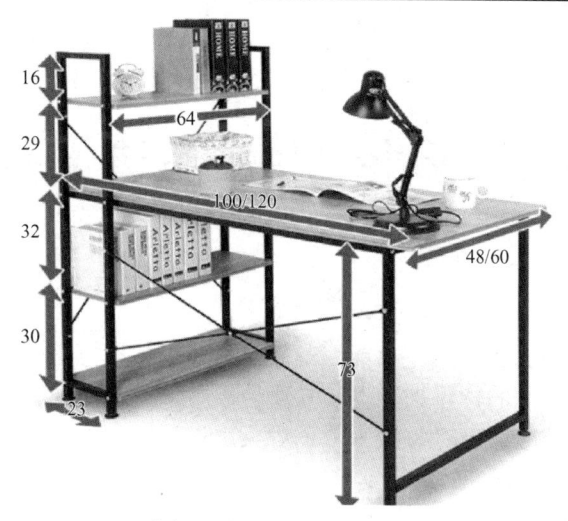

图 1-1-180 完成其余模型

项目 2　3ds Max 多边形建模

【任务导入】

多边形建模即 Polygon 建模，是目前三维软件主流的建模方法之一，主要通过增减点、线、面数或调整点、线、面的位置来产生所需要的模型。可以使一个对象转化为可编辑的多边形对象，然后通过对该多边形对象的各种子对象进行编辑和修改来实现建模；也可以从二维线条开始建构生成所需的面，最后得到三维模型。对于可编辑多边形对象，它包含了 Vertex（顶点）、Edge（边）、Border（边界）、Polygon（多边形）、Element（元素）5 种子对象模式。与可编辑网格相比，可编辑多边形显示了更大的优越性，即多边形的面不仅可以是三角形面和四边形面，而且可以是具有多个节点的多边形面。

在前面的内容中，我们已经学习了利用基本体、二维图形生成三维对象，使用复合对象和修改器等工具进行修改，并结合移动、旋转、复制、对齐和阵列等工具编辑和完善模型，但对于复杂模型的建构，这些还远远不够。本项目将学习使用可编辑多边形等工具建构模型。

【任务要求】

能够掌握多边形建模的设计理念，掌握多边形建模的常用工具。

【任务计划】

本任务主要学习 3ds Max 多边形建模的相关知识，建构较复杂的模型，培养设计理念与建模思维。

【难点剖析】

（1）可编辑样条线的绘制与编辑。
（2）可编辑多边形中顶点、边和多边形层级常用指令。
（3）多边形建模思路的培养。
（4）恰当地使用分离工具进行模型各零件的分割。
（5）分割后零件的细化、建模。

【必备知识】

1.2.1　多边形建模的概念

多边形建模是一种通过使用多边形网格来表示和描述对象表面的方法。多边形建模非常适合扫描线渲染，因此是实时计算图像的首选方法。其主要优点是显示速度快，更容易实现交互式帧速率，配合细化工具能够实现模型的大量细节。3ds Max 中的多边形建模主要包括两个命令：可编辑网格和可编辑多边形。几乎所有的几何体类型都可以塌陷为可编辑多边形/网格，曲线也可以塌陷，封闭的曲线可以塌陷为曲面，这样就得到了用于多边形建模的多边形曲面。

以可编辑网格方式建模兼容性好，制作的模型占用系统资源少，运行速度快，尤其是在较少的面数（即低模型）下也可制作较复杂的模型。

在多边形低模型状态下，涉及的技术主要是推拉表面构建基本模型，增加平滑网格修改器或使用曲面细分，进行表面的平滑和提高精度。而这种推拉表面构建的方式，需大量使用点、线、面的编辑操作，学习者需要提高模型的空间控制能力。

1.2.2 可编辑多边形界面

选择已有的对象，右击，在弹出的快捷菜单中选择"转换为"→"转换为可编辑多边形"命令，即进入可编辑多边形界面。

如图1-2-1所示，可编辑多边形共有5个层级：顶点、边、边界、多边形、元素。

这5个层级可以通过单击名称进行切换，也可以单击"选择"菜单中的图标进行切换，最便捷的切换方式是单击键盘上的数字键"1"～"5"（不是小键盘上的数字键）。每个层级下的指令是不同的，当前层级下不可用的菜单显示灰色。

如果要退出可编辑多边形模式，可以再次单击当前的层级；或者在绘图区右击，在弹出的快捷菜单中选择"顶层级"命令，如图1-2-2所示。

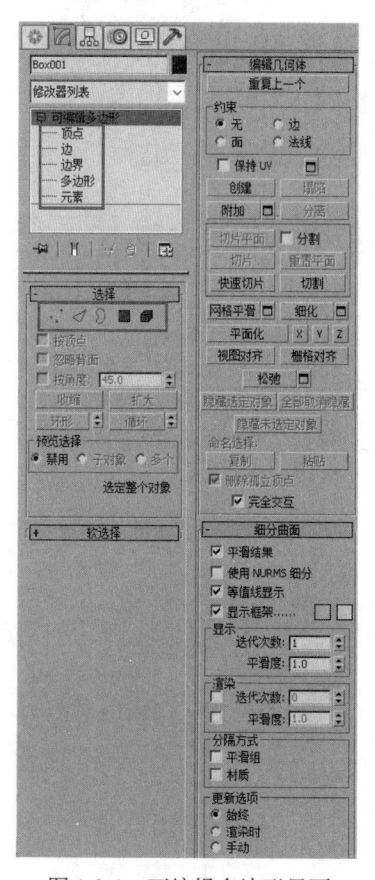

图1-2-1 可编辑多边形界面   图1-2-2 选择"顶层级"命令

（1）顶点：线段的端点，是构成多边形的最基本元素。
（2）边：一条连接两个多边形顶点的直线段。
（3）边界：一条完整的环，存在于对象表面的孔洞边缘，完整封闭的对象没有边界。
（4）多边形：由多条边围成的一个闭合的路径形成的一个面。
（5）元素：由连续的多边形所组成的模型结构。

激活"顶点"或按"1"数字键即进入顶点编辑模式，如图 1-2-3 所示。"选择"菜单中选项如下。

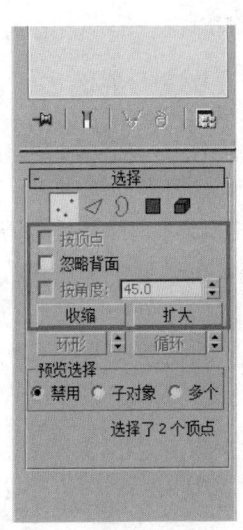

图 1-2-3　顶点编辑模式

（1）按顶点：仅在除点以外的层级中使用，如进入"边"层级，选中此复选框，选择顶点，与此点相连的边都会被选中。

（2）忽略背面：如在"顶点"层级中，选中此复选框，则仅选择可见表面上的顶点，而背面顶点不会被选中，此功能在其他层级中也适用。

（3）收缩和扩大：在"顶点"层级中，先选中一个顶点，单击"扩大"按钮，可以当前顶点为中心进行扩大选取，"收缩"按钮功能同理。

（4）环形：仅在"边"和"边界"层级中使用。如选择一条如图 1-2-4 所示的边，然后单击"环形"按钮，可选择整个纬度上平行于选定边的边，如图 1-2-5 所示。

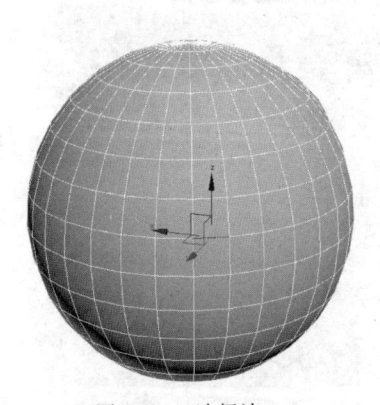

图 1-2-4　选择边 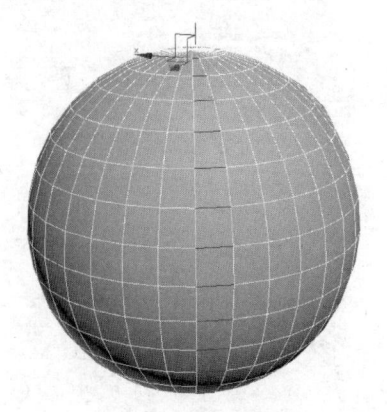　　　　　　　　　图 1-2-5　环形边

（5）循环：仅在"边"和"边界"层级中使用。如选择一条如图 1-2-6 所示的边，然后单击"循环"按钮，可选择整个经度上首尾相连的边，如图 1-2-7 所示。

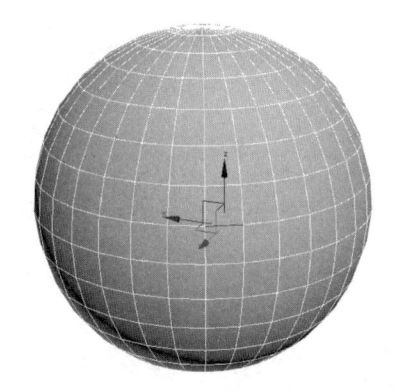

图 1-2-6　选择边 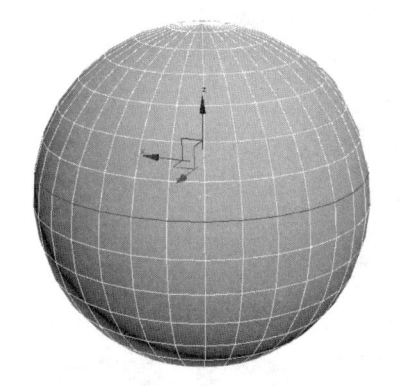　　　　　　　　　　　图 1-2-7　循环边

软选择：使当前选择的对象放射性向四周扩散，"软选择"菜单如图 1-2-8 所示。当变换操作时，离原选择集越近的地方受影响越强，越远的地方受影响越弱。如图 1-2-9 所示，被选中并移动的点为红色，作用力由红色到蓝色逐渐减弱。

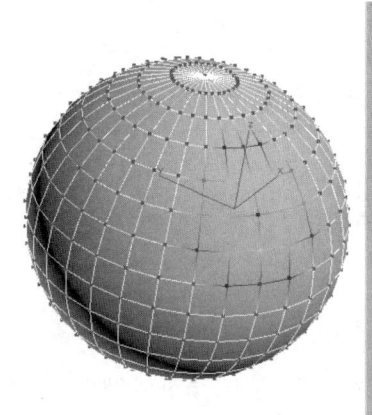

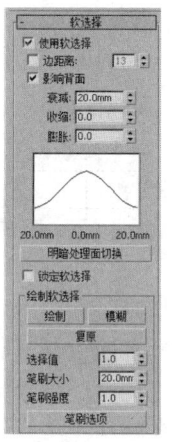

图 1-2-8　"软选择"菜单 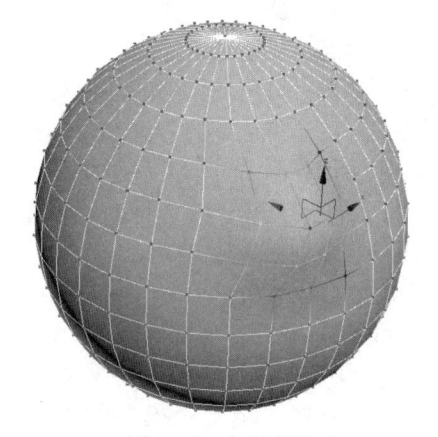　　　　　　　　图 1-2-9　软选择影响

细分曲面："细分曲面"菜单如图 1-2-10 所示。选中"使用 NURMS 细分"复选框则可将当前整个多边形网格物体进行平滑处理，如图 1-2-11 所示。

（1）等值线显示：用来控制多边形网格上的轮廓线显示，轮廓线的显示比起以前细密的网格显示状态显得更加直观清晰。

（2）显示框架：用来显示进行平滑处理前的模型轮廓线，也便于对轮廓形态进行调整。

编辑几何体：适用于所有层级，用来全局修改多边形几何体，"编辑几何体"菜单如图 1-2-12 所示。

（1）重复上一个：重复上一次使用的命令。

（2）约束：用现有的几何体来约束对象的变换，有"无""边""面"和"法线"4 种方式可供选择。默认状态下是没有约束的，这时子对象可以在三维空间中不受任何限制地进行自由变换。边：沿着"边"的方向进行移动；面：沿着所属的"面"进行移动；法线：沿着所在对象的"法线"进行移动。

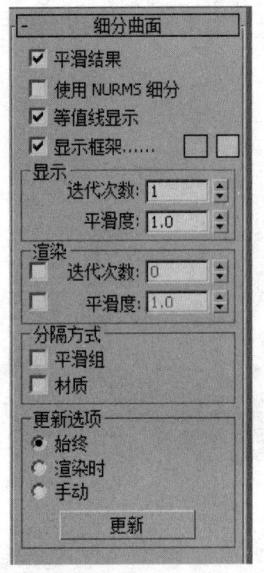

图 1-2-10 "细分曲面"菜单　　　图 1-2-11 平滑处理　　　图 1-2-12 "编辑几何体"菜单

（3）保持 UV：可在编辑对象的同时不影响其 UV 贴图。

（4）创建：新建几何体。

（5）塌陷：将所选对象进行焊接，使其产生塌陷效果。

（6）附加：可将场景中的其他对象添加到选定的可编辑多边形中。

（7）分离：将选定的对象作为单独的对象或元素进行分离。

（8）切片平面：可沿某一平面分开网格对象。

（9）分割：选中该复选框后，可通过"快速切片"按钮和"切割"按钮在划分边的位置处创建两个顶点集合。

（10）切片：可在切片平面位置处进行切割。

（11）重置平面：重置执行过"切片"的平面以恢复到初始状态。

（12）快速切片：将对象进行快速切片，切片线覆盖对象表面，可更准确地进行切片。

（13）切割：可在一个或多个多边形上新建边。

（14）网格平滑：使选定的对象产生平滑效果。

（15）细化：增加局部网格的密度，便于处理对象的细节。

（16）平面化：使选定的子对象共面。

（17）视图对齐：使选定的顶点与活动视图所在平面对齐。

（18）栅格对齐：使选定的栅格与活动视图所在平面对齐。

（19）松弛：使选定对象产生松弛现象。

（20）隐藏选定对象：隐藏所选定的对象。

（21）全部取消隐藏：取消隐藏所选定的对象。

（22）隐藏未选定对象：隐藏未选定的任何对象。

（23）命名选择：用于复制和粘贴对象的命名选择集。

（24）删除孤立顶点：选择连续对象时会删除孤立顶点。

（25）完全交互：如更改数值，将直接在视图中显示最终的结果。

1. 顶点

激活"顶点"层级，会新增"编辑顶点"菜单，如图 1-2-13 所示，主要用来编辑顶点。

图 1-2-13 "编辑顶点"菜单

（1）移除：选中一个或多个顶点以后，单击该按钮（或按 Backspace 键）可将顶点移除，面仍然保持完整，但会发生严重变形，如图 1-2-14 所示。如果按 Delete 键，则会删除与这些点相关的面，如图 1-2-15 所示。

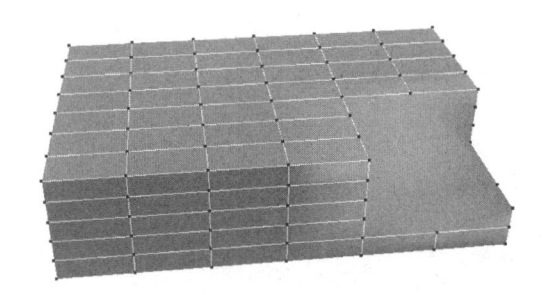

图 1-2-14 移除顶点 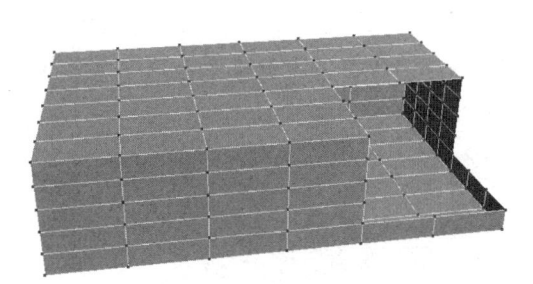　　　　图 1-2-15 删除相关面

（2）断开：选中顶点以后，单击"断开"按钮可创建一个新顶点，使多边形的转角分开，使它们不再连接原来的顶点。

（3）挤出：可手动在所选的顶点处挤出顶点，也可单击其"设置"按钮进行详细设置，如图 1-2-16 所示。

（4）焊接：单击其"设置"按钮，在弹出的对话框中，对指定"焊接阈值"范围内连续选中的顶点进行合并，合并后所有边都会与产生的单个顶点连接。

（5）切角：可手动为顶点进行切角，从而形成多个顶点的效果，如图 1-2-17 所示。

图 1-2-16 顶点挤出 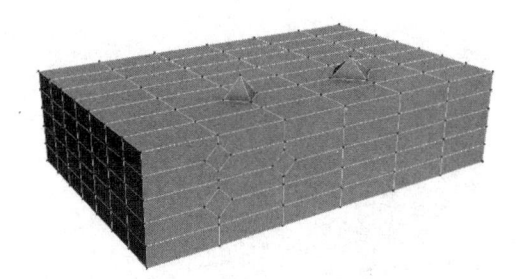　　　　图 1-2-17 顶点切角

（6）目标焊接：可将选中的顶点焊接到相邻的顶点上，如图 1-2-18 所示（此功能只能用于焊接邻近的点，也就是选择的顶点与目标顶点之间需要有一条边相连）。

（7）连接：在选中的对角顶点之间创建新的边，如图 1-2-19 所示（连接的两个顶点需要在同一平面内）。

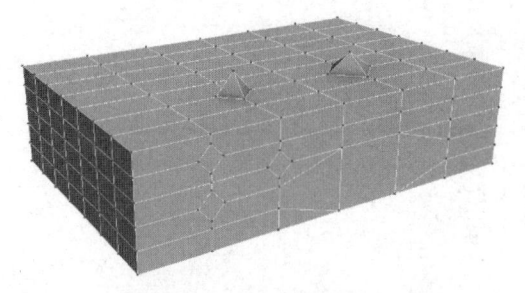

图 1-2-18 目标焊接

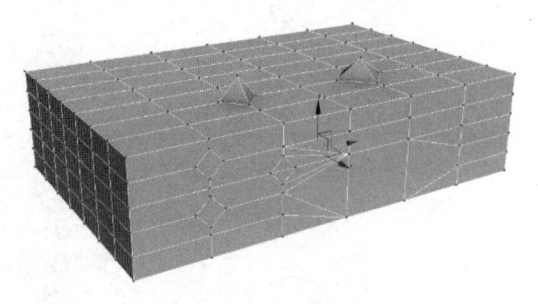

图 1-2-19 顶点连接

（8）移除孤立顶点：删除不属于任何多边形的所有顶点。

（9）移除未使用的贴图顶点：某些建模操作会留下未使用的（孤立）贴图顶点，它们会显示在"展开 UVW"编辑器中，但是不能用于贴图，使用此功能可以自动删除这些贴图顶点。

2. 边

激活"边"层级，会新增"编辑边"菜单，如图 1-2-20 所示，主要用来编辑边。

（1）插入顶点：单击此按钮，在相应的边上单击鼠标左键，可以在此边上添加顶点，如图 1-2-21 所示。

图 1-2-20 "编辑边"菜单

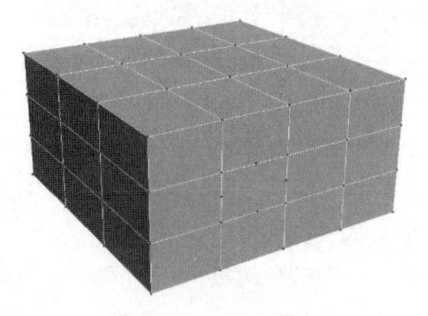

图 1-2-21 插入顶点

（2）移除：单击此按钮（或按 Backspace 键）可移除边，如图 1-2-22 所示。如果按 Delete 键，将删除边及与边连接的面，如图 1-2-23 所示。

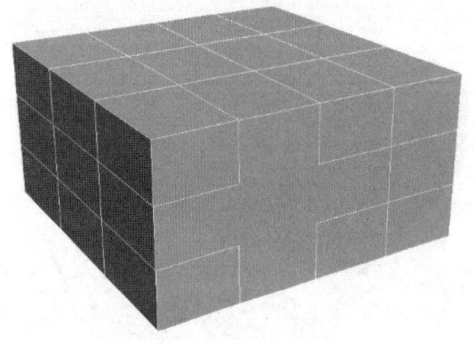

图 1-2-22 移除边

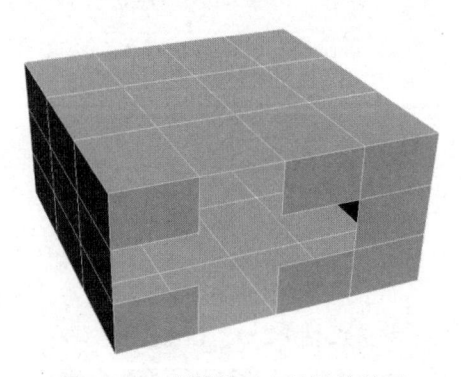

图 1-2-23 删除边及与边连接的面

（3）挤出：可以在视图中手动挤出所选择的边，如图 1-2-24 所示。如需精确设置挤出的高度和宽度，可单击其"设置"按钮，在弹出的对话框中输入数值即可。

（4）焊接：能焊接一个多边形的边，也就是边界上的边。可通过单击其"设置"按钮修改"焊接阈值"控制焊接范围。

（5）切角：可以为选定边进行切角（圆角）处理，从而生成平滑的棱角，还可单击其"设置"按钮精确调整切角，如图 1-2-25 所示。

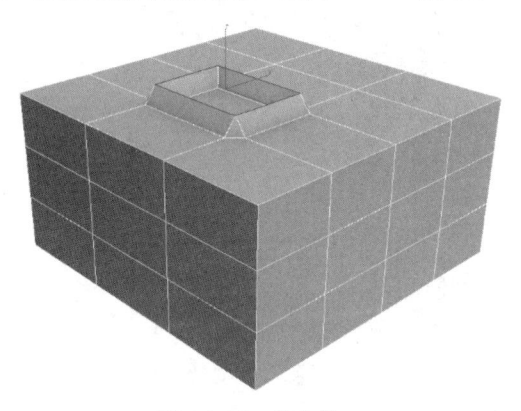

图 1-2-24 挤出边

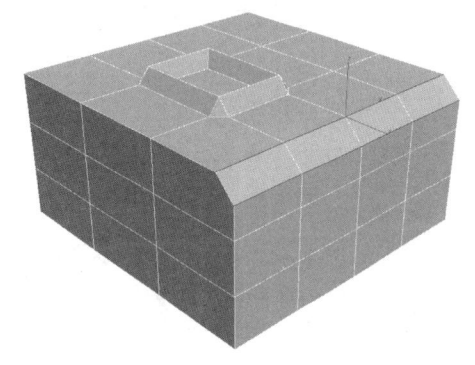

图 1-2-25 边切角

（6）目标焊接：选择边并将其焊接到目标边上。只能焊接仅附着一个多边形的边，也就是边界上的边。

（7）桥：连接对象的边，但只能连接边界上的边，也就是连接开口处平面的边，还可单击其"设置"按钮详细设定参数。

（8）连接：在每对选定边之间创建新边，对于创建或细化边循环特别有用。如选择一对竖向上的边，则可以在横向上生成边，还可单击其"设置"按钮精确设置参数，如图 1-2-26 所示。

（9）利用所选内容创建图形：可将选定边创建为样条线图形。选择边后，单击该按钮可以弹出一个"创建图形"对话框，在该对话框中可以设置图形名称及图形的类型，如果选择"平滑"类型，则生成平滑的样条线，如图 1-2-27 所示；如果选择"线性"类型，则样条线的形状与选定边的形状保持一致。

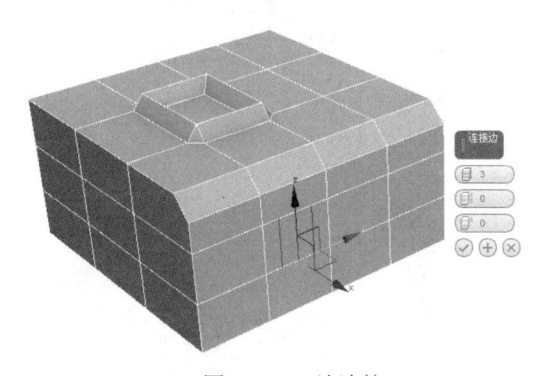

图 1-2-26 边连接

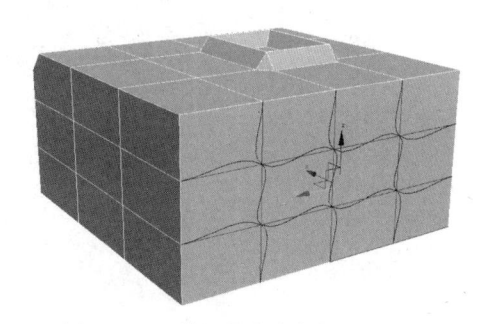

图 1-2-27 利用所选内容创建新图形

3. 多边形

激活"多边形"层级，会新增"编辑多边形"菜单，如图 1-2-28 所示，主要用来编辑多边形。

（1）插入顶点：单击此按钮，可在多边形上手动插入顶点以细化多边形，如图1-2-29所示。

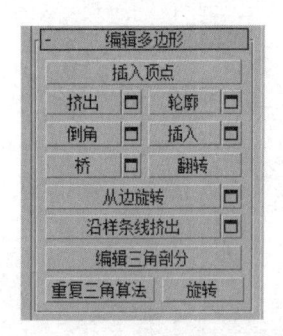

图1-2-28 "编辑多边形"菜单 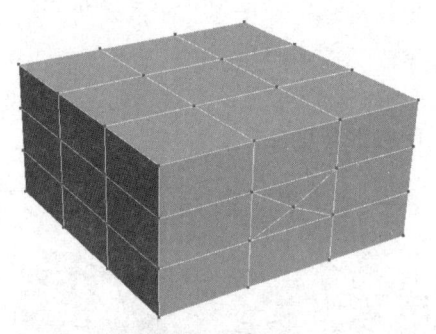　　　　图1-2-29 插入顶点

（2）挤出：可以选择相应的多边形面挤出多边形。如需精确设置挤出高度，可单击其"设置"按钮，然后在弹出的"挤出边"对话框中输入数值即可。挤出多边形时，"高度"为正值时可向外挤出多边形，为负值时可向内挤出多边形，如图1-2-30所示。

（3）轮廓：可增大或减小所选多边形，如图1-2-31所示。

（4）倒角：可在挤出多边形的同时为多边形倒角，如图1-2-32所示。

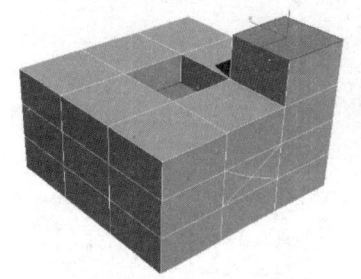

图1-2-30 挤出多边形 　　　　图1-2-31 轮廓 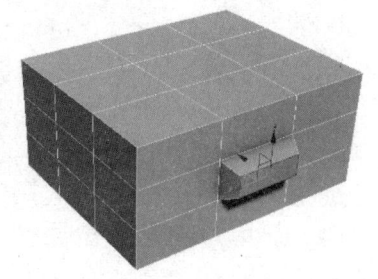　　　　图1-2-32 多边形倒角

（5）插入：可在选定的多边形内部增加新的多边形，如图1-2-33所示。

（6）桥：可连接对象上的两个多边形或多边形组，如图1-2-34所示。

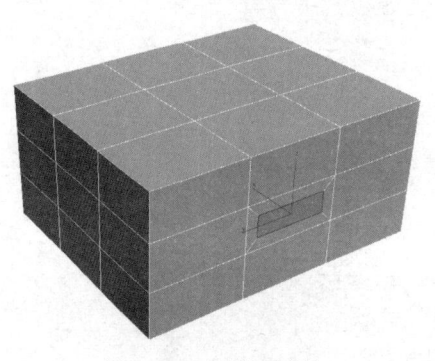

图1-2-33 多边形插入 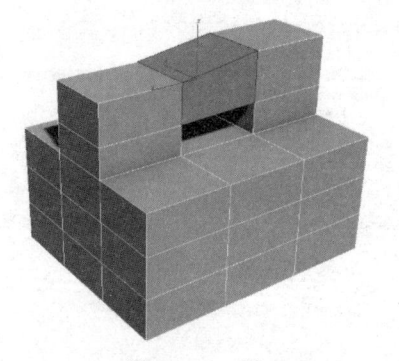　　　　图1-2-34 桥

（7）翻转：翻转选定多边形的法线方向，从而使其正面变为反面。

（8）从边旋转：可使选定的多边形沿着指定的边旋转一定的角度，如图1-2-35所示。

（9）沿样条线挤出：可单击其"设置"按钮，详细设定选定的多边形沿着曲线挤出的参数，如图1-2-36所示。

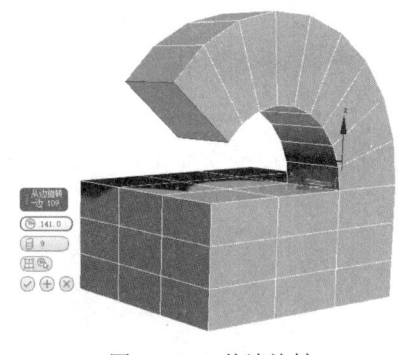

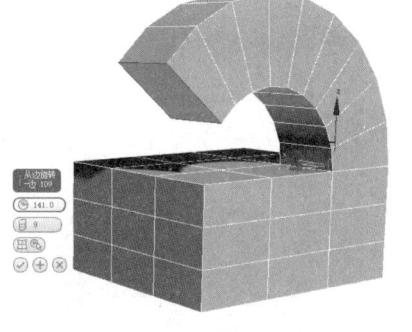

图 1-2-35　从边旋转 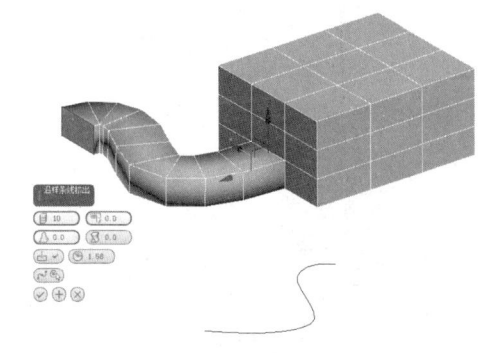　　　　　　　　　图 1-2-36　沿样条线挤出

（10）编辑三角剖分：修改多边形剖分三角形的方式，如图 1-2-37 所示。

（11）重复三角算法：在当前选定的一个或多个多边形上执行最佳三角剖分，如图 1-2-38 所示。

（12）旋转：单击该按钮，选择多边形内部剖分线，可以快速修改剖分三角形的方式，如图 1-2-39 所示。

图 1-2-37　编辑三角剖分 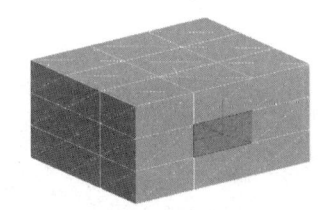　　　　　图 1-2-38　重复三角算法 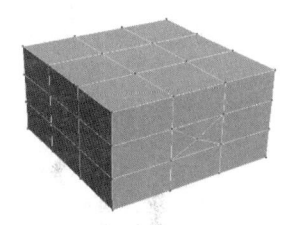　　　　　图 1-2-39　旋转

【任务实施】

1. 制作异形椅

（1）打开 3ds Max，选择菜单栏中"自定义"→"单位设置"命令，弹出"单位设置"对话框，如图 1-2-40 所示。将"显示单位比例"中的"公制"设为"毫米"，单击"系统单位设置"按钮，弹出"系统单位设置"对话框，设置"1 单位=1.0 毫米"，单击"确定"按钮。

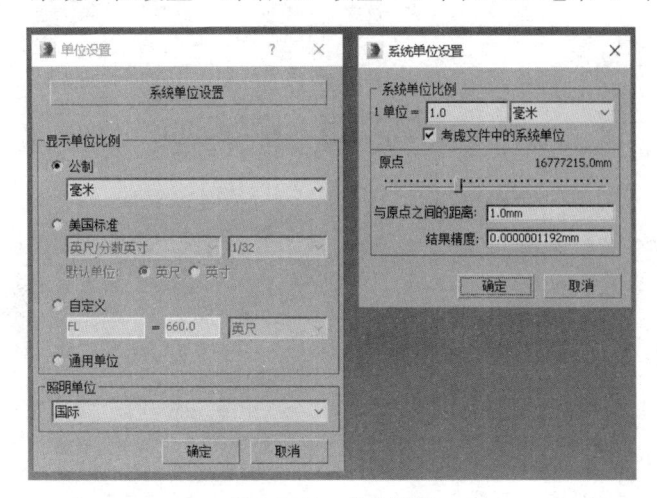

图 1-2-40　单位设置

（2）选择右下角透视图，按 Alt+W 键最大化显示，按 F 键变为前视图。选择"创建"面板→"图形"→"矩形"，在绘图区绘制一个矩形，如图 1-2-41 所示。绘制完毕在选中状态下按"2"键修改其参数，如图 1-2-42 所示。

图 1-2-41　绘制矩形 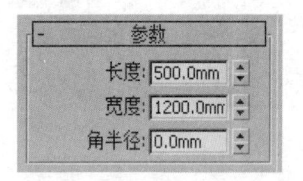　　　　　　　　图 1-2-42　修改矩形参数

（3）选中矩形，右击，在弹出的快捷菜单中选择"转换为可编辑样条线"命令。按"1"键修改顶点，向内移动下方两个顶点，如图 1-2-43 所示。按"3"键修改样条线，选择矩形，将"轮廓"设为 60，如图 1-2-44 所示。此时内部小矩形有一些变形，按"1"键修改顶点，框选小矩形的所有顶点，右击，在弹出的快捷菜单中选择"角点"命令，修改其为"角点"，如图 1-2-45 所示。移动小矩形顶部两个顶点，尽量保持与大矩形间距一致，如图 1-2-46 所示。右击，在弹出的快捷菜单中选择"顶层级"命令退出编辑模式。

图 1-2-43　移动顶点

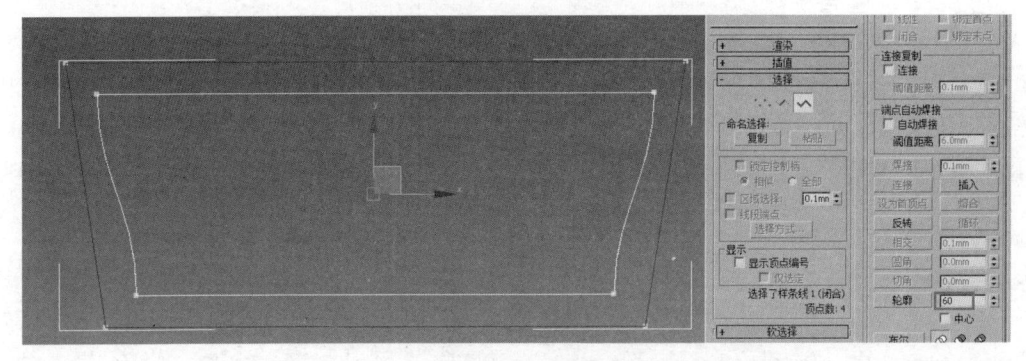

图 1-2-44　轮廓

图 1-2-45　修改为"角点"　　　　　　图 1-2-46　移动顶点

（4）选中两个矩形，右击，在弹出的快捷菜单中选择"转换为可编辑多边形"命令，如图 1-2-47 所示。按"1"键修改顶点，按 Ctrl+A 键全选，右击，在弹出的快捷菜单中选择"连接"命令。按 F3 键切换到"线框"显示模式，按"2"键修改边，按 Ctrl+A 键全选，可看到两个矩形之间有 4 条斜线，如图 1-2-48 所示。选择这 4 条斜线，按 Backspace 键移除，如图 1-2-49 所示。选择水平的 4 条边，右击，在弹出的快捷菜单中选择"连接"命令，单击其"设置"按钮，如图 1-2-50 所示，将其分为 5 段，如图 1-2-51 所示，单击"√"按钮完成连接。同理，竖直的 4 条边也进行"连接"，分为 2 段，如图 1-2-52 所示，单击"√"按钮完成连接。

图 1-2-47　转换为可编辑多边形

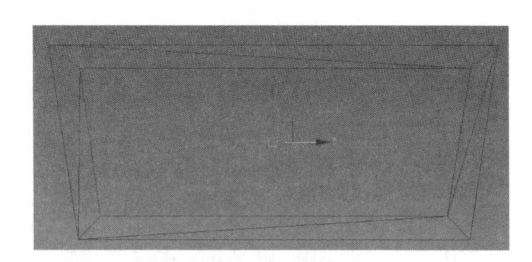

图 1-2-48　4 条斜线

图 1-2-49　移除斜线

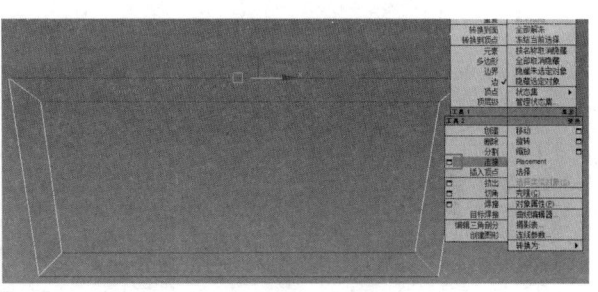

图 1-2-50　连接的设置

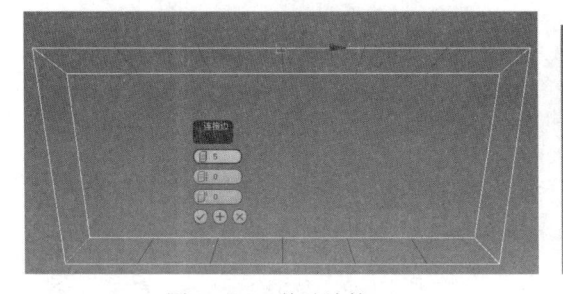

图 1-2-51　修改连接 1

图 1-2-52　修改连接 2

（5）按"2"键修改边，按住 Shift 键复制此边到中间位置，如图 1-2-53 所示。同理复制其他 3 条边到中间位置，按住 Ctrl 键任选其中一组对边，如图 1-2-54 所示。选择"桥"工具，如图 1-2-55 所示。再选两条边，如图 1-2-56 所示，选择"桥"工具，如图 1-2-57 所示。同理完成最后一组"桥"，如图 1-2-58 所示。按"1"键修改顶点，移动相应顶点，效果如图 1-2-59 所示。按"2"键修改边，选择如图 1-2-60 所示两条边，连接，增加一条线，如图 1-2-61 所示。同理，对边也通过"连接"工具增加一条线，如图 1-2-62 所示。最后移动顶点，修改为合适的造型，如图 1-2-63 所示。

图 1-2-53 复制边　　　　　　　　图 1-2-54 选择一组对边

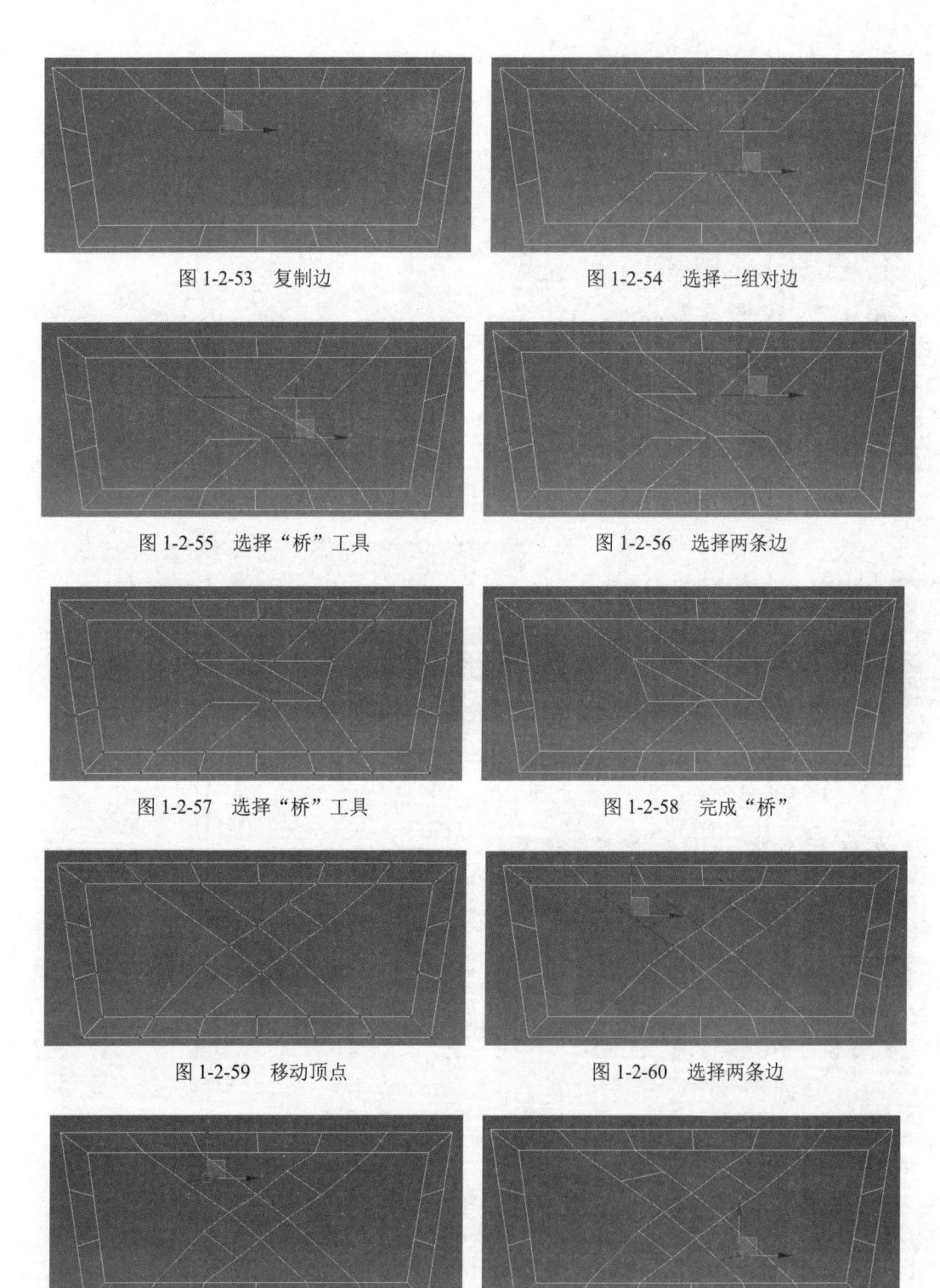

图 1-2-55 选择"桥"工具　　　　图 1-2-56 选择两条边

图 1-2-57 选择"桥"工具　　　　图 1-2-58 完成"桥"

图 1-2-59 移动顶点　　　　　　　图 1-2-60 选择两条边

图 1-2-61 连接　　　　　　　　　图 1-2-62 增加一条线

图 1-2-63　移动顶点

（6）按"2"键修改边，选择如图 1-2-64 所示的一条边，按 Alt+R 键选择循环边，如图 1-2-65 所示。利用"连接"工具在中间增加一条线，如图 1-2-66 所示。同理，"连接"另外一条边，如图 1-2-67 所示。利用此方法，给矩形轮廓内部增加一条环线，如图 1-2-68 所示。保证此线在选中状态下（如果未选中，则双击其中一条），旋转视角到三维状态，向第三方向移动此环线，如图 1-2-69 所示。移动相应轴的坐标数值可在状态栏中进行调整，此处"Y"轴坐标为-60mm，如图 1-2-70 所示，读者可根据需要选择合适的数值。

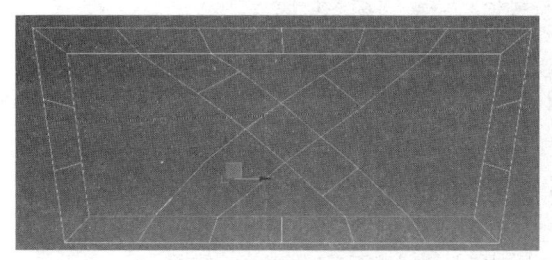

图 1-2-64　选择一条边

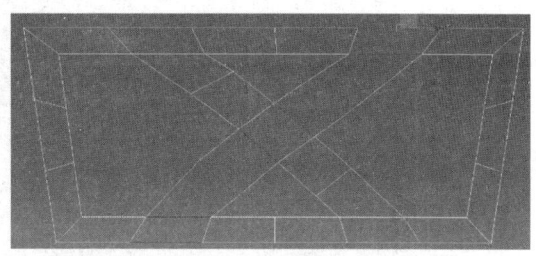

图 1-2-65　循环边

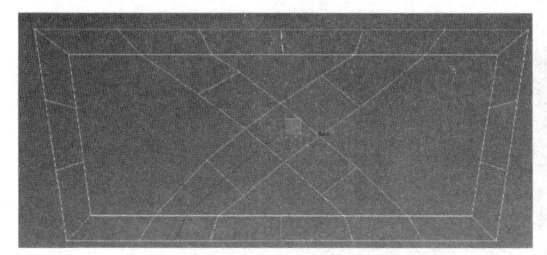

图 1-2-66　增加一条线

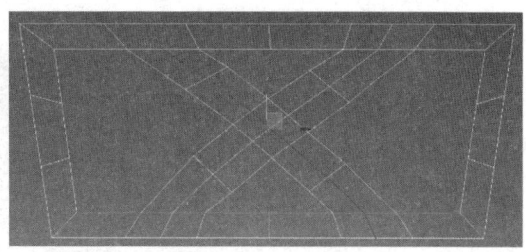

图 1-2-67　连接

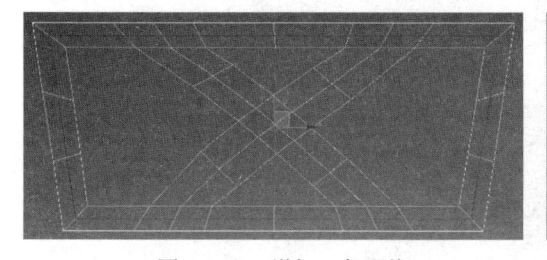

图 1-2-68　增加一条环线

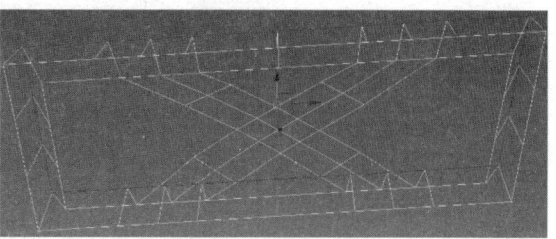

图 1-2-69　移动环线

图 1-2-70　设置坐标数值

（7）按"1"键修改顶点，按住 Ctrl 键选择如图 1-2-71 所示的顶点，向第三方向移动合适的数值，如图 1-2-72 所示，为便于控制，可为第（6）步中坐标数值的 2/3，即-40mm，如图 1-2-73 所示。再选择另一批顶点，注意取消选择交点，如图 1-2-74 所示。移动顶点，坐标数值仍为-40mm，如图 1-2-75 所示。

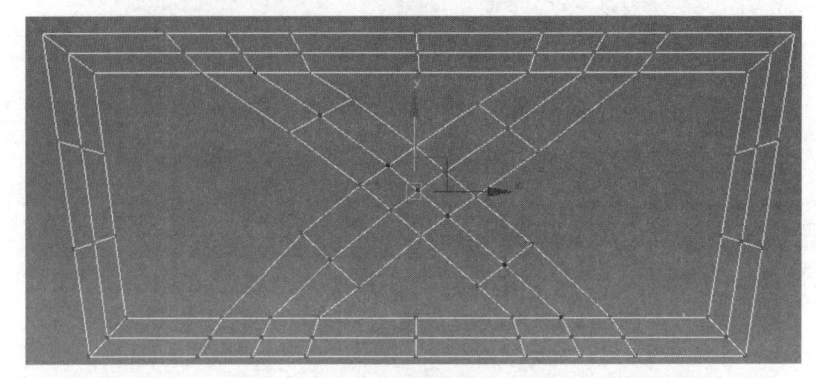

图 1-2-71　选择顶点

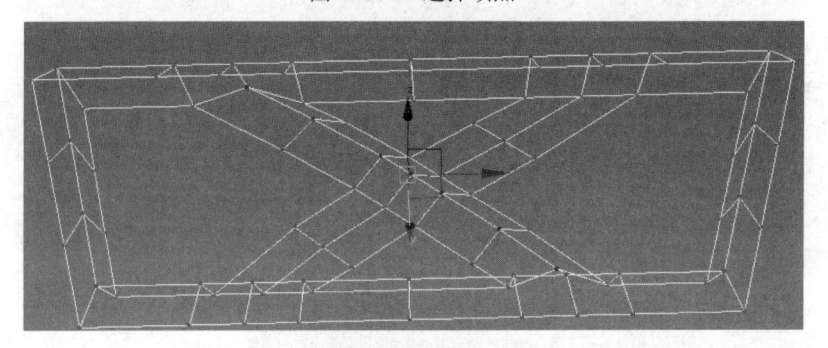

图 1-2-72　移动顶点

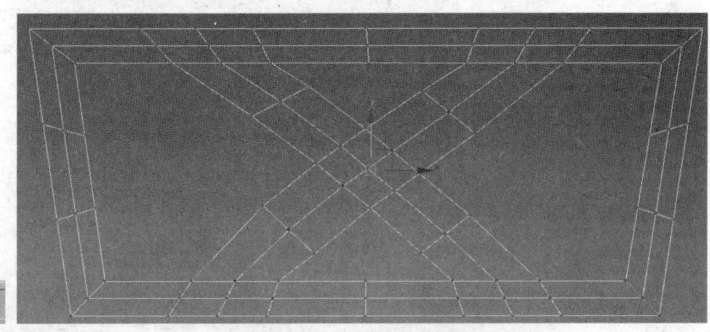

图 1-2-73　修改坐标数值　　　　　　　　图 1-2-74　取消选择交点

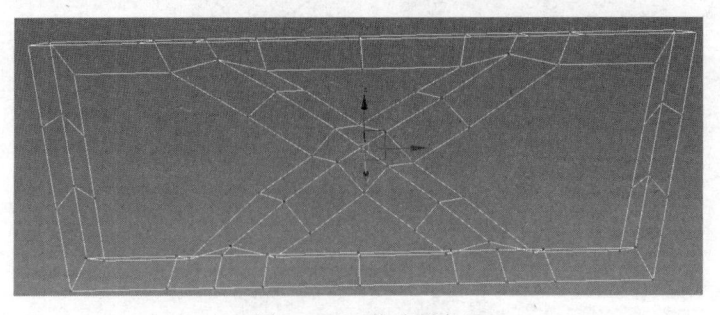

图 1-2-75　移动顶点

（8）在"细分曲面"菜单中选中"使用 NURMS 细分"复选框,"迭代次数"为 2,如图 1-2-76 所示。按 F3 键着色显示,效果如图 1-2-77 所示。

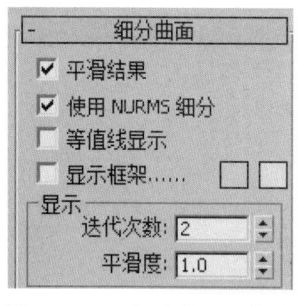

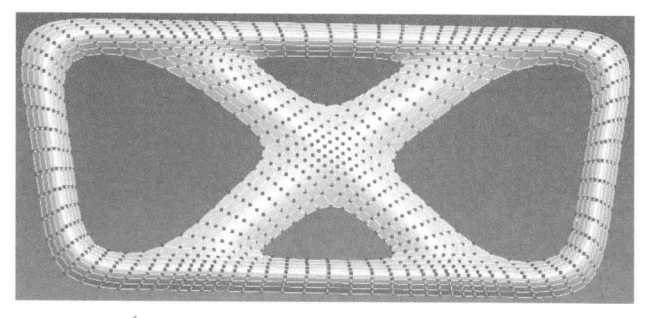

图 1-2-76 "细分曲面"菜单　　　　图 1-2-77 着色显示效果

（9）按"3"键修改边界,按 Ctrl+A 键选择所有边界,按住 Shift 键向内复制边界,如图 1-2-78 所示。右击,在弹出的快捷菜单中选择"顶层级"命令退出编辑模式。

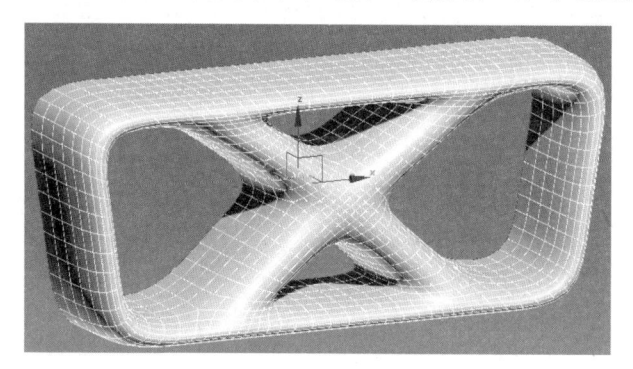

图 1-2-78 向内复制边界

（10）选择模型,选择菜单栏中的"修改器"→"网格编辑"→"对称"命令,效果如图 1-2-79 所示。选择"镜像","阈值"设为 50mm,"镜像轴"选择"Z"轴,移动 Z 轴,调整合适的距离,直到两块合为一体。右击,在弹出的快捷菜单中选择"顶层级"命令。

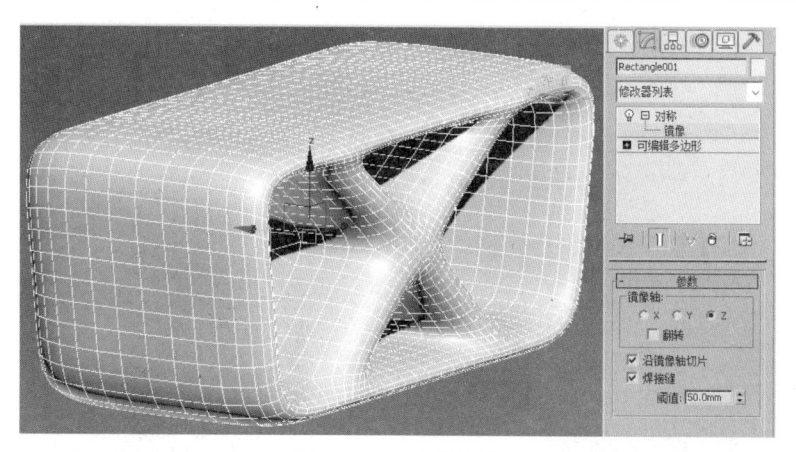

图 1-2-79 对称效果

2. 制作麦克风支架

（1）打开 3ds Max,选择菜单栏中"自定义"→"单位设置"命令,弹出"单位设置"

对话框，如图 1-2-80 所示。将"显示单位比例"中的"公制"设为"毫米"，单击"系统单位设置"按钮，弹出"系统单位设置"对话框，设置"1 单位=1.0 毫米"，单击"确定"按钮。

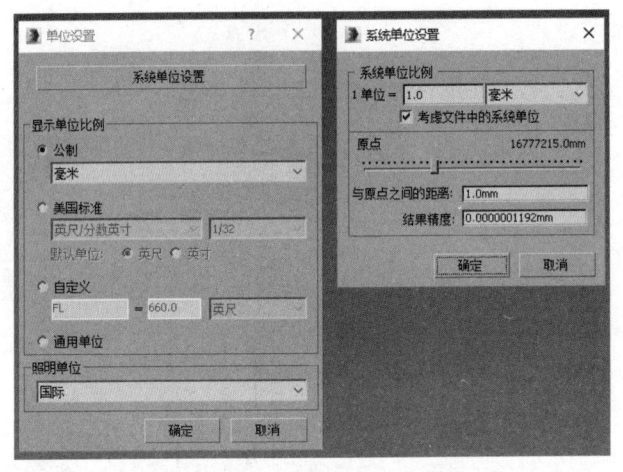

图 1-2-80 "单位设置"对话框

（2）找到"支架"素材图片，右击查看其属性，分辨率为 780 像素×891 像素，如图 1-2-81 所示。

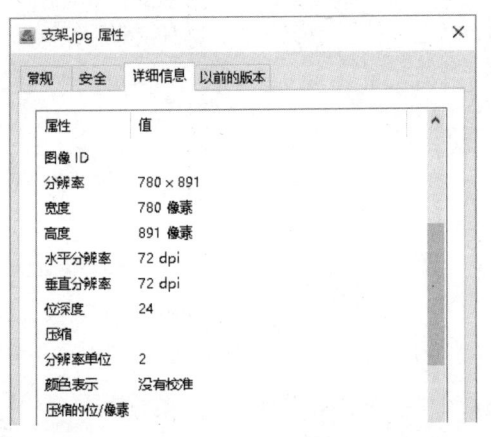

图 1-2-81 "支架"素材图片属性

（3）选择右下角透视图，按 Alt+W 键最大化显示，按 F 键显示前视图，绘制一个矩形，如图 1-2-82 所示。按"2"键进行修改，其参数如图 1-2-83 所示。

图 1-2-82 绘制一个矩形 　　　　图 1-2-83 修改矩形参数

（4）将"麦克风"图片拖到平面上，如图 1-2-84 所示（为便于拖放，可单击"麦克风"图片所在的文件夹"向下还原"），如发现长宽比不对，请自行修改其"平面"参数。

（5）右击图片查看其属性，如图 1-2-85 所示，修改其属性，如图 1-2-86 所示，单击"确定"按钮。

（6）为便于调整，选择"真实"显示模式，取消"阴影"效果，如图 1-2-87 所示。

图 1-2-84　将图片拖到平面上 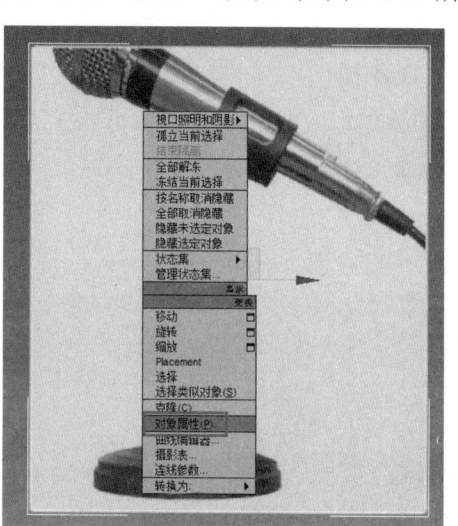　　　　　图 1-2-85　查看图片属性

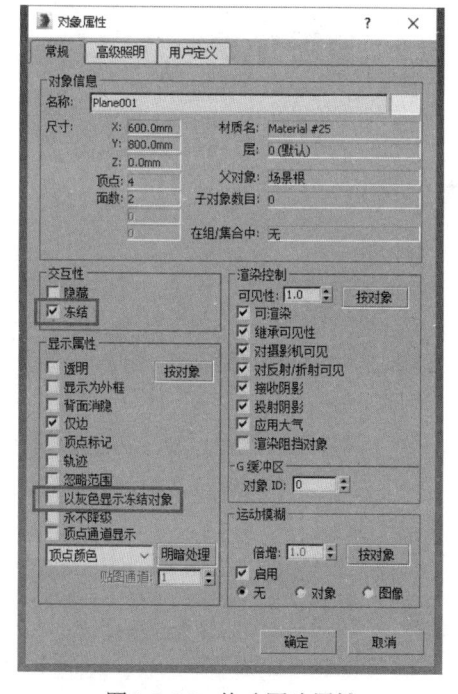

图 1-2-86　修改图片属性 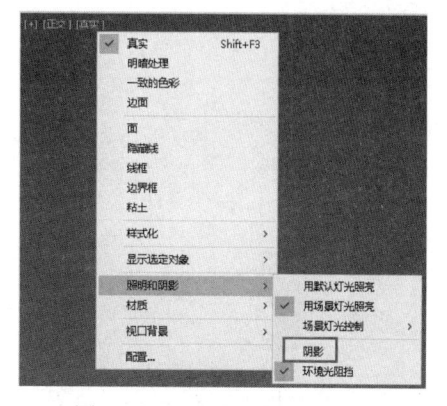　　　　　图 1-2-87　取消"阴影"效果

（7）绘制圆柱体，如图 1-2-88 所示，将圆柱体的坐标全部设为 0，再对齐"支架"图片底座。

（8）将圆柱体转化为可编辑多边形，选择"多边形"层级，利用"插入"功能，新建一个多边形，如图 1-2-89 所示，图中尺寸仅供参考。

图 1-2-88　绘制圆柱体

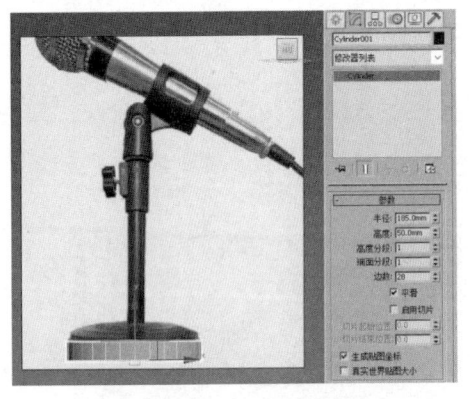

图 1-2-89　插入

（9）挤出圆柱，如图 1-2-90 所示。

（10）添加倒角，如图 1-2-91 所示（如顶部多边形无法对齐参考图片，可先移动底座再进行倒角），图中尺寸仅供参考。

图 1-2-90　挤出圆柱

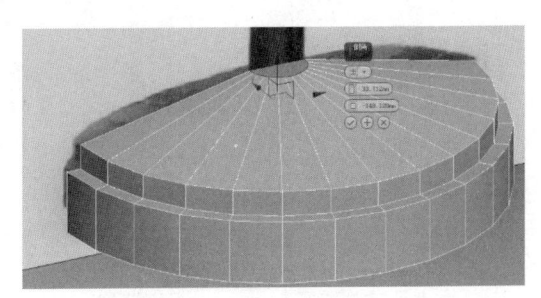

图 1-2-91　添加倒角

（11）选择一条边，如图 1-2-92 所示，按 Alt+R 键选择循环边，如图 1-2-93 所示，连接并设置参数，如图 1-2-94 所示。切角并设置参数，如图 1-2-95 所示。

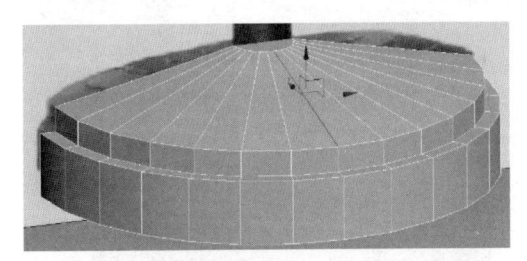

图 1-2-92　选择一条边

图 1-2-93　循环边

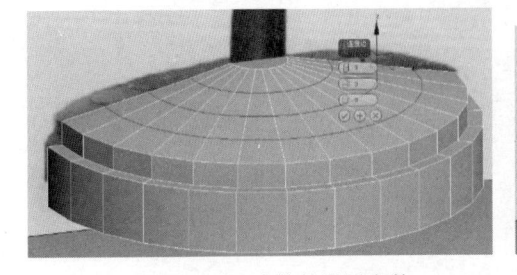

图 1-2-94　连接并设置参数

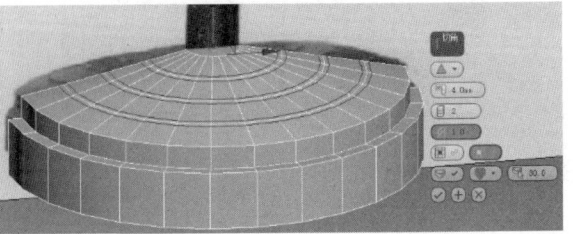

图 1-2-95　切角并设置参数

（12）按住 Ctrl 键，双击每组环线中间的边，如图 1-2-96 所示。将边向上移动一定距离，如图 1-2-97 所示。挤出圆柱，如图 1-2-98 所示。

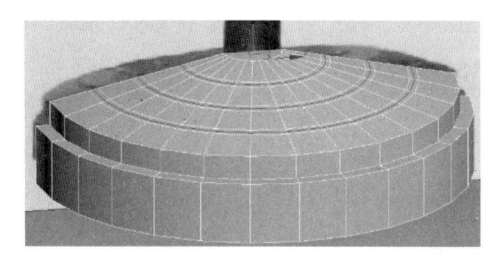

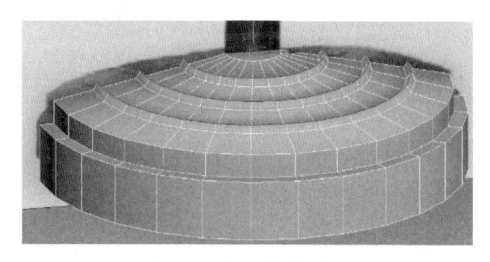

图 1-2-96　双击边

图 1-2-97　移动边

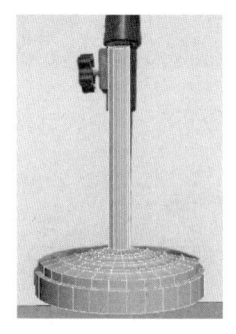

图 1-2-98　挤出圆柱

（13）框选圆柱面及顶面，如图 1-2-99 所示。在"编辑几何体"菜单中单击"分离"按钮，弹出"分离"对话框，分离为"支柱"，如图 1-2-100 所示，单击"确定"按钮。右击，在弹出的快捷菜单中选择"顶层级"命令退出编辑模式。

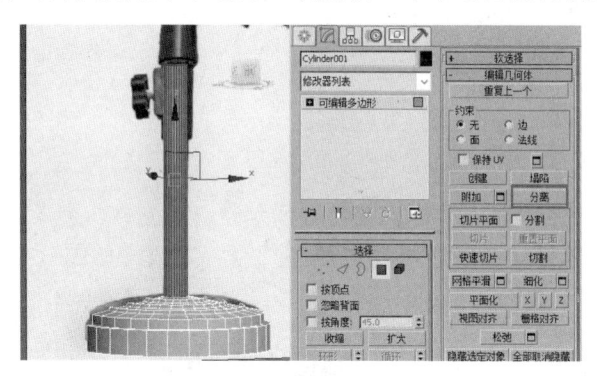

图 1-2-99　框选圆柱面及顶面

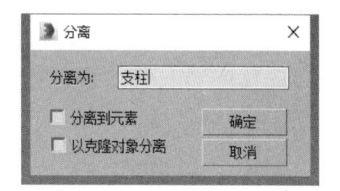

图 1-2-100　分离为"支柱"

（14）选择底座，进入"多边形"层级，选择底部圆形，如图 1-2-101 所示，分离为"底盖"，如图 1-2-102 所示，单击"确定"按钮。右击，在弹出的快捷菜单中选择"顶层级"命令退出编辑模式。

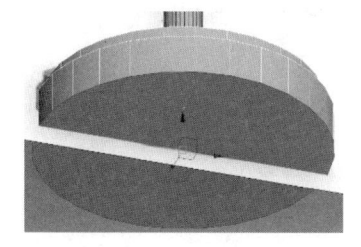

图 1-2-101　选择底部圆形

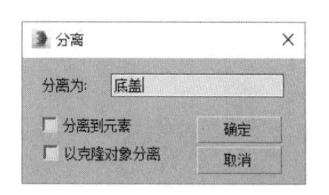

图 1-2-102　分离为"底盖"

（15）选择底座，进入"边"层级，双击选择环形，如图 1-2-103 所示。单击"切角"按钮，设置切角，如图 1-2-104 所示，继续设置切角，如图 1-2-105 所示，再设置切角，如图 1-2-106 所示。调整切角时，也可打开"细分曲面"菜单进行调整，结果如图 1-2-107 所示。右击，在弹出的快捷菜单中选择"顶层级"命令退出编辑模式。

图 1-2-103　选择环形

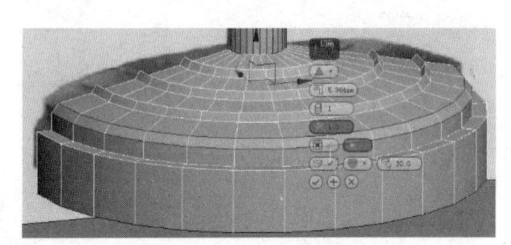

图 1-2-104　设置切角 1

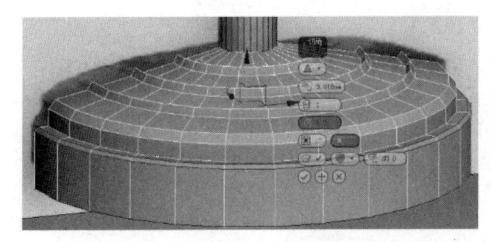

图 1-2-105　设置切角 2

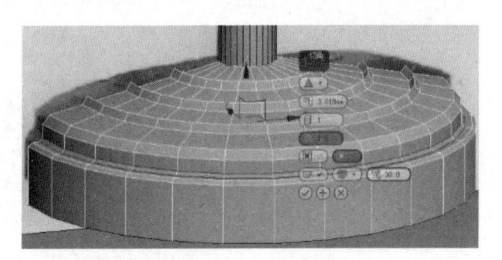

图 1-2-106　设置切角 3

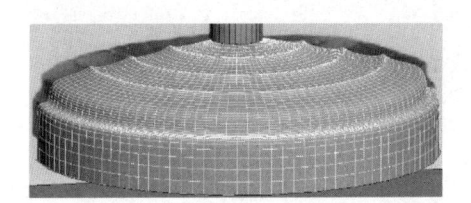

图 1-2-107　细分曲面结果

（16）框选底座和底盖，右击，隐藏选定对象，如图 1-2-108 所示，选择支柱，进入"边"层级。选择所有竖边，单击命令面板中"连接"属性框，对照图片设置参数，如图 1-2-109 所示。

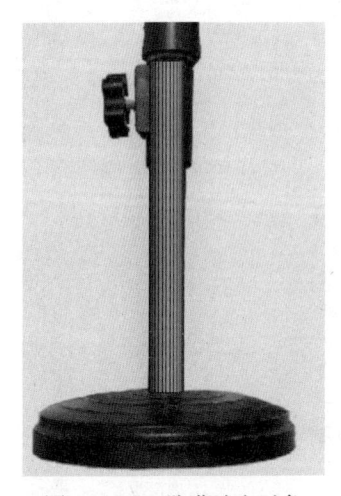

图 1-2-108　隐藏选定对象

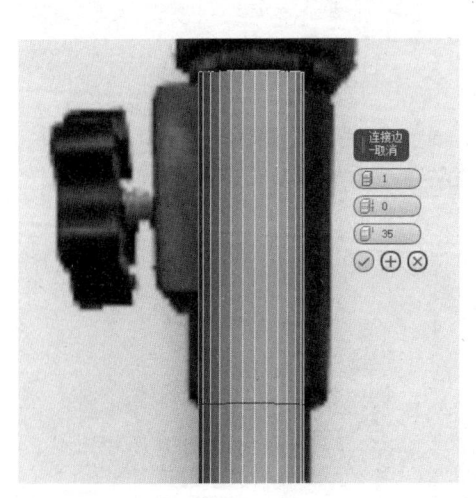

图 1-2-109　连接

（17）框选多边形，如图 1-2-110 所示。在"编辑几何体"菜单中单击"分离"按钮，弹出"分离"对话框，选中"以克隆对象分离"复选框，分离为"套筒"，如图 1-2-111 所示。右击，在弹出的快捷菜单中选择"顶层级"命令退出编辑模式。单击左侧工作区中"底盖"和"支柱"前的灯，使其呈现灰色，即处于隐藏状态，如图 1-2-112 所示。

图 1-2-110　框选多边形 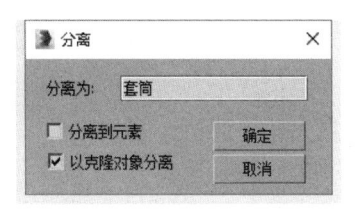　　图 1-2-111　分离为"套筒" 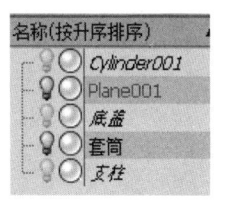　　图 1-2-112　隐藏"底盖"和"支柱"

（18）单击套筒，按"2"键进行修改，按"1"键进入"顶点"层级，框选所有点，按 R 键缩放，选择缩放"XY"面，如图 1-2-113 所示。

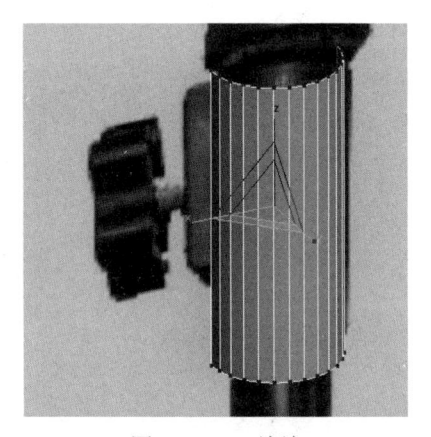

图 1-2-113　缩放

（19）框选竖边，如图 1-2-114 所示，按"2"键进入"边"层级，连接，如图 1-2-115 所示。

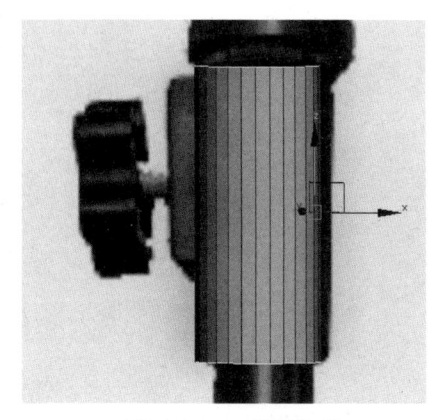

图 1-2-114　框选竖边 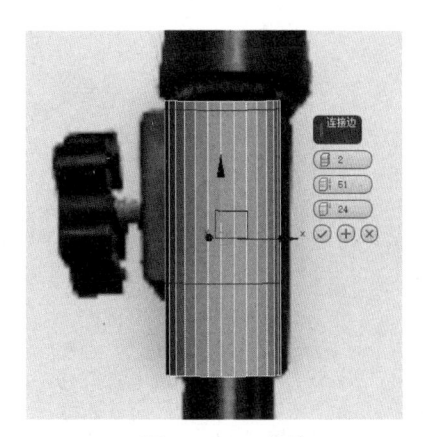　　图 1-2-115　连接

(20) 框选竖边，如图 1-2-116 所示，连接，如图 1-2-117 所示。

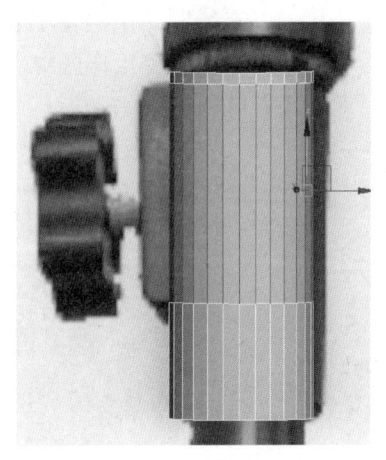

图 1-2-116　框选竖边 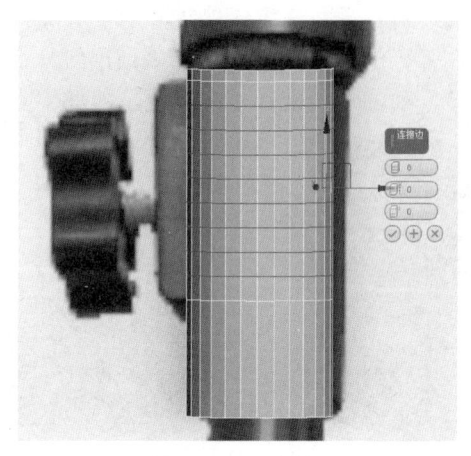　　　　　图 1-2-117　连接

(21) 框选多边形，如图 1-2-118 和图 1-2-119 所示。挤出多边形，如图 1-2-120 所示。将 X 轴平面化，如图 1-2-121 所示。参考图片移动顶点，如图 1-2-122 所示。右击，在弹出的快捷菜单中选择"顶层级"命令退出编辑模式。

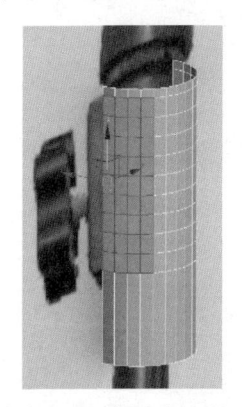

图 1-2-118　框选多边形 1 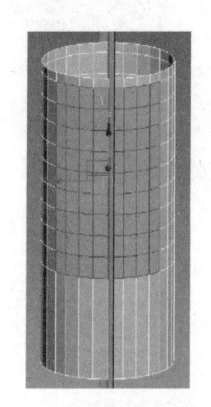　　　图 1-2-119　框选多边形 2 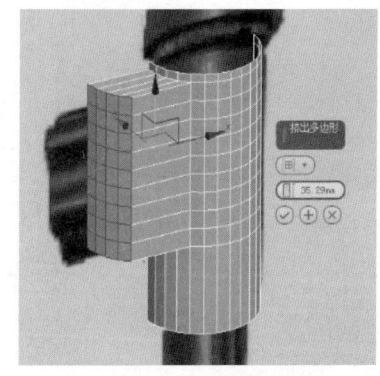　　　图 1-2-120　挤出多边形

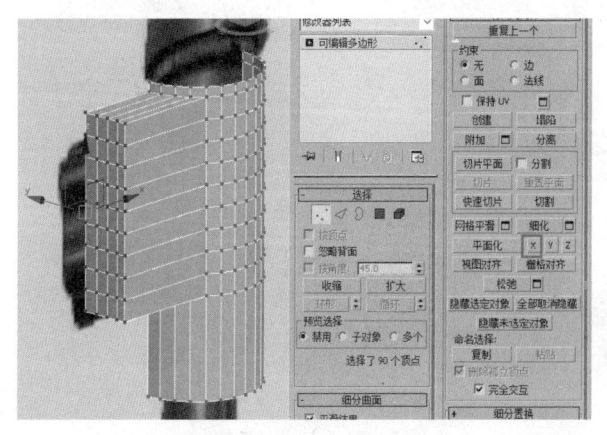

图 1-2-121　将 X 轴平面化 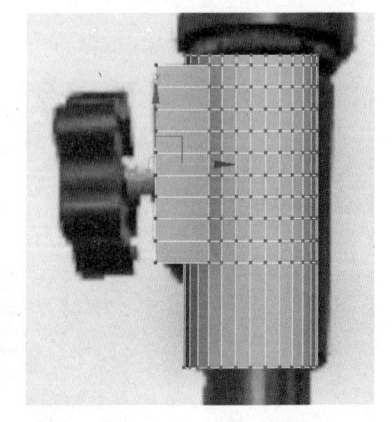　　　　　　　　　　图 1-2-122　移动顶点

(22) 选择套筒，按 Alt+Q 键进入"孤立"模式，框选边，如图 1-2-123 所示。连接，如图 1-2-124 所示，继续进行连接，如图 1-2-125 所示，再次进行连接，如图 1-2-126 所示。右

击，在弹出的快捷菜单中选择"顶层级"命令退出编辑模式。

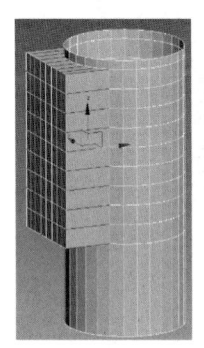

图 1-2-123　框选边 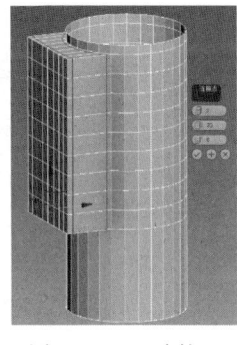　　图 1-2-124　连接 1 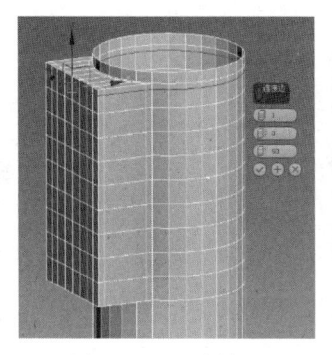　　图 1-2-125　连接 2 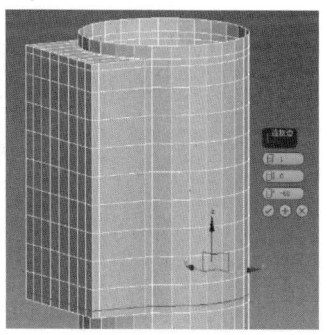　　图 1-2-126　连接 3

（23）将素材文件"圆形化脚本"拖至绘图区，选择"自定义"命令，弹出"自定义用户界面"对话框，选择"Regularize Edge Loop（Poly）"，如图 1-2-127 所示。在"热键"中设置未指定的按键，此处设置为"V"，如图 1-2-128 所示。单击"指定"按钮关闭对话框。按住 Ctrl 键选择如图 1-2-129 所示的多边形，按 V 键形成圆形，如图 1-2-130 所示。插入，生成新的多边形，如图 1-2-131 所示。向内挤出得到凹孔，如图 1-2-132 所示。双击选择环形边，以克隆的方式分离出"旋钮"，如图 1-2-133 所示，退出"孤立"模式。

图 1-2-127　素材文件 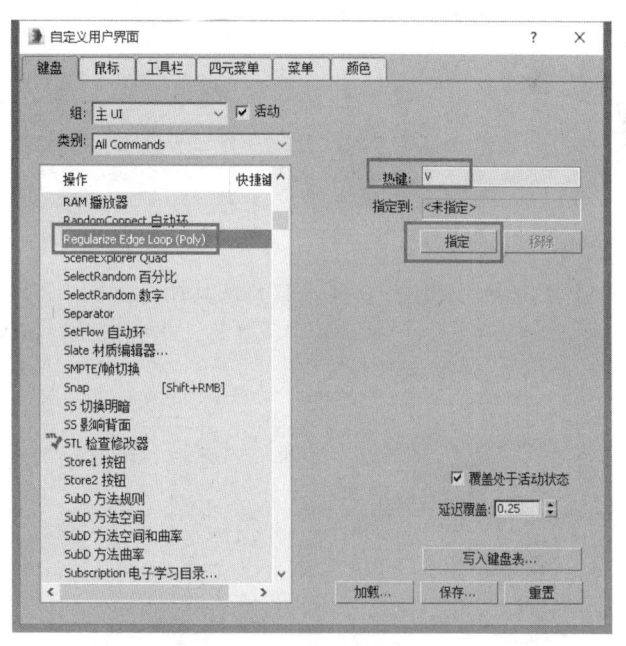　　　　　　　图 1-2-128　"自定义用户界面"对话框

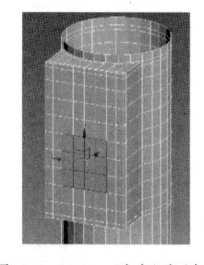

图 1-2-129　选择多边形 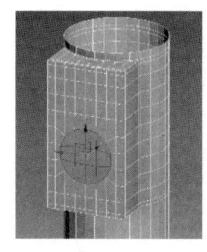　　图 1-2-130　圆形化 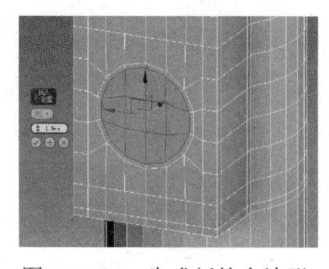　　图 1-2-131　生成新的多边形 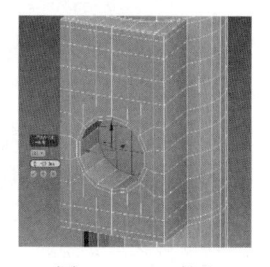　　图 1-2-132　挤出

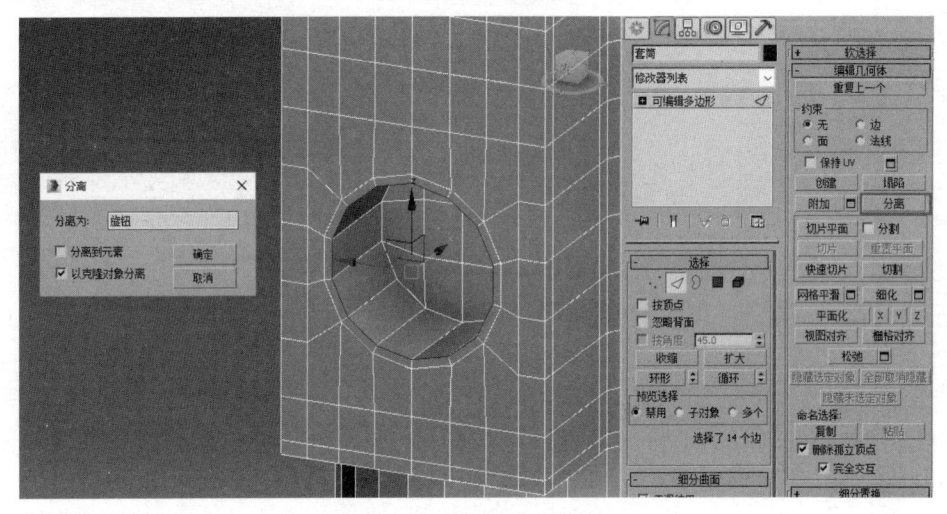

图 1-2-133　分离出"旋钮"

（24）在左侧工作区中，隐藏其他仅显示"旋钮"，如图 1-2-134 所示。删除左侧不要的边，移动复制新的边，如图 1-2-135 所示。框选边界，封口，如图 1-2-136 所示。右击，在弹出的快捷菜单中选择"顶层级"命令退出编辑模式。

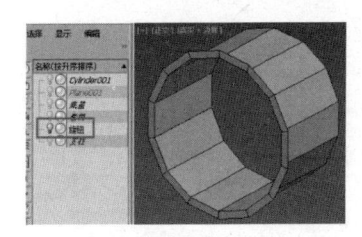

图 1-2-134　隐藏其他仅显示"旋钮" 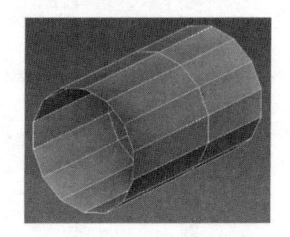　　　图 1-2-135　移动复制新的边 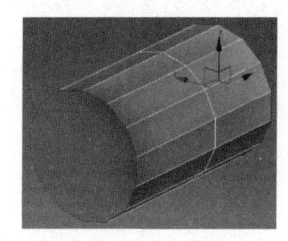　　　图 1-2-136　封口

（25）在左侧工作区中，显示素材图片所在的面"Plane001"，如图 1-2-137 所示。按 L 键显示左视图，绘制星形，参考图片调整其大小和圆角，如图 1-2-138 所示。参考图片对其进行"挤出"，如图 1-2-139 所示。

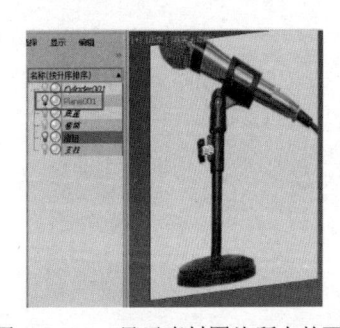

图 1-2-137　显示素材图片所在的面 　　　图 1-2-138　绘制星形 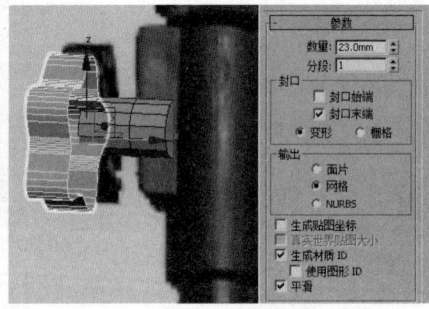　　　图 1-2-139　挤出

（26）将"旋钮"转化为可编辑多边形，利用"连接"加线，如图 1-2-140 所示。选择如图 1-2-141 所示的多边形，单击命令面板中"插入"属性框，利用"插入"功能新建多边形，单击"+"，可以创建 2 个多边形。按 V 键将其变成圆形，缩放至合适大小，如图 1-2-142 所示。单击命令面板中"插入"属性框，利用"插入"功能得到新的圆形，如图 1-2-143 所示。向内"挤出"得到凹孔，如图 1-2-144 所示。利用"插入"功能得到 2 个新的圆形，如图 1-2-145

所示。细分曲面，效果如图 1-2-146 所示。右击，在弹出的快捷菜单中选择"顶层级"命令退出编辑模式。

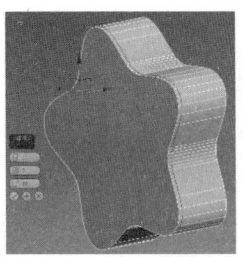

图 1-2-140　连接 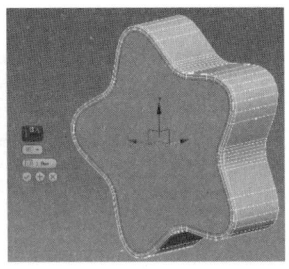　　图 1-2-141　新建多边形 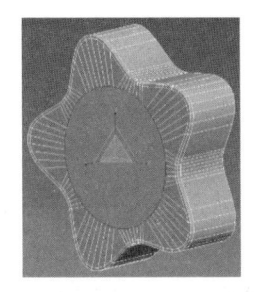　　图 1-2-142　变成圆形并缩放 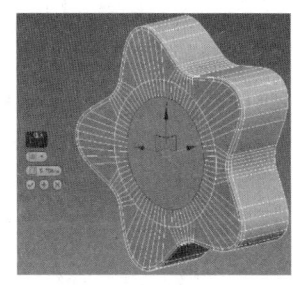　　图 1-2-143　插入圆形

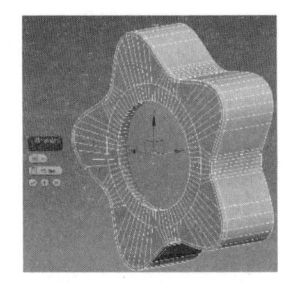

图 1-2-144　挤出 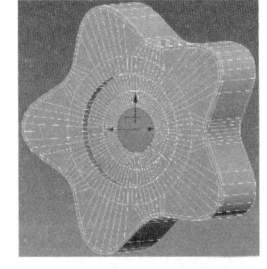　　　　图 1-2-145　插入 2 个圆形 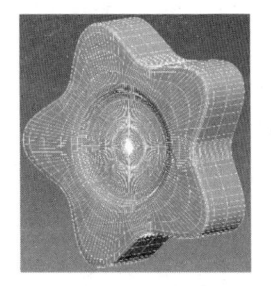　　　　图 1-2-146　细分曲面效果

（27）选择"旋钮"，添加"壳"修改器，外部量为 0，增加合适的内部量，如图 1-2-147 所示。"对齐"之前的圆柱，再进行布尔运算，如图 1-2-148 所示。最后将所有模型取消隐藏，完成效果如图 1-2-149 所示。

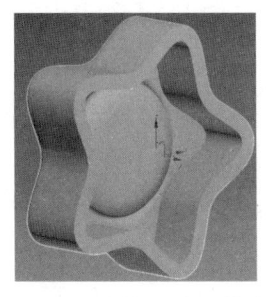

图 1-2-147　添加"壳"修改器 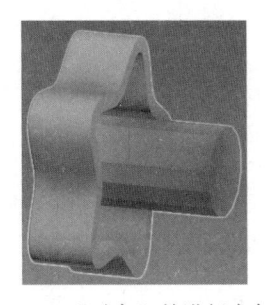　　　图 1-2-148　"对齐"并进行布尔运算 　　　图 1-2-149　完成效果

（28）参考如图 1-2-150～图 1-2-153 所示素材，完成模型。

图 1-2-150　素材 1 　　图 1-2-151　素材 2 　　图 1-2-152　素材 3 　　图 1-2-153　素材 4

【技能实训】

1. 信息收集

分析台灯的结构，思考其模型的构建流程，台灯如图 1-2-154 所示。此台灯基本结构及尺寸：底座为一个长方体，长 130mm、宽 100mm、高 30mm；灯杆直径 7mm；灯头呈不规则叶形，长 160mm，最宽处 40mm，最窄处 12mm，灯头最厚处 15mm，灯头与灯杆连接处直径 10mm；通体总高 300mm。

2. 方案实施

（1）打开素材图片，如图 1-2-155 所示。

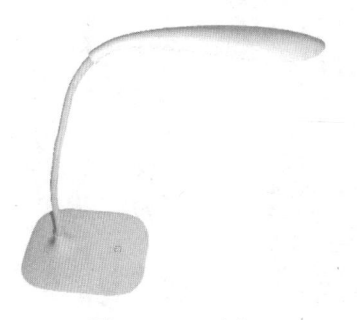

图 1-2-154　台灯 　　　　　　　图 1-2-155　素材图片

（2）根据所给尺寸，将"显示单位比例"和"系统单位比例"均设置为"毫米"，如图 1-2-156 所示。

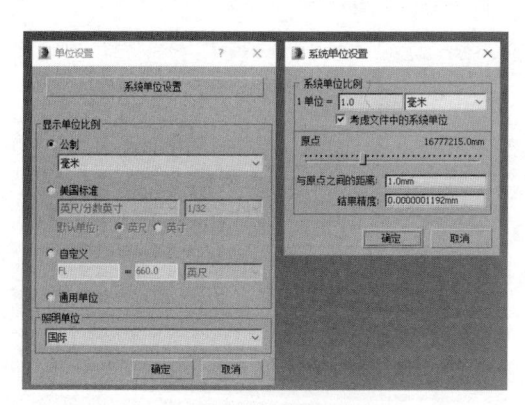

图 1-2-156　单位设置

（3）使用切角长方体构建底座，如图 1-2-157 所示。

（4）细分曲面底座，并进行调整，如图 1-2-158 所示。

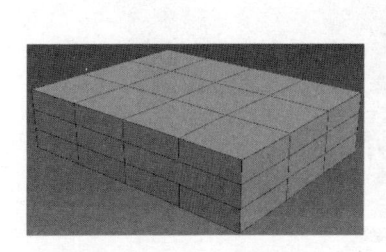

图 1-2-157　构建底座 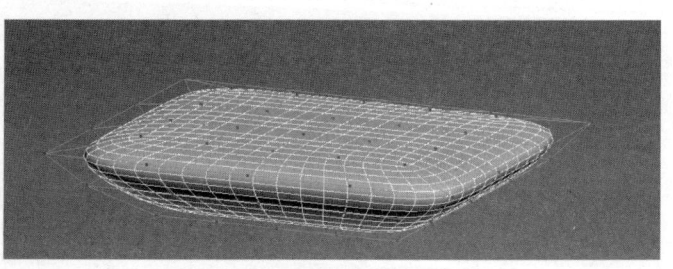　　　　　　图 1-2-158　细分曲面底座

（5）选择顶面合适的多边形，调整至适当大小，"挤出"灯杆，如图 1-2-159 所示。
（6）分离出灯杆，便于后续处理，如图 1-2-160 所示。
（7）继续"挤出"并调整灯杆和灯头弧度，如图 1-2-161 所示。
（8）参考素材图片，调整灯头外形，如图 1-2-162 所示。

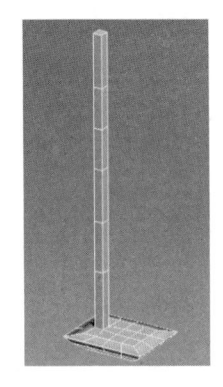

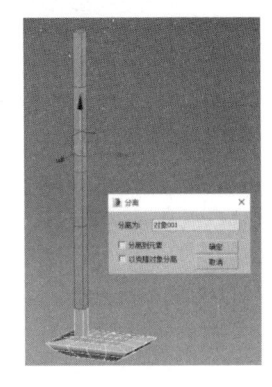

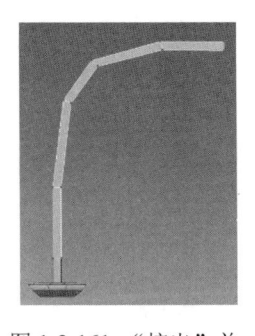

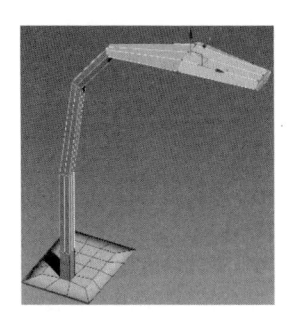

图 1-2-159 "挤出"灯杆　　图 1-2-160 分离出灯杆　　图 1-2-161 "挤出"并调整灯杆和灯头弧度　　图 1-2-162 调整灯头外形

（9）分离出灯头，如图 1-2-163 所示。
（10）继续细化调整灯头，如图 1-2-164 所示。
（11）利用细分曲面，进行灯头的修正，如图 1-2-165 所示。

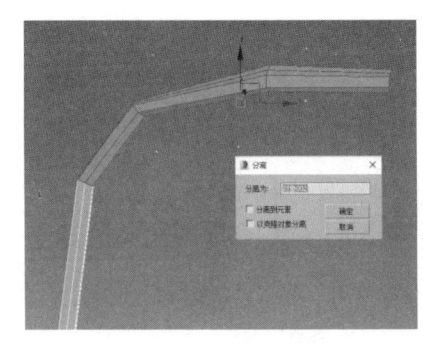

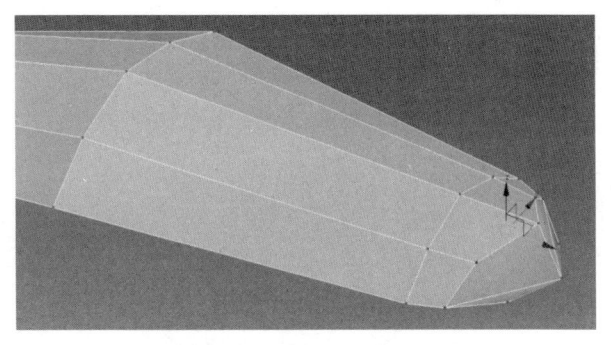

图 1-2-163 分离出灯头　　图 1-2-164 细化调整灯头

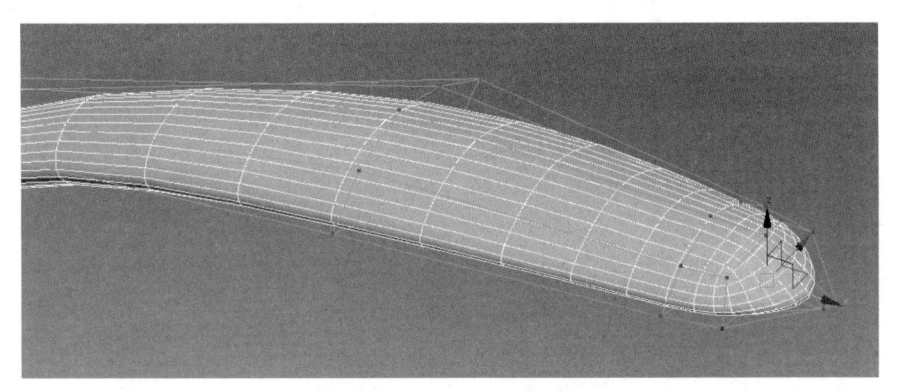

图 1-2-165 细分曲面灯头

（12）调整灯头外形，如图 1-2-166 所示。
（13）分离出灯罩，如图 1-2-167 所示。

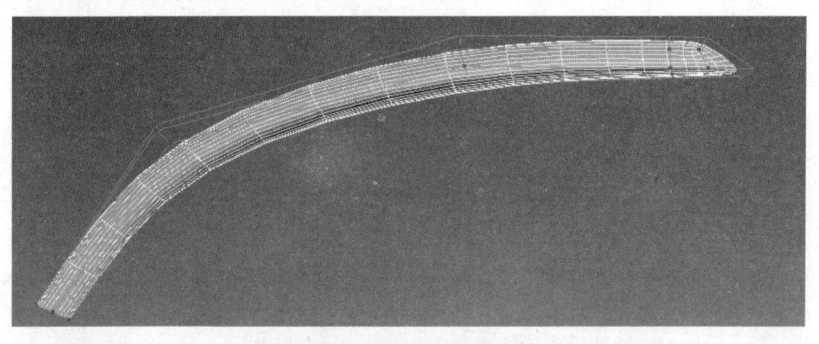

图 1-2-166　调整灯头外形

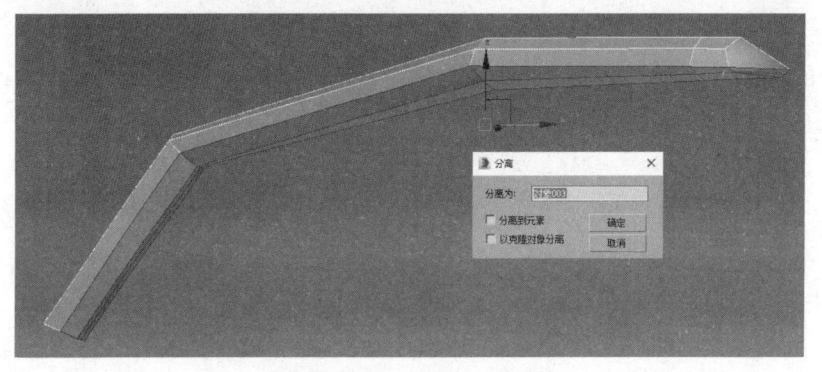

图 1-2-167　分离出灯罩

（14）继续调整灯头上部分造型，如图 1-2-168 所示。

（15）继续调整灯罩，如图 1-2-169 所示。

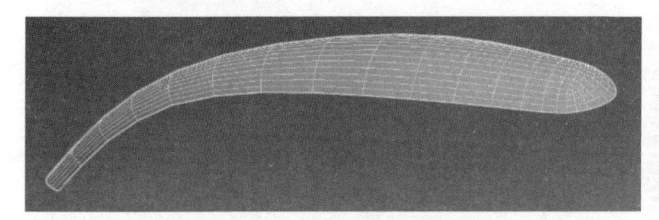

图 1-2-168　调整灯头上部分造型　　　　　图 1-2-169　调整灯罩

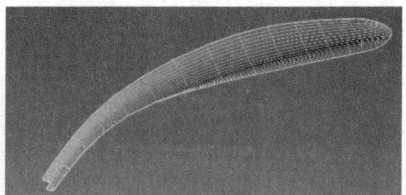

（16）完成其余造型（继续完善每个零件结合处，如台灯底部支点等），如图 1-2-170 所示。

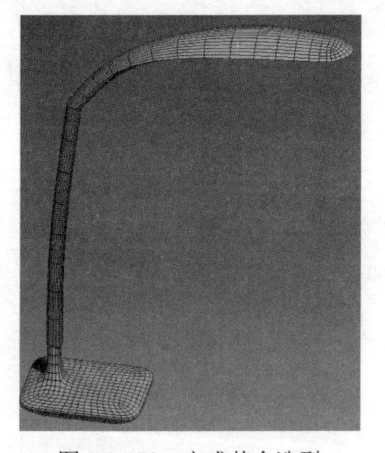

图 1-2-170　完成其余造型

模块 2　Unity 3D 游戏开发

项目 1　认识和安装 Unity 3D

【任务导入】

Unity 3D 常简称为 Unity，是由 Unity Technologies 公司开发的专业跨平台游戏开发及虚拟现实引擎，其打造了一个跨平台程序开发生态链，用户可以通过它轻松完成各种游戏创意和三维开发，创作出精彩的游戏和虚拟仿真内容，也可以通过 Unity 3D 资源商店（Asset Store）分享和下载各种资源。本项目介绍 Unity 3D 的诞生与发展、Unity 3D 的应用领域、Unity 3D 的下载和安装、Asset Store 资源商店。

【任务要求】

完成 Unity 软件的下载和安装。

【任务计划】

首先通过官网下载 Unity 3D 集成开发环境，完成 Unity 3D 在 Windows 环境下的安装，注册 Unity 3D 个人账号，访问 Asset Store 资源商店。

【难点剖析】

解决 Unity 3D 软件和 Windows 系统的兼容问题，安装过程中可能会出现软件冲突、基础库缺失等各种问题，需要灵活应对解决。

【必备知识】

1. Unity 的诞生与发展

进入 21 世纪后，游戏产业飞速发展，游戏引擎也得到了空前的发展。2004 年，在丹麦哥本哈根，Joachim Ante、Nicholas Francis 和 David Helgason 决定开发一款易于使用、与众不同并且费用低的游戏引擎，帮助所有喜爱游戏的年轻人实现游戏创作的梦想，他们在 2005 年发布了 Unity 1.0。

从 Unity 1.0 发布到现在，其已经历了十多年的发展，Unity 引擎已逐步成长为全球开发者普遍使用的交互式引擎，尤其是近几年，开发人员数量迅猛增长。

2. Unity 的应用领域

Unity 是目前全球最专业的游戏引擎之一，能够创建实时、可视化的 2D 和 3D 动画、游戏。另外，Unity 还广泛应用在虚拟仿真、汽车、建筑、电影、动漫、医疗、旅游等多个领域。

（1）游戏领域

Unity 被用来创建全世界将近半数的游戏，具体可分为手机游戏、小游戏、AR 和 VR 游戏、主机和 PC 游戏等。

（2）汽车、运输与制造领域

Unity 被广泛应用在汽车、运输与制造等领域的可视化设计及培训当中，如汽车外观设计、汽车专业的培训学习、飞行器的设计制造、机械设备研发等，通过创建丰富的、高保真的虚拟场景，运用沉浸式的、交互式的应用程序，提高知识转化率安全性。

（3）电影、动画领域

Unity 在电影、动画领域应用广泛，如虚拟摄影、动作捕捉、面部表情捕捉，以及 360 度全景视频等。Unity 在电影、动画中的应用，为导演、动画师赋予了前所未有的艺术自由度，制作时间仅为之前的一半，这种技术正在席卷整个行业。

（4）建筑、工程与安全实验领域

Unity 还被广泛应用在建筑、工程与安全实验等领域的现场可视化设计、营销及培训与安全方面，如室内外建筑物的 360 度全景漫游、人体解剖实验、施工模拟演练、安全实验等。

（5）医疗、旅游、电商、家装领域

Unity 除了在游戏、制造、电影、建筑、实验等领域大量应用，也和很多实体行业开始对接，如医疗、旅游、电商、家装等。

【任务实施】

1. 下载 Unity 3D

首先介绍 Unity 3D 软件在 Windows 环境下的下载。要安装 Unity 3D 游戏引擎最新版本，可以访问 Unity 官方网站，如图 2-1-1 所示。单击图 2-1-1 右上角的"下载 Unity"，即可进入 Unity 集成开发环境的下载选择页面，如图 2-1-2 所示。

图 2-1-1 Unity 官方网站

Unity 集成开发环境版本众多，这里选择 Unity 5.6.2 版本，如图 2-1-3 所示，选择"Win"平台，下载 Unity Installer，如图 2-1-4 所示。

图 2-1-2 Unity 集成开发环境的下载选择页面

图 2-1-3 下载 Unity 5.6.2 版本

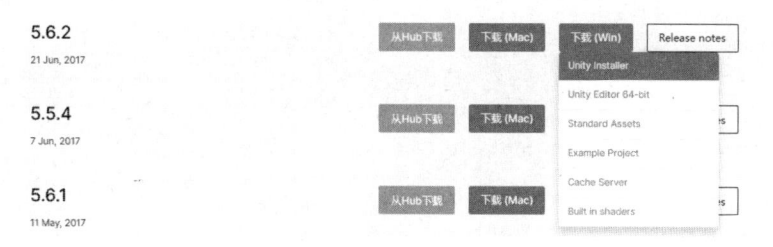

图 2-1-4 下载 Unity Installer

2. 在 Windows 环境下安装 Unity 3D

下面介绍 Unity 5.6.2 版本在 Windows 环境下的安装，安装步骤如下。

（1）下载好安装程序后，双击运行，会弹出安装界面，如图 2-1-5 所示，单击"Next"按钮，接下来是对 Unity 游戏开发引擎的一些条款和声明，如图 2-1-6 所示，可以阅读其中的条款，选中复选框以表示同意相关条款及声明，单击"Next"按钮。

（2）选择安装多少位的版本，如图 2-1-7 所示。

（3）选择需要下载的文件，如图 2-1-8 所示。其中包括 Unity 集成开发环境、Web 插件、标准资源包、Visual Studio 代码编辑器软件等，可根据需要自行调整，完成后单击"Next"按钮。

（4）设置文件下载和安装路径，如图 2-1-9 所示。在上半部分可以设置下载的方式，一种是指定下载路径，另一种是在 Unity 集成开发环境下下载，完成后删除所有下载的文件安装包。在下半部分可以设置 Unity 集成开发环境的安装路径。

（5）确认是否下载 Microsoft Visual Studio 的相关软件，如图 2-1-10 所示。选中复选框，单击"Next"按钮。

现在只需要耐心地等待软件的下载完成即可，下载完成后 Unity 安装器会自动地将 Unity 安装到之前设定的路径中。

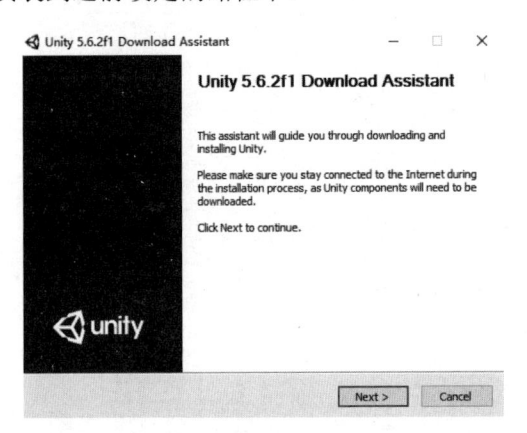

图 2-1-5　安装界面 1

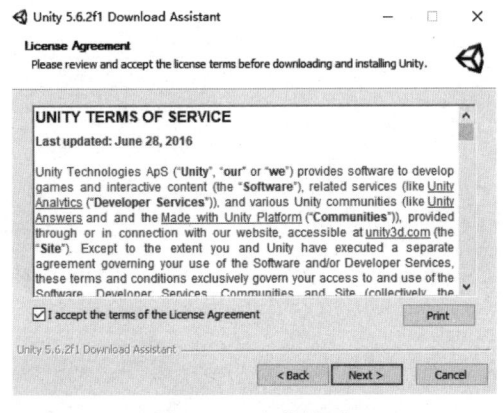

图 2-1-6　安装界面 2

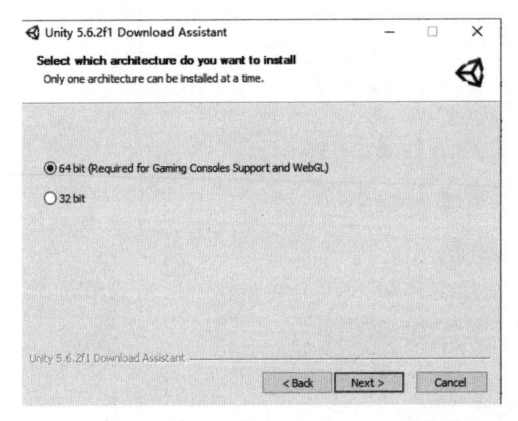

图 2-1-7　安装界面 3

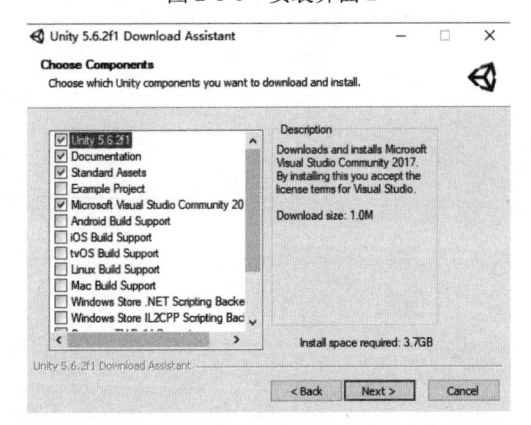

图 2-1-8　安装界面 4

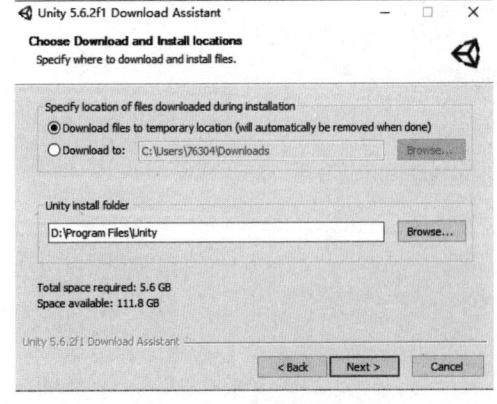

图 2-1-9　安装界面 5

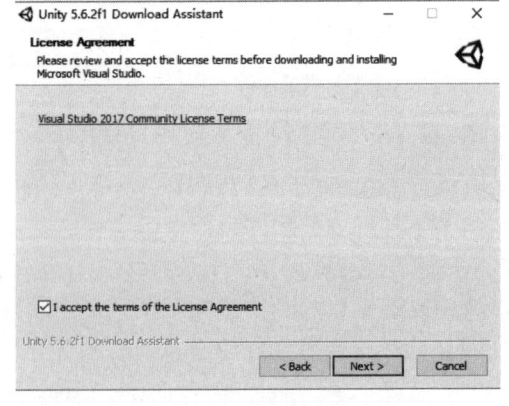

图 2-1-10　安装界面 6

3．认证和试用 Unity 3D

Unity 软件安装成功，在桌面双击 Unity 软件图标，提示 Unity 软件序列号认证错误，如

图 2-1-11 所示，需要进行认证，认证过程如下。

（1）单击"Re-Activate"按钮，弹出如图 2-1-12 所示界面，在左侧可以输入已购买的序列号，如果没有购买序列号，可以选中右侧的"Unity"单选按钮，然后单击"Next"按钮。

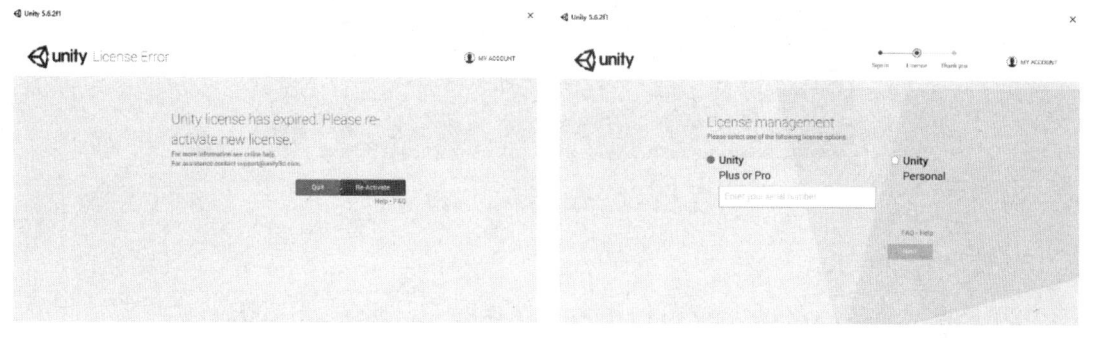

图 2-1-11　提示 Unity 软件序列号认证错误　　图 2-1-12　Unity 软件认证界面

（2）在如图 2-1-13 所示的界面中，选中"I don't use Unity in a professional capacity"，然后单击"Next"按钮，出现如图 2-1-14 所示界面，说明 Unity 软件认证成功，单击"Start Using Unity"按钮开始使用 Unity 软件。

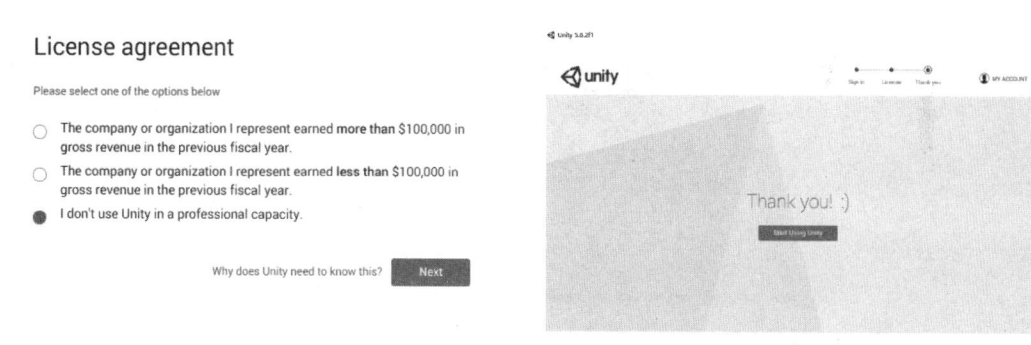

图 2-1-13　Unity 软件认证过程　　图 2-1-14　Unity 软件认证成功界面

注意：选择"I don't use Unity in a professional capacity"的认证方式，有效期只有七天，七天过后，需要重新按照上述步骤进行认证。

4．访问 Asset Store 资源商店

Asset Store 是一个资源商店，包含 Unity Technologies 及社区成员创建的免费资源和商业资源。Asset Store 提供了各种资源，包括纹理、模型、动画、项目示例、教程和编辑器扩展等。在创建游戏时，可以通过导入 Asset Store 中的资源来节省时间、提高效率。

另外，作为 Asset Store 资源的发布者，用户可以在资源商店中出售或者提供资源。

Unity 资源商店的访问方式有两种：一种是在浏览器地址栏中输入网址访问，另一种是在 Unity 应用程序中选择"Window"→"Asset Store"命令直接访问。打开 Asset Sotre 资源商店，如图 2-1-15 所示。

图 2-1-15　Asset Store 资源商店

5．使用 Asset Store

接下来将结合实际操作来讲解在 Unity 中如何使用 Asset Store 相关资源。

（1）在 Unity 应用程序中，选择"Window"→"Asset Store"命令，打开 Asset Store 资源商店。

（2）在搜索栏中输入想要的资源名称关键字，如"汽车"，在右侧的搜索条件里面设置为免费资源，版本为 Unity 5.x，可查找到想要的资源。如图 2-1-16 所示，在右侧可以看到该资源的文件大小、最先发布日期、支持的 Unity 版本等信息。

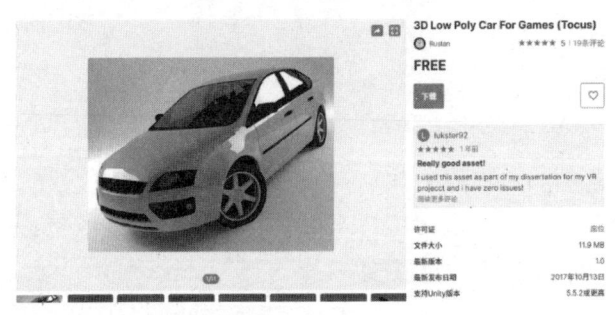

图 2-1-16　资源信息

（3）单击"下载"按钮进行下载。

（4）单击"导入"按钮，如图 2-1-17 所示，单击"Import"按钮即可将所下载的资源导入当前的 Unity 项目中，如图 2-1-18 所示。

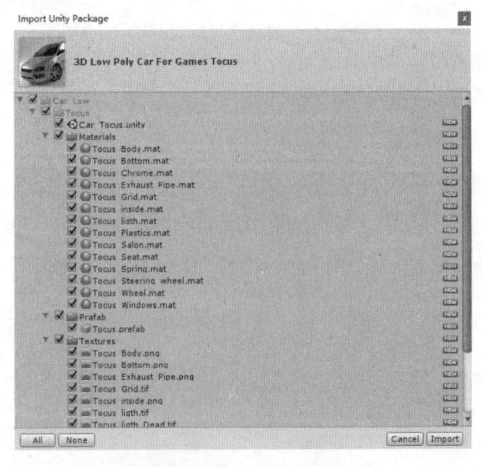

图 2-1-17　导入资源

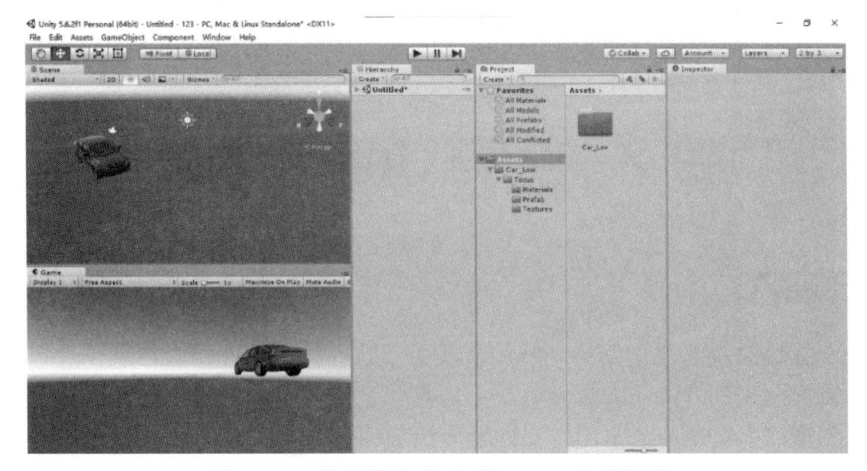

图 2-1-18　资源导入成功后的 Unity 软件界面

【技能实训】

请同学们在个人计算机上安装 Unity 3D 软件，并且通过注册认证，保证 Unity 3D 软件可以正常打开并访问 Asset Store。

项目 2 认识 Unity 3D 界面

【任务导入】

Unity 3D 是一款拥有强大编辑功能的游戏引擎软件，游戏开发者在创作过程中可以通过可视化的编辑界面来创建游戏。该软件界面简单，它所提供的功能主要是通过菜单栏、工具栏及六大视图窗口来实现的。本项目将详细介绍 Unity 3D 软件的界面布局及六大视图窗口。

【任务要求】

创建一个 3D 项目，了解 Unity 3D 编辑器及各个功能视图的应用。

【任务计划】

（1）新建一个 3D 项目。
（2）新建一个场景。
（3）资源包的导入。
（4）资源包的导出。

【难点剖析】

通过实际的项目操作，帮助读者建立一个基本框架概念，后续通过更多的实际项目提升熟练度。

【必备知识】

1. Unity 3D 编辑器界面布局

打开 Unity 3D，显示的是 Unity 3D 默认页面布局方式。除了这种默认的页面布局方式，用户也可以根据自己的喜好，通过单击"Layout"按钮来选择，如图 2-2-1 所示。

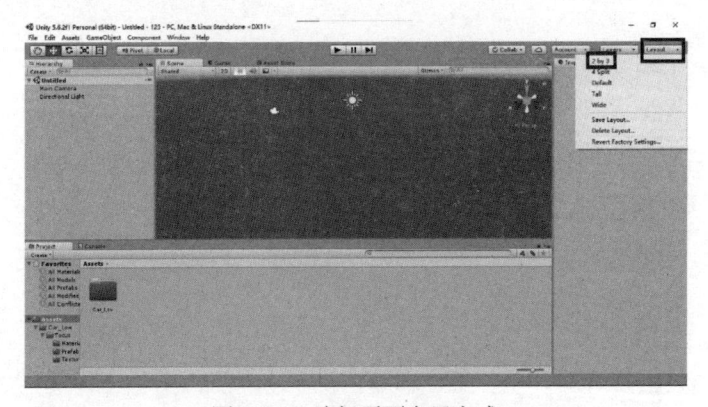

图 2-2-1 选择页面布局方式

1）标题栏

标题栏位于界面顶部，用于显示当前应用程序名、文件名等。在许多应用程序窗口中，标题栏中也包含程序图标、"最小化""最大化""还原"和"关闭"按钮，可以简单地对应用程序窗口进行操作。Unity 3D 的标题栏也具有同样的作用，如图 2-2-2 所示。"Unity 5.6.2f1 Personal(64bit)"表示该软件的版本，"myfirst.unity"表示当前打开场景的名称，"123"表示该工程的名称，"PC,Mac & Linux Standalone"表示该游戏发布的平台。如果标题后面有一个"*"符号，表示对该场景做了修改之后还未保存。

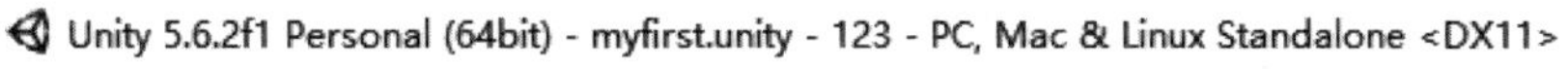

Unity 5.6.2f1 Personal (64bit) - myfirst.unity - 123 - PC, Mac & Linux Standalone <DX11>

图 2-2-2　Unity 3D 标题栏

2）菜单栏

Unity 3D 软件的菜单栏如图 2-2-3 所示，它集成了 Unity 3D 的所有功能菜单。单击菜单栏中的每一个菜单都会出现一个下拉菜单，下拉菜单中的菜单项左边是该菜单项的名称，右边是其快捷键，如果菜单项名称后面有省略号，表示即将打开一个对应的面板，如果后面有一个三角符号，表示该菜单项还有子菜单。

（1）File（文件）菜单

File 菜单主要用于创建、打开和保存项目，如图 2-2-4 所示，同时可以创建、打开和保存项目场景，File 菜单功能及快捷键如表 2-2-1 所示。

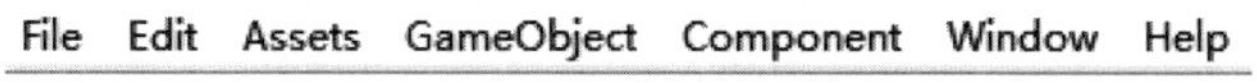

File　Edit　Assets　GameObject　Component　Window　Help

图 2-2-3　Unity 3D 软件菜单栏

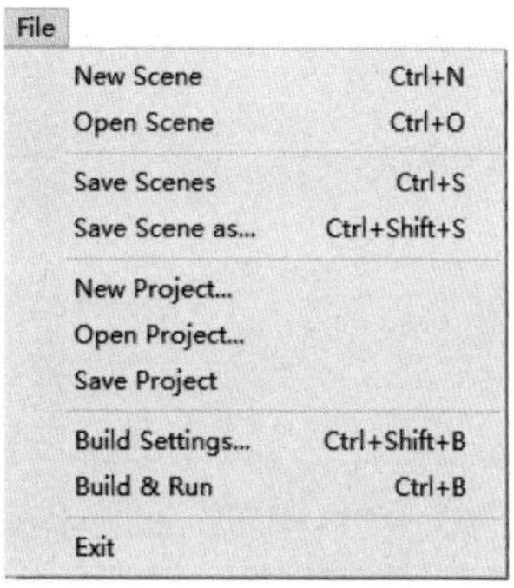

图 2-2-4　File 菜单

表 2-2-1　File 菜单功能及快捷键

子菜单项	功　　能	快　捷　键
New Scene（新建场景）	创建一个新的场景	Ctrl+N
Open Scene（打开场景）	打开一个已经创建好的场景	Ctrl+O
Save Scenes（保存场景）	保存当前打开的场景	Ctrl+S
Save Scene as（场景另存为）	将当前打开的场景另存为一个新场景	Ctrl+Shift+S
New Project（新建项目）	新建一个项目	无
Open Project（打开项目）	打开一个已经创建好的项目	无
Save Project（保存项目）	保存当前打开的项目	无
Build Settings（发布设置）	项目发布相关设置	Ctrl+Shift+B

续表

子菜单项	功　能	快　捷　键
Build & Run（发布并执行）	发布并运行项目	Ctrl+B
Exit（退出）	退出 Unity 3D	无

（2）Edit（编辑）菜单

Edit 菜单如图 2-2-5 所示，用于场景对象的基本操作（如撤销、重做、复制、粘贴）及项目的相关设置。Edit 菜单功能及其快捷键如表 2-2-2 所示。

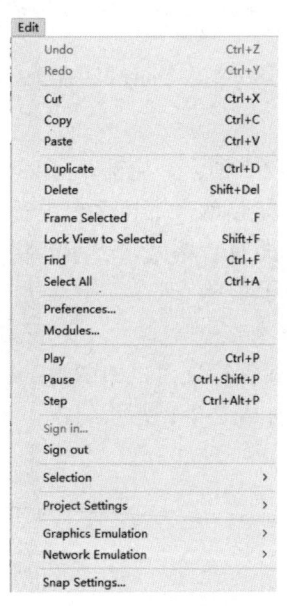

图 2-2-5　Edit 菜单

表 2-2-2　Edit 菜单功能及其快捷键

子菜单项	功　能	快　捷　键
Undo（撤销）	撤销上一步操作	Ctrl+Z
Redo（重做）	重做上一步操作	Ctrl+Y
Cut（剪切）	将对象剪切到剪贴板	Ctrl+X
Copy（复制）	将对象复制到剪贴板	Ctrl+C
Paste（粘贴）	将剪贴板中的对象粘贴到当前位置	Ctrl+V
Duplicate（复制并粘贴）	复制并粘贴对象	Ctrl+D
Delete（删除）	删除对象	Shift+Del
Frame Selected（缩放窗口）	平移缩放窗口至选择的对象	F
Look View to Selected（聚焦）	聚焦到所选对象	Shift+F
Find（搜索）	切换到搜索框，通过对象名称搜索对象	Ctrl+F
Select All（选择全部）	选中所有对象	Ctrl+A
Preferences（偏好设置）	偏好设置	无
Modules（模块）	选择加载模块	无

续表

子菜单项	功 能	快 捷 键
Play（播放）	运行游戏	Ctrl+P
Pause（暂停）	暂停游戏	Ctrl+Shift+P
Step（单步执行）	单步执行程序	Ctrl+Alt+P
Sign in（登录）	登录到 Unity 3D 账号	无
Sign out（退出）	退出当前的 Unity 3D 账号	无
Selection（选择）	载入和保存已有选项	无
Project Settings（项目设置）	项目设置	无
Graphics Emulation（图形仿真）	选择图形仿真方式以配合一些图形加速器的处理	无
Network Emulation（网络仿真）	选择相应的网络仿真方式	无
Snap Settings（吸附设置）	设置吸附功能相关参数	无

（3）Assets（资源）菜单

Assets 菜单如图 2-2-6 所示。该菜单主要用于资源的创建、导入、导出及同步相关的功能，Assets 菜单功能及其快捷键如表 2-2-3 所示。

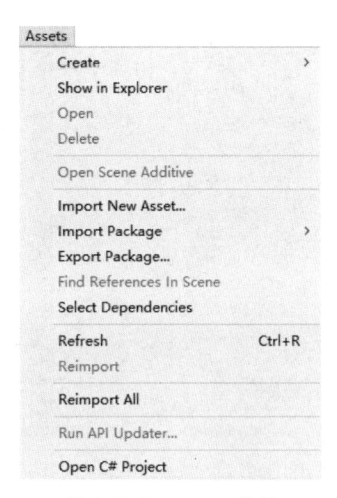

图 2-2-6　Assets 菜单

表 2-2-3　Assets 菜单功能及其快捷键

子菜单项	功 能	快 捷 键
Create（创建）	创建资源	无
Show in Explorer（显示文件夹）	打开资源所在的文件夹	无
Open（打开）	打开对象	无
Delete（删除）	删除对象	无
Open Scene Additive（打开添加的场景）	打开添加的场景	无
Import New Asset（导入新资源）	导入新资源	无
Import Package（导入资源包）	导入资源包	无
Export Package（导出资源包）	导出资源包	无

续表

子菜单项	功　能	快　捷　键
Find References In Scene（在场景中找出资源）	在场景中找到所选择的资源	无
Select Dependencies（选择依赖项）	选择相关的资源	无
Refresh（刷新）	刷新资源	Ctrl+R
Reimport（重新导入）	将所选对象重新导入	无
Reimport All（重新导入所有资源）	将所有对象重新导入	无
Run API Updater（运行 API 更新器）	运行 API 更新器	无
Open C# Project（打开 C#项目）	开启 MonoDevelop 并与项目同步	无

（4）GameObject（游戏对象）菜单

GameObject 菜单如图 2-2-7 所示。该菜单主要用于创建、显示游戏对象，GameObject 菜单功能及其快捷键如表 2-2-4 所示。

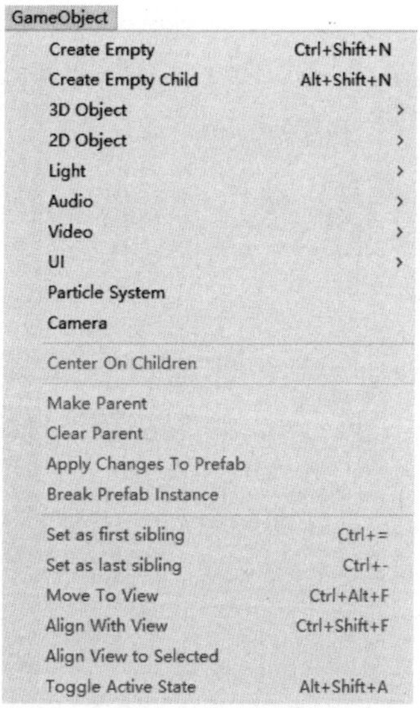

图 2-2-7　GameObject 菜单

表 2-2-4　GameObject 菜单功能及其快捷键

子菜单项	功　能	快　捷　键
Create Empty（创建空对象）	创建一个空的游戏对象	Ctrl+Shift+N
Create Empty Child（创建空的子对象）	创建其他组件	Alt+Shift+N
3D Object（3D 对象）	创建三维对象	无
2D Object（2D 对象）	创建二维对象	无
Light（灯光）	创建灯光对象	无
Audio（音频）	创建音频对象	无
Video（视频）	创建视频对象	无
UI（界面）	创建 UI 对象	无
Particle System（粒子系统）	创建粒子系统	无

续表

子菜单项	功 能	快 捷 键
Camera（摄像机）	创建摄像机对象	无
Center On Children（聚焦子对象）	将父对象的中心移动到子对象上	无
Make Parent（构成父对象）	选中多个对象后创建子对象的对应关系	无
Clear Parent（清除父对象）	取消父子对象间的对应关系	无
Apply Changes To Prefab（应用变换到预制体）	保存对象的修改，更新属性到对应的预制体上	无
Break Prefab Instance（取消预制体实例）	取消实例对象与预制体之间直接的属性关联关系	无
Set as first sibling	设置选定子对象为所在父对象下面的第一个子对象	Ctrl+=
Set as last sibling	设置选定子对象为所在父对象下面的最后一个子对象	Ctrl+-
Move To View（移动到视图中）	改变对象的坐标值，将所选对象移动到 Scene 视图中	Ctrl+Alt+F
Align With View（与视图对齐）	改变对象的坐标值，将所选对象移动到 Scene 视图的中心点	Ctrl+Shift+F
Align View to Selected（移动视图到选中对象）	将编辑视角移动到选中对象的中心位置	无
Toggle Active State（切换激活状态）	设置选中对象为激活或不激活状态	Alt+Shift+A

（5）Component（组件）菜单

Component 菜单如图 2-2-8 所示。该菜单主要为游戏对象添加各种组件或属性，Component 菜单功能及其快捷键如表 2-2-5 所示。

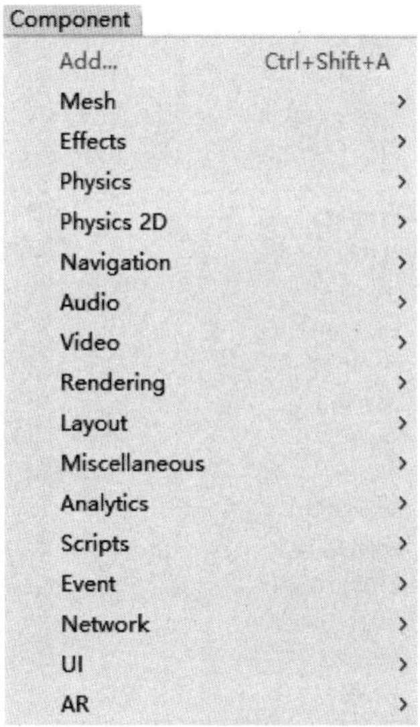

图 2-2-8 Component 菜单

表 2-2-5 Component 菜单功能及其快捷键

子菜单项	功 能	快 捷 键
Add（新增）	添加组件	Ctrl+Shift+A
Mesh（网格）	添加网格组件	无
Effects（特效）	添加特效组件	无
Physics（物理属性）	使物体带有对应的物理属性	无

子菜单项	功　　能	快　捷　键
Physics 2D（2D 物理属性）	添加 2D 物理组件	无
Navigation（导航）	添加导航组件	无
Audio（音频）	添加音频组件	无
Video（视频）	添加与视频相关的组件	无
Rendering（渲染）	添加渲染组件	无
Layout（布局）	添加布局组件	无
Miscellaneous（杂项）	添加杂项组件	无
Analytics（分析跟踪器）	添加分析跟踪器组件	无
Scripts（脚本）	添加脚本组件	无
Event（事件）	添加事件组件	无
Network（网络）	添加网络组件	无
UI（界面）	添加界面组件	无
AR（增强显示）	添加增强显示组件	无

（6）Window（窗口）菜单

Window 菜单如图 2-2-9 所示。该菜单主要提供了与编辑器的菜单布局有关的选项，Window 菜单功能及其快捷键如表 2-2-6 所示。

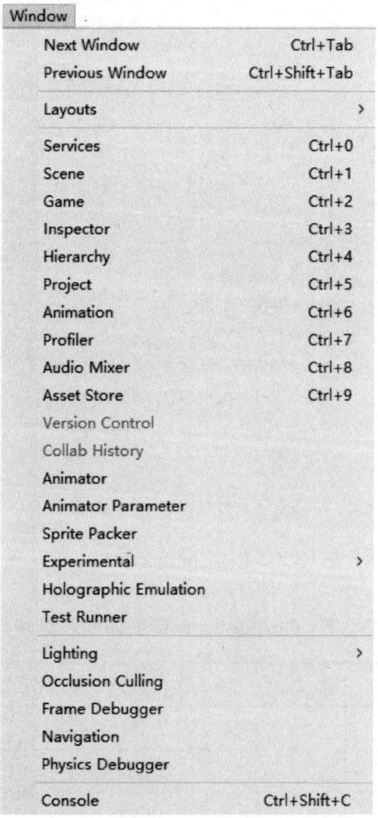

图 2-2-9　Window 菜单

表 2-2-6 Window 菜单功能及其快捷键

子菜单项	功 能	快 捷 键
Next Window（下一个窗口）	显示下一个窗口	Ctrl+Tab
Previous Window（前一个窗口）	显示前一个窗口	Ctrl+Shift+Tab
Layouts（布局）	显示页面布局方式，可以根据需要自行调整	无
Services	切换到 Vision Control 窗口	Ctrl+0
Scene（场景视图）	显示用于编辑制作游戏的场景视图	Ctrl+1
Game（游戏视图）	显示用于测试的游戏视图	Ctrl+2
Inspector（属性视图）	显示游戏对象的属性视图	Ctrl+3
Hierarchy（层次视图）	显示整合游戏对象的层次视图	Ctrl+4
Project（项目视图）	显示项目视图	Ctrl+5
Animation（动画编辑）	显示动画编辑	Ctrl+6
Profiler（分析器）	打开资源分析器	Ctrl+7
Audio Mixer（音频混合器）	音频混合器	Ctrl+8
Asset Store（资源商店）	资源商店	Ctrl+9
Version Control	版本	无
Collab History	Collab 历史	无
Animator	编辑角色动画	无
Animator Parameter	设置动画参数	无
Sprite Packer	设置图片精灵参数	无
Experimental	设置动画状态机参数	无
Holographic Emulation	全息仿真	无
Test Runner	测试运行	无
Lighting	光照参数设置	无
Occlusion Culling	制作遮挡消隐效果	无
Frame Debugger	调试器框架	无
Navigation	生成寻路系统所需要的数据	无
Physics Debugger	物理调试器	无
Console（控制台）	打开控制台	Ctrl+Shift+C

（7）Help（帮助）菜单

Help 菜单如图 2-2-10 所示。该菜单主要用于帮助用户快速学习和掌握 Unity 3D，提供了如当前 Unity 3D 版本查看、许可管理、论坛地址等功能。Help 菜单功能及其快捷键如表 2-2-7 所示。

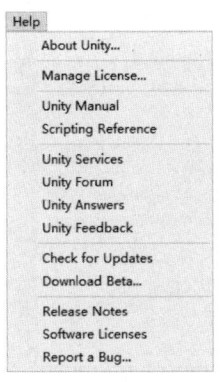

图 2-2-10 Help 菜单

表 2-2-7 Help 菜单功能及其快捷键

子菜单项	功　能	快　捷　键
About Unity	提供 Unity 3D 的安装版本号及相关信息	无
Manage License	打开 Unity 3D 软件许可管理工具	无
Unity Manual	链接至 Unity 官方在线教程	无
Scripting Reference	链接至 Unity 官方在线脚本参考手册	无
Unity Services	链接至 Unity 官方在线服务平台	无
Unity Forum	连接至 Unity 官方论坛	无
Unity Answers	链接至 Unity 官方在线问答平台	无
Unity Feedback	链接至 Unity 官方在线反馈平台	无
Check for Updates	检查 Unity 3D 版本更新	无
Download Beta	下载 Unity 3D 的 Beta 版本安装程序	无
Release Notes	链接至 Unity 官方在线发行说明	无
Software Licenses	软件许可证	无
Report a Bug	向 Unity 官方报告相关问题	无

2．Unity 3D 视图介绍

1）Project 视图

Project 视图如图 2-2-11 所示，该视图是 Unity 3D 整个项目工程的资源汇总，保存了游戏场景中用到的脚本、材质球、字体、贴图、外部导入的模型等资源文件，用户可以使用它来访问和管理项目资源。

图 2-2-11 Project 视图

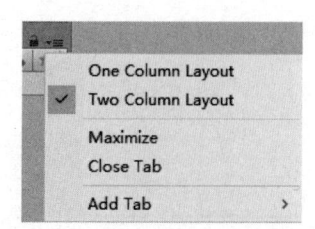

对于 Project 视图的排列方式，可以根据自己的喜好，通过单击 Project 视图右上角的■图标来选择，如图 2-2-12 所示。

图 2-2-12 Project 视图排列方式

如果项目中的资源比较多，一个一个地查找会比较费时间，可以在 Project 视图的搜索栏中输入要搜索的资源名称，快速找到相应的资源。如果用户知道资源类型或者标签，也可以通过单击搜索栏旁边的 和 按钮以组合的方式来缩小搜索范围。

2）Scene 视图

Scene 视图如图 2-2-13 所示，该视图主要用于游戏场景的编辑。在 Scene 视图中，用户可以使用游戏对象的控制柄来移动、旋转、缩放场景里的游戏对象。当用户打开一个游戏场景时，该游戏场景的所有对象都会在 Scene 视图中显示。

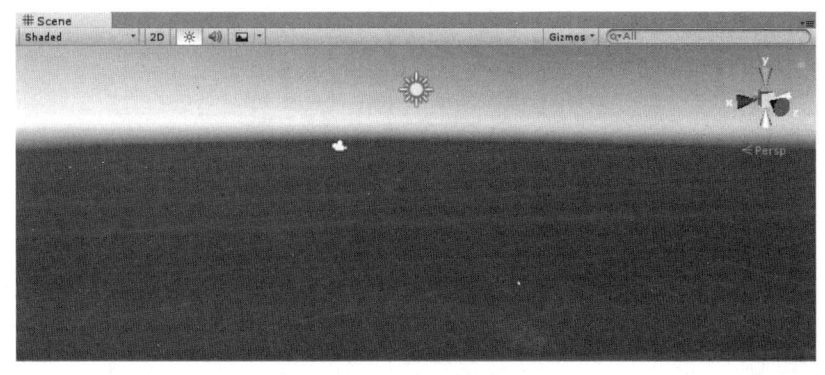

图 2-2-13　Scene 视图

（1）Scene 视图控制栏工具及其功能

Scene 视图控制栏如图 2-2-14 所示，通过该控制栏可以改变用摄像机查看场景的方式，如绘图模式、2D/3D 切换、场景光照、场景特效等。控制栏工具及其功能如表 2-2-8 所示。

图 2-2-14　Scene 视图控制栏

表 2-2-8　控制栏工具及其功能

按　　钮	功　　能
Shaded	设置场景的渲染模式
2D	场景对象是 2D 显示还是 3D 显示的切换按钮
☼	场景中灯光打开与关闭的切换按钮
◁)	场景中声音打开与关闭的切换按钮
🖼	天空盒、雾效、环境光的显示与隐藏切换按钮
Gizmos	显示或者隐藏场景中用到的光源、声音、摄像机等游戏对象的图标
Q▼All	查找场景中指定游戏对象的搜索栏

（2）Scene 视图导航工具

Scene 视图导航工具如图 2-2-15 所示。使用 Scene 视图导航工具可以让场景搭建变得便捷和高效。每种工具的功能及其快捷键如表 2-2-9 所示。

图 2-2-15　Scene 视图导航工具

表 2-2-9　Scene 视图导航工具功能及其快捷键

按　钮	功　能	快　捷　键
（手形工具）	平移视图中的场景	Q
（箭头工具）	对场景中的对象进行平移	W
（旋转工具）	对场景中的对象进行旋转	E
（缩放工具）	对场景中的对象进行缩放	R
（缩放工具）	对场景中的对象进行缩放，用于 2D 游戏对象	T

（3）视图变换控制

在 Scene 视图的右上角，有一个视图变换控制图标，该图标用于切换场景的视图角度，如自顶向下、自左向右、自前向后、透视模式、正交模式等，如图 2-2-16 所示。

图 2-2-17 所示是透视模式，透视模式时坐标轴下方显示◁。图 2-2-18 所示是正交模式，正交模式时坐标轴下方显示▤。

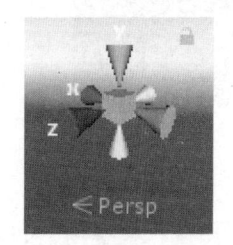

图 2-2-16　视图变换控制图标　　　图 2-2-17　透视模式　　　图 2-2-18　正交模式

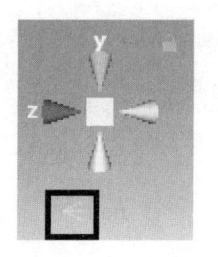

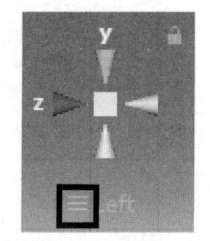

（4）Scene 视图中的几种基本操作

① 单击鼠标左键可选中场景中的物体。

② 按下鼠标中键并移动鼠标可以平移场景的观察角度，滚动鼠标中键可以拉远或拉近场景的观察角度。

③ 单击鼠标右键并移动鼠标可以旋转场景的观察角度。

④ 按下 Alt 键并按下鼠标左键，可以旋转场景的观察角度。

⑤ 按下 Alt 键并按下鼠标右键，可以拉远或拉近场景的观察角度。

3）Game 视图

Game 视图如图 2-2-19 所示，该视图显示游戏运行预览效果。

图 2-2-19　Game 视图

在 Unity 3D 菜单栏的下方，有一个播放控件，如图 2-2-20 所示，其作用如下。

▶：运行当前游戏。单击该按钮，可以让当前游戏运行起来，并激活 Game 视图；再次单击该按钮，可以结束游戏的运行。

❚❚：暂停播放。单击该按钮，可以暂停当前游戏的运行；再次单击该按钮，可以让游戏从暂停的地方继续运行。

▶❙：逐帧播放。单击该按钮，可以逐帧运行当前游戏，便于用户查找当前游戏中存在的问题。

图 2-2-20　播放控件

通过单击 ▶ 按钮，可以激活 Game 视图，Game 视图顶部有一些按钮，如图 2-2-21 所示，可以控制 Game 视图中显示的属性。

按　　钮	功　　能
Free Aspect	调整屏幕显示比例
Maximize On Play	在运行游戏时，将 Game 视图最大化
Mute Audio	开启或者关闭游戏场景中的音频
Stats	单击该按钮，可以显示当前游戏运行时的参数，比如渲染速度、贴图占用的内存等

图 2-2-21　按钮及功能

4）Inspector 视图

Inspector 视图如图 2-2-22 所示，该视图用于显示游戏场景中当前所选择游戏对象的详细信息和属性设置，包括对象的名称、标签、位置坐标、旋转角度、缩放、组件等。

Inspector 视图中几种固定的属性和组件功能如下。

① ▣：图标设置，用于标记不同的对象，也可以用来区分预制体和非预制体。

② ☑："激活"复选框，选中该复选框，表示当前所选对象在游戏场景中被激活，未选中就是未被激活。

③ Static："状态"复选框，选中该复选框，表示将当前所选对象设置为静态物体。

④ Tag：标签设置，在游戏创作过程中，可以为游戏对象添加有意义的标签，这样在脚本程序中可以使用标签查找添加了标签的对象。

⑤ Layer：层级设置，在游戏创作过程中，可以为游戏对象设置层级，然后让摄像机只显示某层级的对象，或者通过设置层级，让物理模拟引擎只对某一层起作用。

⑥ Transform：变换组件，该组件是所有游戏对象都具有的组件，即使是空对象。该组件用于设置当前选择的游戏对象的位置信息（Position）、旋转信息（Rotation）和缩放比例（Scale）。当一个游戏对象没有父对象时，这些参数是相对于世界坐标系的；当一个游戏对象有父对象时，这些参数是相对于父对象的局部坐标系的。

5）Hierachy 视图

Hierachy 视图如图 2-2-23 所示，该视图用于显示当前场景中的每个游戏对象。

新建一个游戏场景时，在 Hierachy 视图中可以看到游戏场景默认带的主摄像机（Main Camera）和平行灯（Directional Light）两个对象。

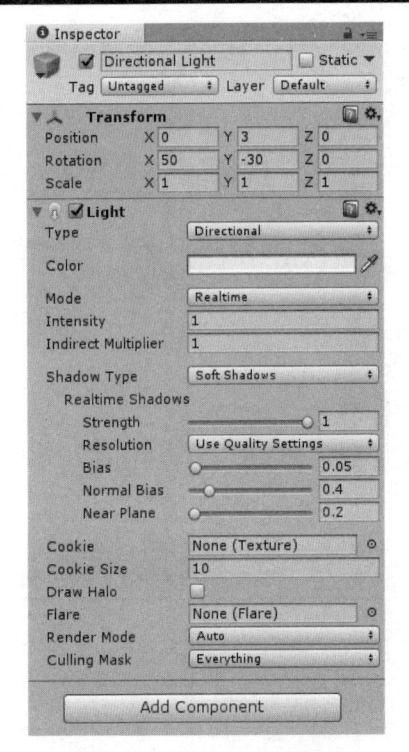

图 2-2-22　Inspector 视图 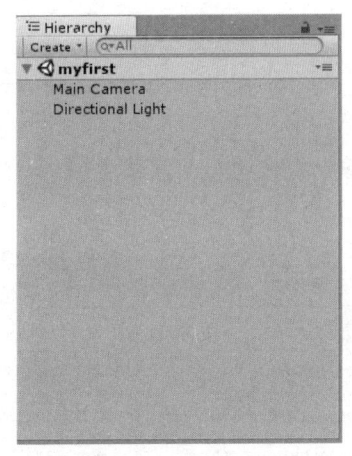　　　　　图 2-2-23　Hierachy 视图

6）Console 视图

Console 视图如图 2-2-24 所示，该视图是 Unity 的调试工具，用户可以编写脚本程序，在 Console 视图中输出调试信息。项目中任何错误、消息或警告，都会在这个视图中显示出来，双击错误信息，可自动定位有问题的脚本代码位置。

图　标	功　能
Clear（清除）	清除 Console 视图中的所有信息
Clooapse（合并）	在 Console 视图中将相同的信息进行合并
Clear on Play	当游戏开始运行时，在 Console 视图中先清除所有上次运行输出的信息再显示本次运行输出的信息
Error Pause	当脚本程序出现错误时，暂停游戏的运行

图 2-2-24　Console 视图

【任务实施】

1．新建 3D 项目

每一个游戏都是一个独立的项目，因此在开发游戏前，需要先新建项目。新建一个 3D 项目的步骤如下。

（1）打开 Unity 3D 软件界面，单击"NEW"，如图 2-2-25 所示。
（2）在弹出的"Projects"面板中输入项目名称，如图 2-2-26 所示。
（3）在"Location"中选择本地存储位置。
（4）选择"3D"模式。
（5）单击"Create project"按钮，即可完成项目的创建。

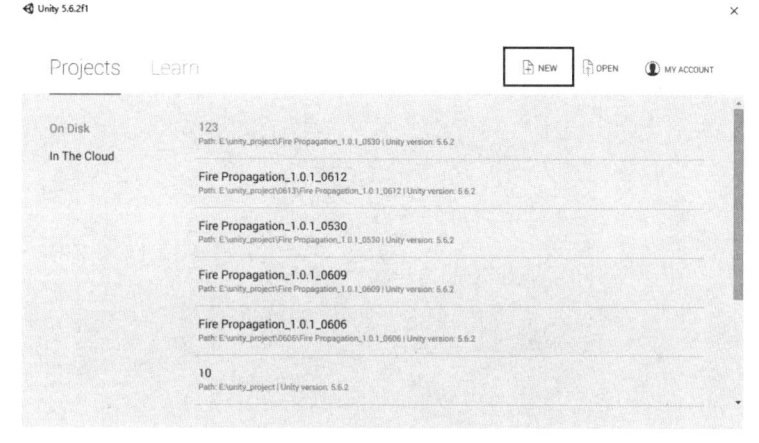

图 2-2-25　单击"NEW"

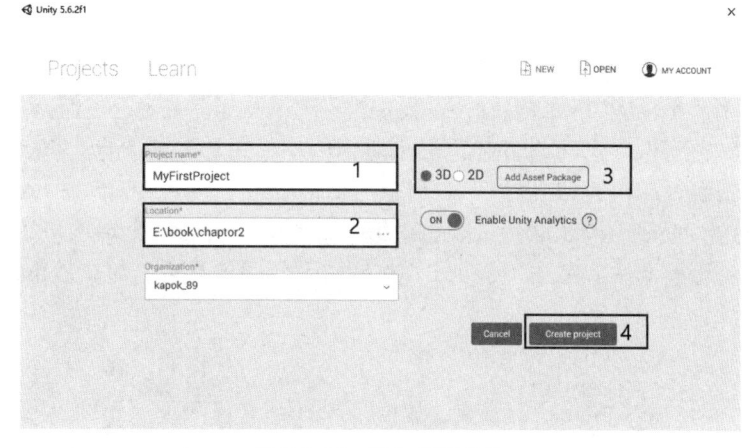

图 2-2-26　输入项目名称

经过上述 5 个步骤，项目就创建完成了。创建好的项目在本地项目文件夹存储路径里有固定的结构，如图 2-2-27 所示。
（1）Assets：资源文件夹，保存游戏中所有的资源。
（2）Library：库文件夹，保存当前项目需要的库文件。
（3）ProjectSettings：项目设置文件夹，保存项目的设置信息。
（4）Temp：临时文件夹，保存项目的临时数据。

图 2-2-27　项目文件夹结构

2. 新建场景

选择菜单栏中"File"→"New Scene"命令，便可新建一个场景；选择菜单栏中"File"→"Save Scenes"命令，便可保存当前的场景。

由于一个游戏项目中会有比较多的资源，因此需要对游戏中的资源分门别类进行存储。在 Project 视图中，选中"Assets"，单击鼠标右键，在弹出的快捷菜单中选择"Create"→"Folder"命令，便可新建一个文件夹，修改该文件夹的名称为"Scenes"，然后将当前的场景保存在"Scenes"文件夹中，如图 2-2-28 所示。场景资源的后缀为.unity。

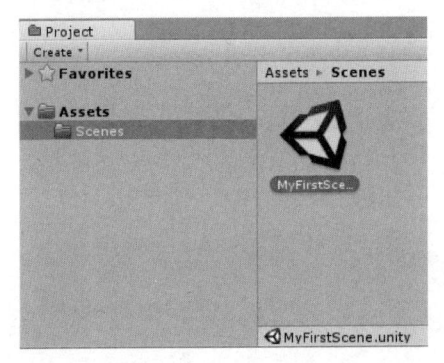

图 2-2-28　在"Assets"文件夹下的"Scenes"文件夹

3. 导入资源包

接下来讲解如何在 Project 视图中导入一个已有的资源。

选择菜单栏中"Assets"→"Import Package"→"Custom Package"命令，选择要导入的资源包，此时会对该资源包解压，并弹出一个对话框，如图 2-2-29 所示。这个对话框显示了这个包中的所有资源，用户可以在这个对话框中选择需要的资源，或单击"All"按钮选择全部资源，或者单击"None"按钮取消选择。在每个资源的左边有一个单选按钮，当出现"√"符号时，表示该资源被选中。单击"Cancel"按钮取消资源的导入，单击"Import"按钮则开始导入选中的资源。

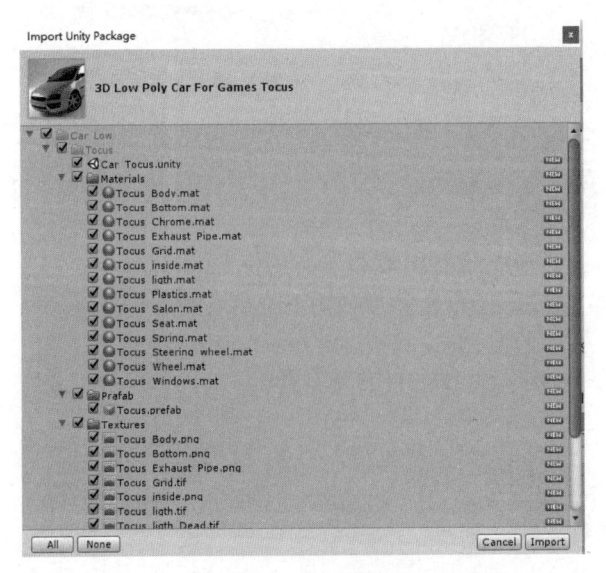

图 2-2-29　导入资源包

4. 导出资源包

当需要将自己的资源分享给别人时,可以将自己的资源打包成一个资源包。具体操作如下。

(1) 在 Project 视图中,选中要分享的资源文件夹,单击鼠标右键,在弹出的快捷菜单中选择"Export Package"命令,弹出如图 2-2-30 所示的对话框。

(2) 在图 2-2-30 所示的对话框中,显示了所有可以导出的资源,单击"All"按钮选择全部资源,或者单击"None"按钮取消选择。在每个资源的左边有一个单选按钮,当出现"√"符号时,表示该资源被选中。单击"Export"按钮,选择导出资源存储的路径,并给导出的资源命名,单击"保存"按钮即可。打包完之后,Unity 3D 会自动打开该资源保存的位置。

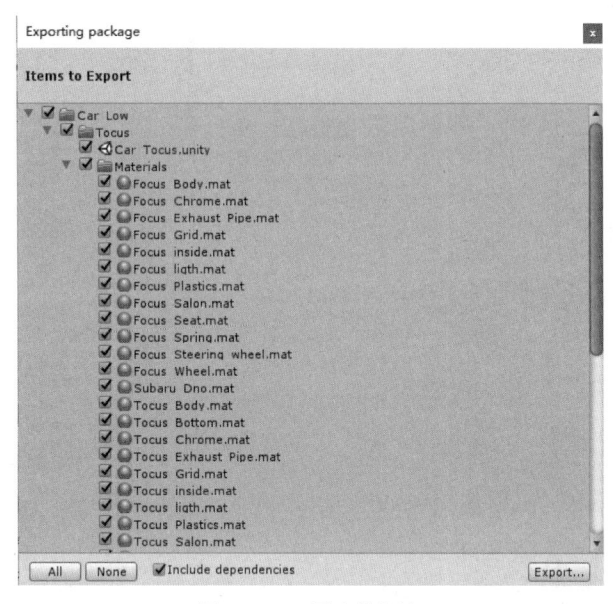

图 2-2-30 导出资源包

【技能实训】

使用 Unity 3D 创建一个全新的 3D 项目,并且实现所有资源包的导入。

项目 3　制作游戏场景中的 3D 模型

【任务导入】

本项目介绍如何创建游戏对象、如何使用材质球来美化游戏场景，以及预制体的创建和使用。

【任务要求】

通过创建游戏对象，并对游戏对象进行美化，掌握创建游戏对象、创建材质球和预制体的操作方法。

【任务计划】

（1）创建游戏对象。
（2）添加组件。
（3）使用材质球。
（4）创建预制体。

【难点剖析】

本项目的难点在于 3D 对象的运用，何时添加、如何添加，以及添加后的布局等。

【必备知识】

1. 认识游戏对象

在 Unity 3D 中，一个项目中可以包含多个场景，一个场景中可以包含多个游戏对象。一个场景里的所有游戏对象都可以在该场景中显示，因此场景可以理解为游戏对象的容器。Unity 3D 自带了多种类型的游戏对象，如 2D Object、3D Object、Effects、Light、Audio、Video、UI 等，而每种类型又包含了多个游戏对象，如 3D Object 类型的游戏对象主要包含 Cube、Sphere、Capsule、Cylinder、Plane、Terrain、Tree 等。

2. 认识组件

游戏场景是游戏对象的容器，游戏对象是组件（Component）的容器，正因为游戏对象包含了组件，才使得游戏对象具有某种功能或信息。因此，组件是在游戏对象中实现某些功能的集合，无论是模型、GUI、灯光还是摄像机，所有游戏对象本质上都是一个挂载了不同类别的组件的空对象，从而让该游戏对象拥有不同的功能。常见的组件有 Transform、Mesh Filter、Mesh Collider、Renderer、Aniation 等。

在 Hierarchy 视图或者 Scene 视图中选中一个游戏对象，在 Inspector 视图中可以显示该游戏对象包含的所有组件，如图 2-3-1 所示。所有游戏对象都包含 Transform 组件，此组件定义游戏对象在游戏场景和 Scene 视图中的位置、旋转和尺寸信息,此组件无法删除。

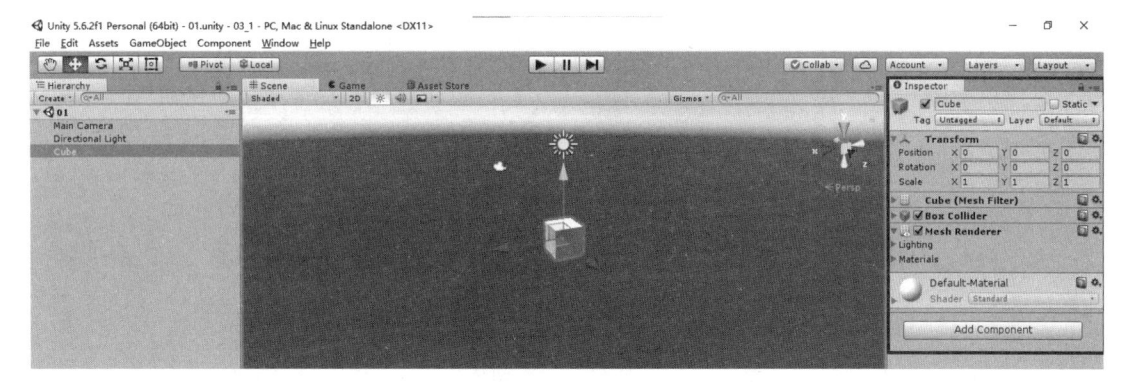

图 2-3-1　组件

3. 认识材质球

创建一个正方体(Cube)游戏对象,如图 2-3-2 所示,如果想要一个有木纹感的正方体,或者想改变游戏对象的外表面材质,可以使用材质球来实现。材质球由贴图和着色器(Shader)组成。贴图就是普通的图片,着色器实际上是一小段程序,它负责将输入的网格(Mesh)以指定的方式和输入的贴图或者颜色等组合,然后输出。着色器是一种可以精确控制材质球的工具,通过使用贴图和着色器,开发人员可以创造出效果非常逼真的材质球。

4. 认识预制体

在 Unity 3D 中,Prefab 称为预制体,其可以实例化为游戏对象。Prefab 可以理解为一个游戏对象及其组件的集合,是存储在 Project 视图中的一种可以重复使用的游戏对象。它既可以被置入多个场景中,也可以在一个场景中被多次置入。

如图 2-3-3 所示,在这个场景中有很多桌椅,如果每个桌椅都从长方体等基本游戏对象开始搭建,那会大大增加游戏开发者的工作量。像这样在游戏场景中存在很多一模一样的人物或物体,只是放置的位置或者其他一些参数不太一样的情况,可以通过使用预制体来减少工作量。

图 2-3-2　创建"Cube"游戏对象　　　　图 2-3-3　人物预制体

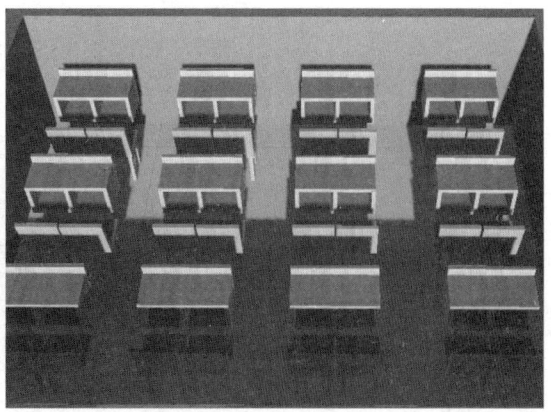

使用预制体有如下优点。

(1)当需要频繁创建人物或物体时,使用预制体可以节省内存。

（2）对相同的人物或物体进行同样的操作，使用预制体操作一次即可。
（3）使用预制体可以动态地加载已经设置好的人物或物体。

【任务实施】

1．创建和操作游戏对象

1）创建游戏对象

创建 Unity 游戏对象有两种方法，一种是使用菜单方式或快捷菜单方式，另一种是通过使用脚本程序来动态创建游戏对象，一般使用第一种方法。

Unity 3D 自带了很多类型的游戏对象，但每种类型游戏对象的创建方法大致相同。接下来以 3D Object 类型游戏对象的创建为例来进行详细说明，先创建 3D 项目"03_1"，再创建场景"01"。

（1）菜单方式

选择菜单栏中"GameObject"→"3D Object"，如图 2-3-4 所示，可以看到所有 3D Object 类型的游戏对象。如选择"Cube"，就可以创建 Cube 类型的游戏对象，同时该游戏对象被直接放到了 Hierarchy 视图中，如图 2-3-5 所示。

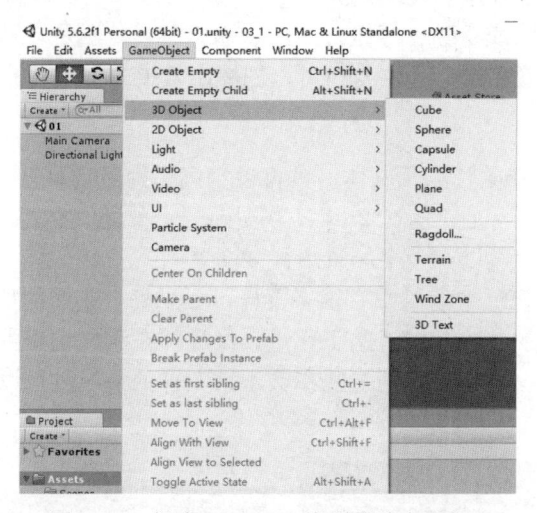

图 2-3-4　创建 3D Object 类型的游戏对象 1

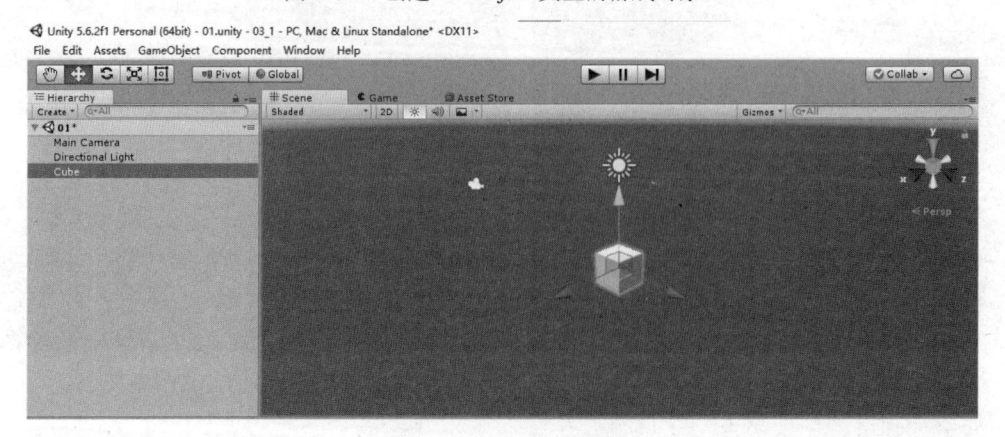

图 2-3-5　Hierarchy 视图

（2）快捷菜单方式

在 Hierarchy 视图中单击右键，在弹出的快捷菜单中选择"3D Object"，如图 2-3-6 所示，或者单击 Hierarchy 视图上方的"Create"按钮，在弹出的菜单中选择"3D Object"，如图 2-3-7 所示，也可看到所有 3D Object 类型的游戏对象，然后选择想要创建的游戏对象。

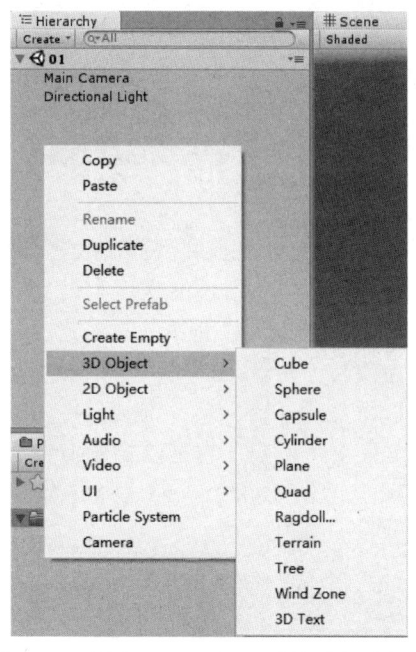

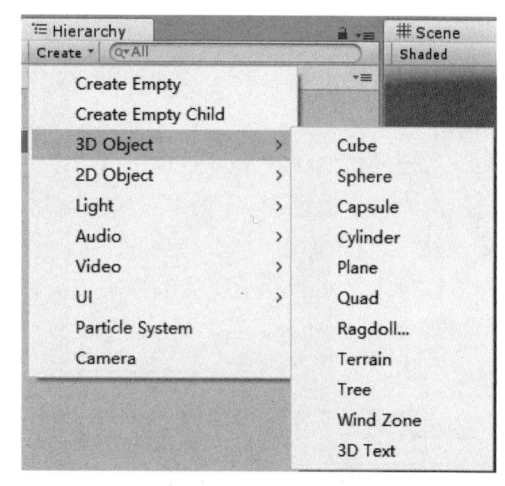

图 2-3-6　创建 3D Object 类型的游戏对象 2　　　　图 2-3-7　创建 3D Object 类型的游戏对象 3

2）修改游戏对象的尺寸与方向

（1）尺寸

生活中的物体有尺寸，Unity 3D 中的游戏对象同样有尺寸。如创建游戏对象"Cube"，默认的长、宽、高都是 1m，可以选中"Cube"，在 Inspector 视图中找到"Transform"组件，该组件的"Scale"就是游戏对象的尺寸，单位是 m，如图 2-3-8 所示。

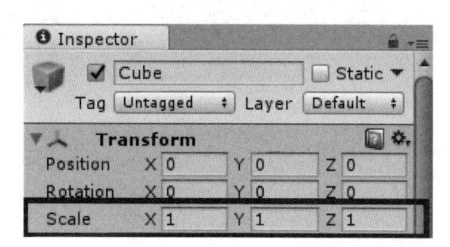

图 2-3-8　"Cube"的尺寸

（2）方向

在 Unity 3D 中，根据参照物不同，存在两种不同的表示方向的方法：世界（Global）坐标系和物体自身（Local）坐标系。在 Scene 视图的右上角有一个可以转动的轴，就是游戏中的坐标系，根据选择的是"Global"还是"Local"，来表示世界坐标系或者物体自身坐标系。

① 世界坐标系。

世界坐标系以当前的游戏场景为参照物，如图 2-3-9 所示。当"1"处的显示为"Global"时，"2"处的 Scene 视图右上角的坐标系就表示世界坐标系。

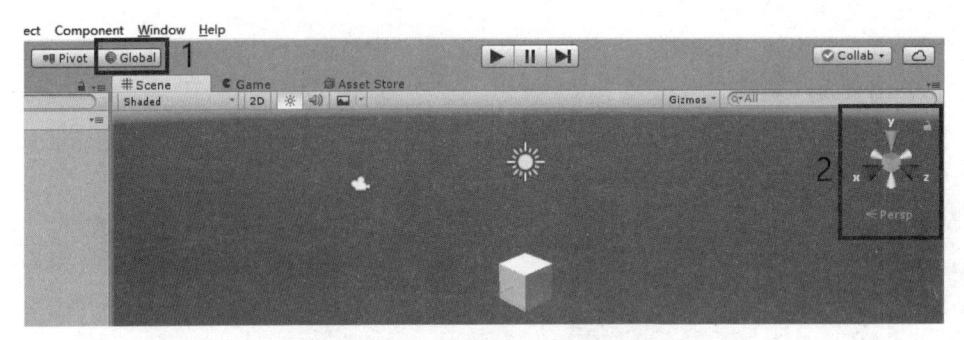

图 2-3-9　Scene 视图中的世界坐标系

"2"处的世界坐标系有 3 个颜色的坐标轴，分别是红色轴、绿色轴和蓝色轴，上面还有字母标示，分别是 x、y、z。x 轴是红色的，代表世界的右边，也可以理解为现实世界中的南方。和它相反的方向，代表着游戏中世界的左边，也可以理解为现实世界中的北方。y 轴是绿色的，指向世界的上方。z 轴是蓝色的，指向世界的前方。

② 物体自身坐标系。

物体自身坐标系类似于现实世界中的前、后、左、右 4 个方向，它是以物体自身为参照物的，如图 2-3-10 所示。当"1"处的显示为"Local"时，"2"处的 Scene 视图右上角的坐标系就表示物体自身坐标系。

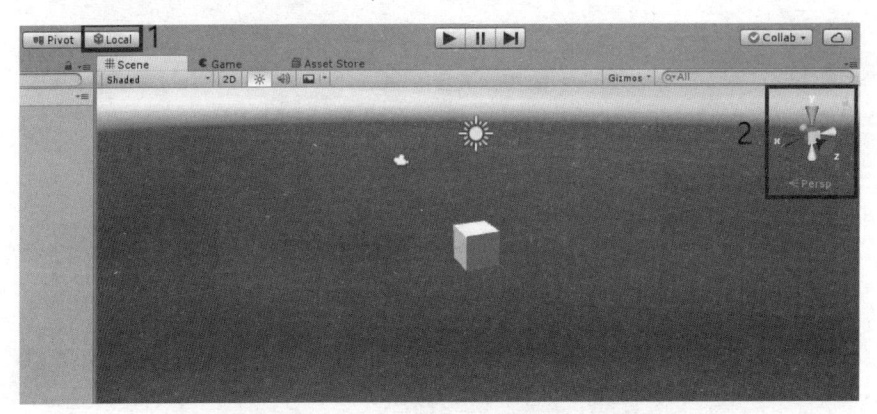

图 2-3-10　Scene 视图中的物体自身坐标系

2. 添加组件到游戏对象

打开 3D 项目"03_1"，创建新的游戏场景"02"，在 Hierarchy 视图中，单击鼠标右键，在弹出的快捷菜单中选择"Create Empty"命令，向"02"游戏场景中添加空游戏对象，在 Hierarchy 面板中选中该游戏对象，单击鼠标右键，在弹出的快捷菜单中选择"Rename"命令，修改该款游戏对象的名称为"CustomCamera"，如图 2-3-11 所示。

给该空游戏对象添加组件的操作方式有两种，一种是选中该空游戏对象，选择菜单栏中"Component"→"Add"命令；第二种是选中该空游戏对象，在其"Inspector"视图中单击"Add Component"按钮。这两种方式均会在 Inspector 视图中弹出对话框，如图 2-3-12 所示。在弹出的对话框中，选择要添加的组件"Rendering"→"Camera"，此时空游戏对象"CustomCamera"就具有了摄像机功能，如图 2-3-13 所示。

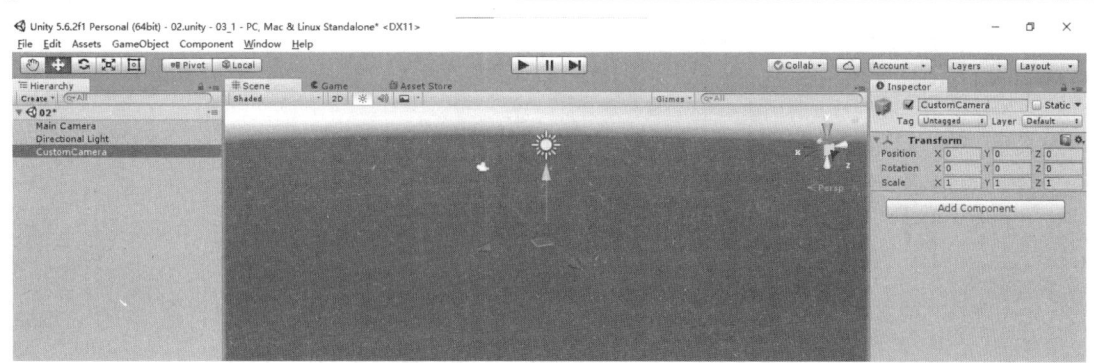

图 2-3-11　添加空游戏对象并重命名

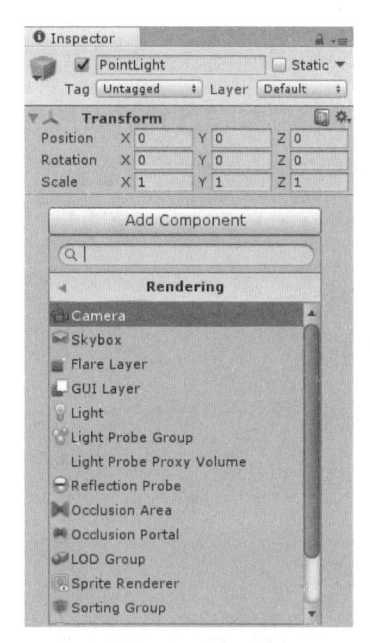

图 2-3-12　添加组件

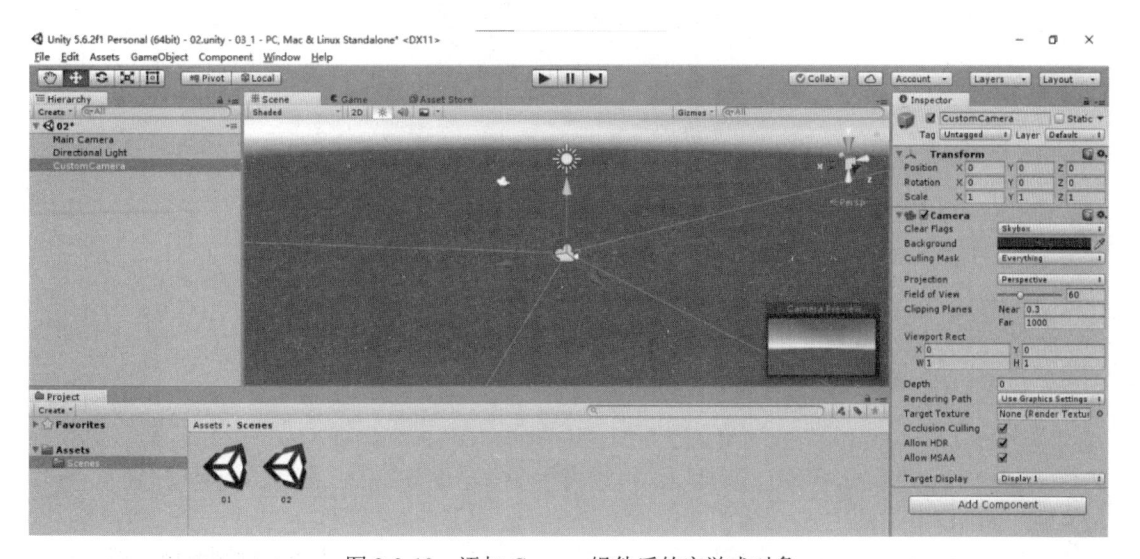

图 2-3-13　添加 Camera 组件后的空游戏对象

3．创建和操作材质球

1）创建材质球

打开"03_1"项目的场景"01"，在 Project 视图中创建文件夹"Textures"，用来存储贴图资源，再创建文件夹"Materials"，用来存储材质球资源，如图 2-3-14 所示。

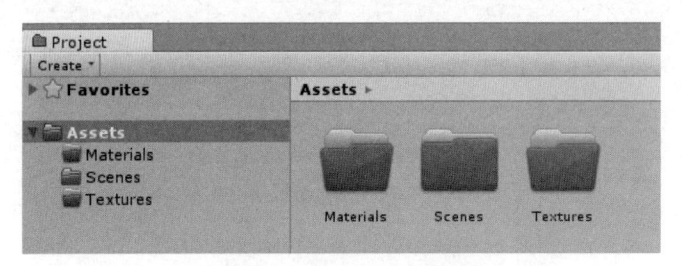

图 2-3-14　创建"Textures"和"Materials"文件夹

将需要的贴图图片拖到"Textures"文件夹中，如图 2-3-15 所示。

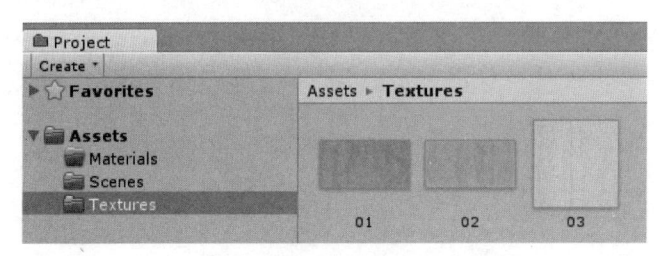

图 2-3-15　拖动图片

在 Project 视图中选中"Materials"文件夹，单击鼠标右键，在弹出的快捷菜单中选择"Material"命令，就可以创建一个材质球，并给该材质球命名"01"，如图 2-3-16 所示，可以看到材质球资源的后缀是.mat。

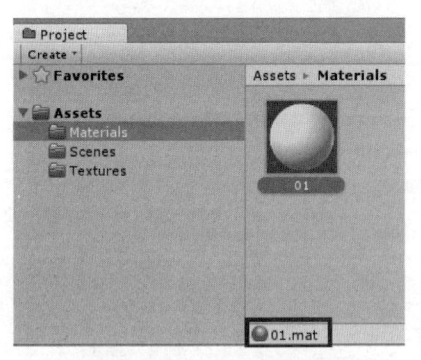

图 2-3-16　创建材质球

2）编辑材质球

材质球创建好后需要进行编辑。选中刚才创建的材质球，在 Inspector 视图中显示该材质球的属性，如图 2-3-17 所示。材质球的着色器有多种选择，每种类型的着色器有不同的可配置项，此处以 Standard 类型的着色器为例，其可配置项及含义如下。

（1）"Albedo"是颜色贴图配置项，可以将贴图资源从 Project 视图中拖到前面的小方块上来添加贴图，贴图颜色与后面的颜色值设置相乘才是最终的效果。

（2）"Metallic"是金属质感配置项，数值越高，反光颜色越偏向本色（贴图颜色×颜色值）。

（3）"Smoothness"是光滑度配置项，数值越高，表面越光滑，高光越集中，反射越清晰。

（4）"Source"是透明通道来源配置项，可以选择使用"Albedo"贴图上的透明通道或者"Metallic"贴图上的透明通道。

（5）"Normal Map"是法线贴图配置项。

（6）"Height Map"是高差图配置项。

（7）"Occlusion"表示模拟 AOCC 效果的贴图。

（8）"Detail Mask"表示在表面再叠加一层细节遮罩时使用的贴图。

（9）"Emission"项被勾选表示材质"自发光"，会多出一个"Color"参数来指定发光的颜色、发光贴图、发光强度。发光强度可以设置为超过 1，表示一个很亮的物体。自发光材质会影响光照烘焙的结果。

（10）"Tiling"表示贴图重复次数。

（11）"Offset"表示贴图位移。

（12）"Secondary Maps"表示可以添加次级细节贴图，当物体靠近摄像机时会自动切换显示次级细节贴图。

（13）"Detail Albedo"×2 表示次级细节颜色贴图，建议创建成原来贴图的 2 倍大。

（14）"Normal Map"表示次级细节法线贴图。

（15）"Tiling"表示贴图重复次数。

（16）"Offset"表示贴图位移。

（17）"UV Set"表示选择 UV 组。

创建好的材质球默认是不使用贴图的，因此要根据需要改变材质球的贴图。选中材质球，在 Inspector 视图中，单击"Albedo"前的小圆圈，在弹出的对话框中选择贴图资源"01"，如图 2-3-18 所示。

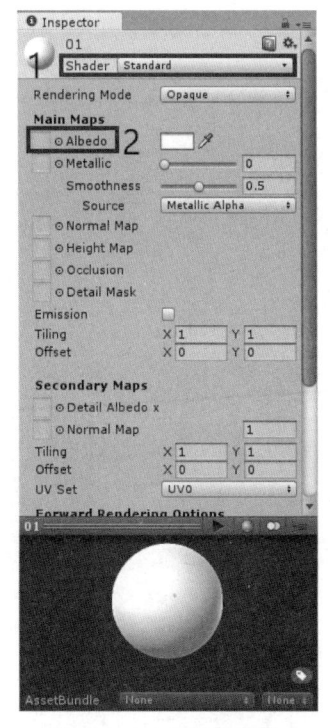

图 2-3-17　材质球属性 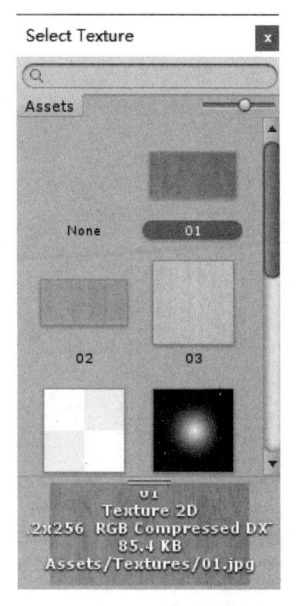　　　　图 2-3-18　选择贴图资源

图 2-3-19 使用材质球之后的"Cube"游戏对象

3）使用材质球

材质球编辑完成之后，就可以使用了。使用材质球的方式有两种：一种是将材质球拖到 Hierarchy 视图中的游戏对象上，另一种是将材质球拖到 Scene 视图中的游戏对象上。在"Cube"游戏对象上使用创建好的"01"材质球，如图 2-3-19 所示。

4．创建和操作预制体

1）创建预制体

创建预制体的常用方法是直接在 Hierarchy 视图中将设置好属性的物体拖到"Assets"文件夹下的"Prefabs"文件夹中，当物体前的小正方体图标变成蓝色时，表示预制体创建成功。

打开"03_1"项目的场景"01"，在 Project 视图中创建文件夹"Prefabs"，如图 2-3-20 所示。

图 2-3-20 创建"Prefabs"文件夹

前面创建了一个有木纹感的游戏对象"Cube"，在"Cube"上再加一个小球体，并将这个小球体作为"Cube"的子对象，然后将父对象"Cube"制作成预制体，操作步骤如下。

（1）创建游戏对象"Sphere"，修改其 Transform 组件中"Scale"的 X、Y、Z 值，均为 0.5，调整"Sphere"的位置，将其放在"Cube"之后，然后在 Hierarchy 视图中，选中"Sphere"，按住鼠标左键将其拖到"Cube"上后松开，形成父子关系，如图 2-3-21 所示。

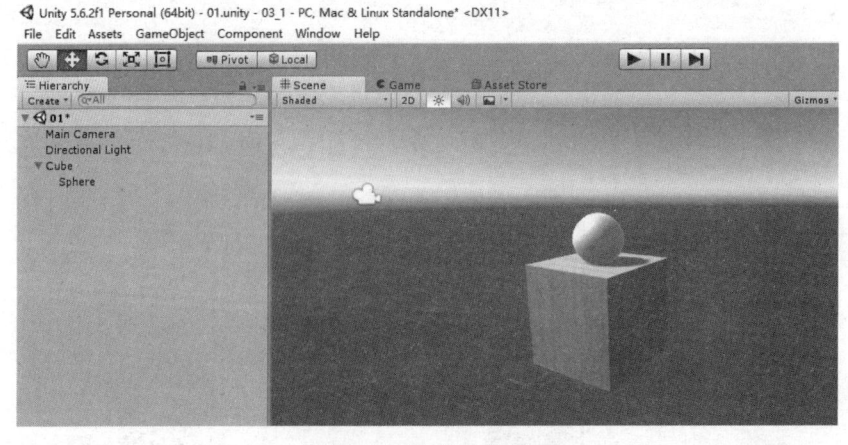

图 2-3-21 父子关系

（2）在 Hierarchy 视图中选中"Cube"，观看其 Inspector 视图，"Cube"前的小正方体图标是红、绿、蓝三色的，如图 2-3-22 所示。

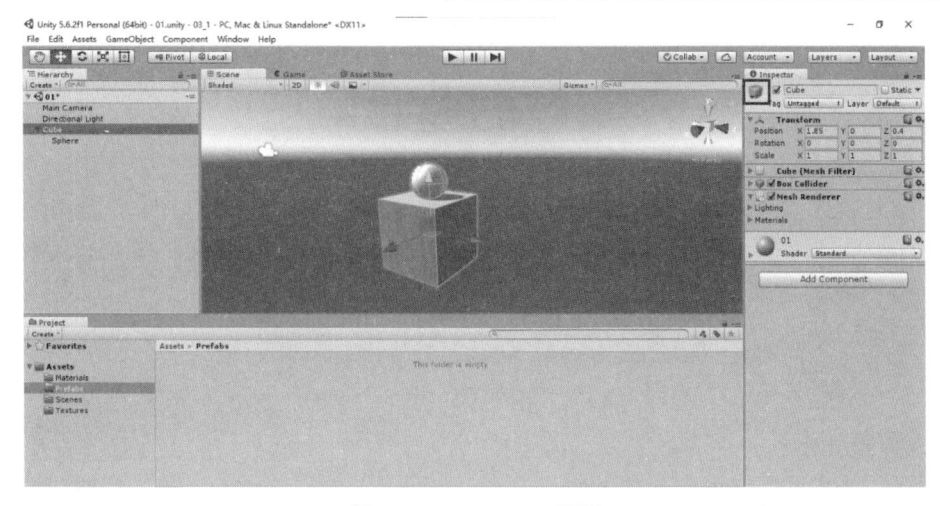

图 2-3-22　Inspector 视图

（3）将选中的"Cube"直接拖到 Project 视图中的"Prefabs"文件夹下，观看它的 Inspector 视图，"Cube"前的小正方体图标变成蓝色的，如图 2-3-23 所示，至此，预制体创建成功。预制体游戏对象在 Hierarchy 视图中的字体颜色是蓝色，并且在 Inspector 视图中有"Prefab"选项。

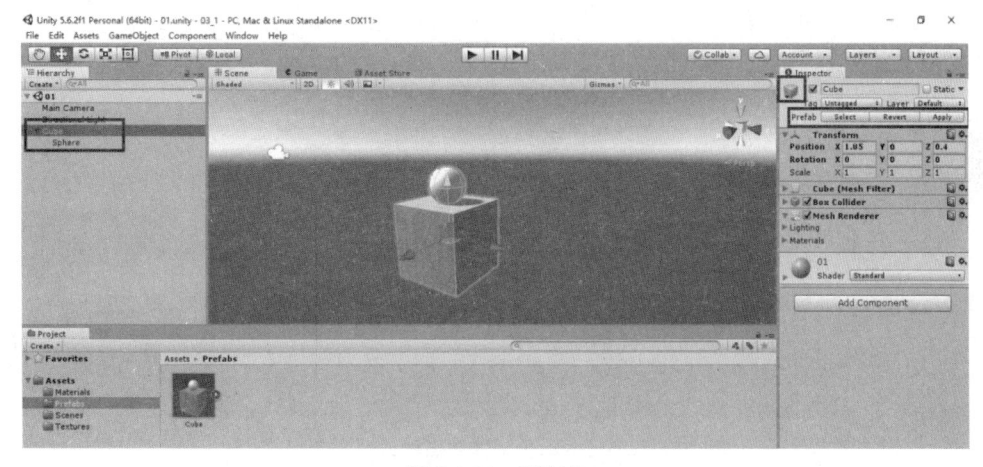

图 2-3-23　预制体

（4）选中"Prefabs"文件夹下的预制体"Cube"，可以看到预制体资源后缀是.prefab，如图 2-3-24 所示。

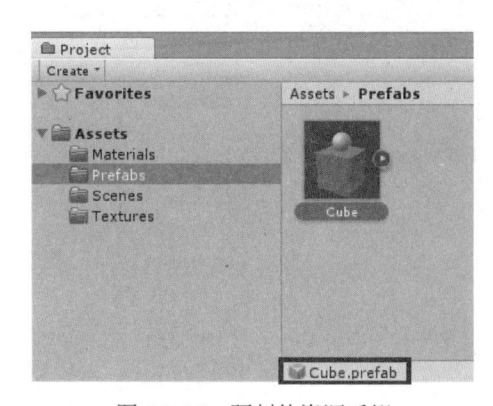

图 2-3-24　预制体资源后缀

2）使用预制体

预制体创建成功后，可以通过将"Cube"文件夹下的预制体对象直接拖放到 Scene 视图或者 Hierarchy 视图中，生成多个一模一样的游戏对象，如图 2-3-25 所示。

图 2-3-25　使用预制体生成游戏对象

3）编辑预制体

使用预制体生成了许多一样的游戏对象后，如果需要对这些游戏对象做相同的修改，可以只对其中的一个游戏对象进行修改，然后应用到其他游戏对象上。比如使用预制体生成了多个游戏对象，如图 2-3-25 所示，想将游戏对象中的球体颜色变为红色，具体操作如下。

（1）创建材质球"Red"，将该材质球的"Albedo"选项，由白色改为红色。

（2）在 Hierarchy 视图中，选中任意一个由预制体生成的对象，将材质球"Red"拖放到该对象的"Sphere"上，然后单击该游戏对象 Inspector 视图中"Prefab"选项中的"Apply"按钮，如图 2-3-26 所示。

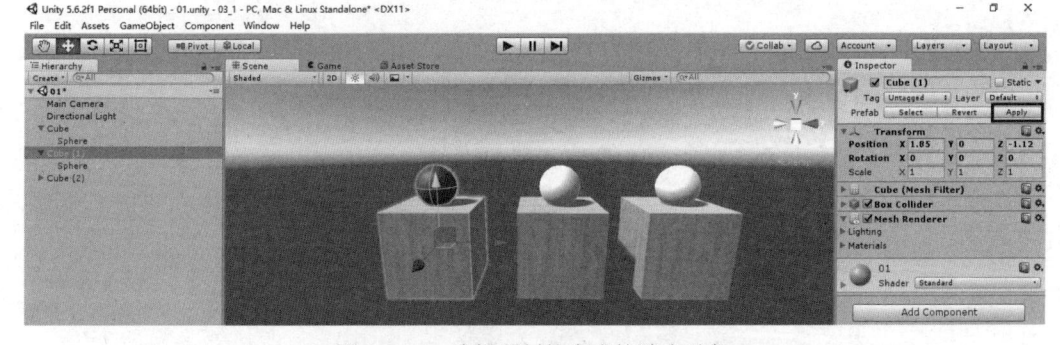

图 2-3-26　编辑预制体生成的游戏对象

（3）其余用同样预制体生成的游戏对象"Sphere"都变成了红色，如图 2-3-27 所示。

图 2-3-27　编辑好的预制体的应用

【技能实训】

使用 Unity 3D 创建游戏场景并且添加两个材质球和一个预制体，要求预制体为红色，材质球一个为蓝色，一个为绿色。

项目 4 布局游戏场景中的光源

【任务导入】

在游戏开发过程中,可以使用灯光照亮游戏世界,除此之外,灯光还可以用来烘托场景中的氛围。比如想要制作一个阴暗的场景,就可以把灯光打得稍微暗一些,然后多用一些暗光进行烘托;想要制作一个比较喜庆或者活泼的场景,就可以多使用一些红色的灯光进行烘托和点缀。本项目主要介绍 Unity 3D 游戏开发引擎中常用的 4 种类型的灯光组件。

【任务要求】

创建光源,并修改光源的属性,改变光源的显示效果。

【任务计划】

(1)认识和了解 Unity 3D 游戏场景中的几种典型光源。
(2)在游戏场景中添加并操作光源实现不同的光影效果。

【难点剖析】

有了光,游戏世界才会出现光影交错的效果,通过合理的光源布局,才能设计出引人入胜的游戏场景。光源使用的难点在于合理运用光影效果,既需要扎实的技术储备,也需要一定的艺术修养。

【必备知识】

在 3D 游戏和虚拟现实场景中,灯光是一个非常具有特色的游戏组件,可用来提升游戏和虚拟现实画面质感。另外,灯光组件可以用来模拟太阳、燃烧的火柴、手电筒或爆炸等效果。如果没有加入灯光组件,游戏和虚拟现实场景可能会显得很昏暗。

在 Unity 3D 游戏引擎中,有 4 种类型的灯光组件,分别为方向光、点光源、聚光灯和区域光。

创建灯光组件的方式有两种,一种是选择菜单栏中"GameObject"→"Light",选择相应类型的灯光组件,如图 2-4-1 所示。另一种是在 Hierarchy 视图中单击鼠标右键,在弹出的快捷菜单中选择"Light",选择相应类型的灯光组件(见图 2-4-2),或者选择 Hierarchy 视图中右上角的"Create"按钮→"Light",选择相应类型的灯光组件(见图 2-4-3)。

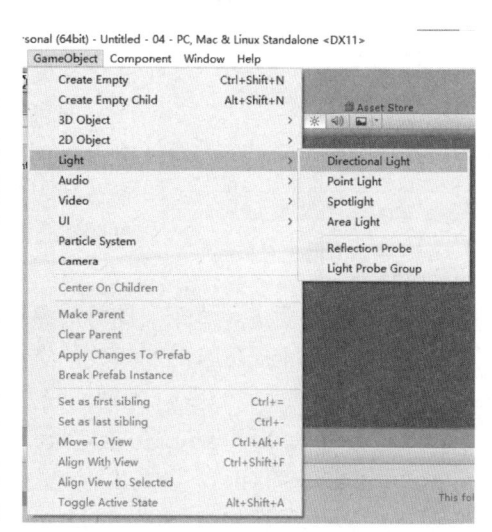

图 2-4-1 添加灯光组件 1

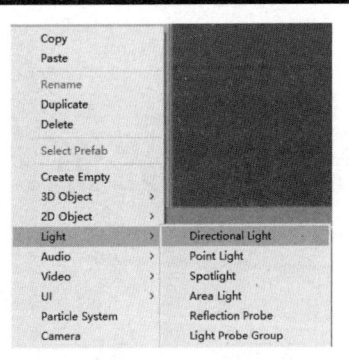

图 2-4-2　添加灯光组件 2

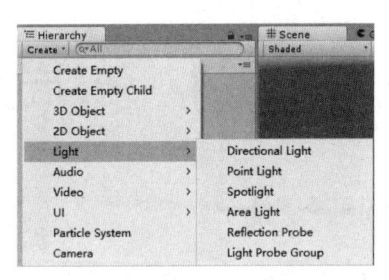

图 2-4-3　添加灯光组件 3

【任务实施】

1. 创建和操作方向光对象

方向光（Directional Light）是由光源发射出的相互平行的光，可以把整个游戏场景照亮，可以认为方向光是整个场景的主光源，一般用于模拟太阳光，并从无限远处投射光线到场景中，适用于户外照明。

在 Unity 3D 中新建游戏场景时会默认自带方向光对象。选中游戏场景中的方向光对象，在 Inspector 视图中会显示其属性，如图 2-4-4 所示。

下面介绍每种属性的具体功能。

（1）"Type"：设置灯光的类型，可以在 4 种灯光类型之间进行切换。

（2）"Color"：设置光源的颜色。

（3）"Mode"：设置光照的模式，总共有三种，分别是 Realtime（实时）、Bake（烘焙）和 Mixed（混合）。

① Realtime（实时）：Unity 3D 在运行时，每帧都计算并更新实时灯光，不会预先计算实时灯光。

② Bake（烘焙）：在运行之前先计算 Baked Lights 的光照，灯光的直接照明和间接照明被烘焙成光照贴图。设置为 Bake 模式后，在运行程序时该灯光不占用性能成本，同时将生成的光照贴图应用到场景中的成本也比较低。

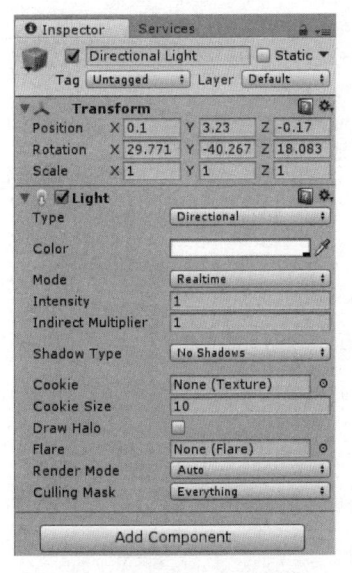

图 2-4-4　方向光对象属性

③ Mixed（混合）：提供烘焙和实时功能的一种模式，如对灯光的间接照明进行烘焙，同时对直接照明进行实时计算。场景中 Mixed 模式的灯光的行为和性能取决于全局混合照明模式的选择。

（4）"Intensity"：设置灯光的光照强度。

（5）"Indirect Multiplier"：指定场景中环境光的亮度。

（6）"Shadow Type"：设置阴影类型，有三种类型的阴影，分别是 No Shadows（无阴影）、Hard Shadows（硬阴影）、Soft Shadows（软阴影）。其中 Hard Shadows 就像强烈的太阳光照出来的影子，具有棱角；而 Soft Shadows 就像不太强烈的太阳光照射出的影子，比较平滑且影子没有那么明显。在有阴影的情况下，还可以对实时阴影的强度、质量和偏移量等属性进行设置。

（7）"Cookie"：设置灯光遮罩，为灯光设置带有 Alpha 通道的纹理贴图，使其在不同的位置具有不同的亮度。

（8）"Cookie Size"：设置灯光遮罩的纹理图大小。

（9）"Draw Halo"：设置是否启用光晕。

（10）"Flare"：设置光照耀斑效果。

（11）"Render Mode"：设置光照的渲染模式。

（12）"Culling Mask"：剔除遮罩，只有被选中的层所关联的对象才能够受到光照的影响。

新建 3D 项目"04"，新建场景"01"。在"01"场景中新建"Plane"游戏对象和"Sphere"游戏对象，如图 2-4-5 所示。

图 2-4-5 新建游戏对象

在 Hierarchy 视图中选中方向光对象，在 Inspector 视图中，修改"Color"为红色，可以看到方向光的颜色变为红色。修改"Shadow Type"为"No Shadows"，可以看到球体在"Plane"上的影子消失了，如图 2-4-6 所示。

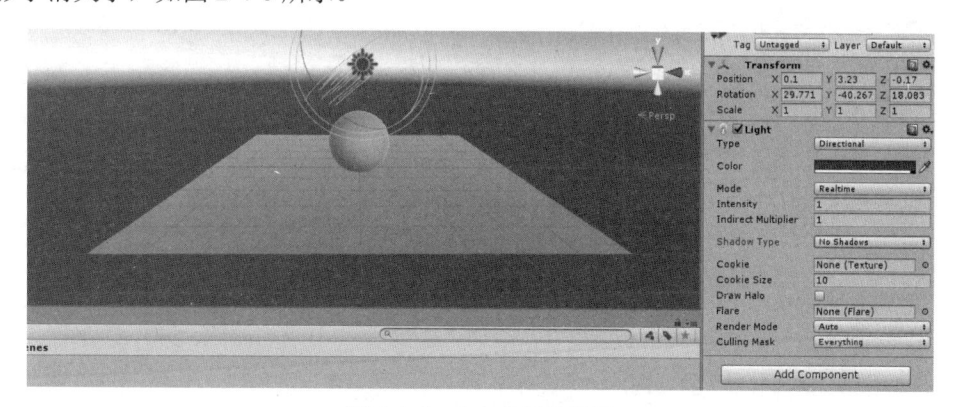

图 2-4-6 方向光属性设置

方向光的照射与方向有关，与位置没有关系。在场景"01"中，移动方向光对象，发现光在球体上的照射不发生改变，但当旋转方向光对象、改变方向光照射方向时，会发现光在球体上的照射发生了改变。

2. 创建和操作点光源对象

点光源（Point Light）是一个可以向四周发射光线的点，在游戏场景中经常用于模拟电灯泡的照射效果。创建点光源的操作步骤：在 Hierarchy 视图中单击鼠标右键，在弹出的快捷菜单中选择"Light"→"Point Light"命令。

在"01"场景中创建点光源，如图 2-4-7 所示。选中点光源，其周边黄色曲线围成的球体就是该点光源的作用范围，作用范围的大小可以通过点光源组件属性"Range"来调整，其他属性的功能与方向光属性功能类似。

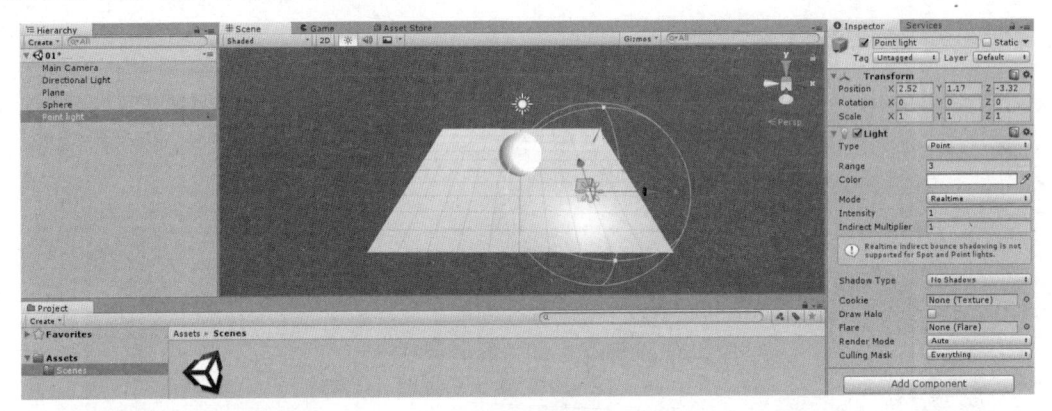

图 2-4-7　创建点光源

3．创建和操作聚光灯对象

聚光灯（Spotlight）的照明范围是一个锥体，在游戏场景中经常用于模拟手电筒发射出来的光、舞台聚光灯等。创建聚光灯的操作步骤：在 Hierarchy 视图中单击鼠标右键，在弹出的快捷菜单中选择"Light"→"Spotlight"命令。

在"01"场景中创建聚光灯，如图 2-4-8 所示。选中聚光灯，其周边黄色曲线围成的锥体就是该聚光灯的作用范围，作用范围的大小可以通过聚光灯组件属性"Range"来调整，锥角的大小可以通过"Spot Angle"来调整，其他属性的功能与方向光属性功能类似。

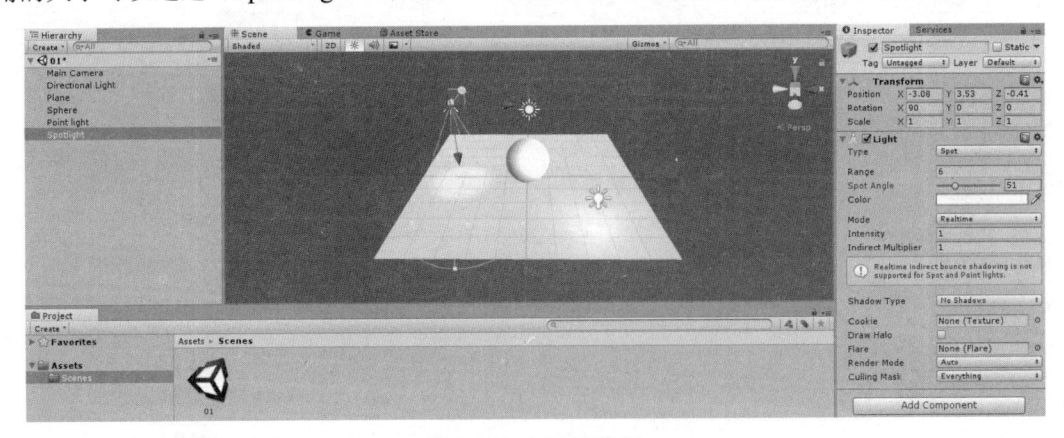

图 2-4-8　创建聚光灯

4．创建和操作区域光对象

区域光（Area Light）在空间中以一个矩形展现，光从矩形一侧照向另一侧的过程中会衰减。因为区域光非常占用 CPU，所以是唯一必须提前烘焙的光源类型。区域光适合用来模拟街灯。

新建场景"02"，在 Hierarchy 视图中单击鼠标右键，在弹出的快捷菜单中选择"Light"→"Area Light"命令，创建区域光，如图 2-4-9 所示。选中区域光，其周边黄色曲线围成的矩形区域就是该区域光的发光范围，发光范围的大小可以通过区域光组件属性"Width"和"Height"来调整。区域光属性如图 2-4-10 所示，与前三种类型的灯光组件相比，它不能实现 Cookie 效果，不能让物体产生阴影，因此在其属性里无 Cookie 相关选项及阴影相关选项，其他的属性功能与方向光类似。

图 2-4-9　创建区域光 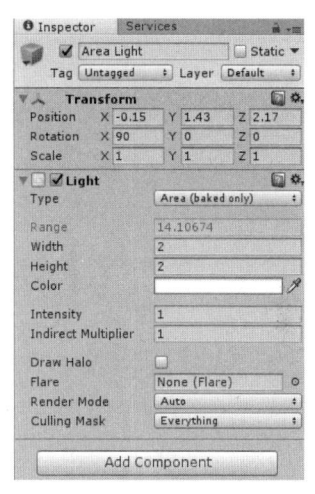　　　　　　图 2-4-10　区域光属性

【技能实训】

使用 Unity 3D 创建游戏场景，放置一张桌子和一个台灯，调节台灯开关及台灯位置可以实现场景中的光影变幻。

项目 5　操作 Unity 3D 场景中的摄像机组件

【任务导入】

要向玩家显示游戏，摄像机至关重要，可对摄像机进行自定义，为其编写脚本或对其进行管理。对于拼图游戏，摄像机可保持静态以获得拼图的完整视图。对于第一人称射击游戏，可让摄像机跟随玩家角色。对于赛车游戏，可让摄像机跟随玩家的车辆。本项目主要介绍摄像机的基本属性及其常用操作。

【任务要求】

在游戏场景中添加摄像机组件，并修改摄像机的基本属性。

【任务计划】

（1）学习摄像机组件的相关操作。
（2）在游戏场景中添加摄像机组件并实现场景展现。

【难点剖析】

摄像机组件对于游戏的效果呈现十分重要，组件的调用是比较简单的，难点在于如何合理布局光线、视角等，虚拟出一个完美的游戏场景。

【必备知识】

摄像机（Camera）是游戏世界的"眼睛"，可为用户捕捉和展示游戏场景。新建游戏场景时，通常默认带有一个游戏对象"MainCamera"，该游戏对象上就会挂载摄像机组件，如图 2-5-1 所示。

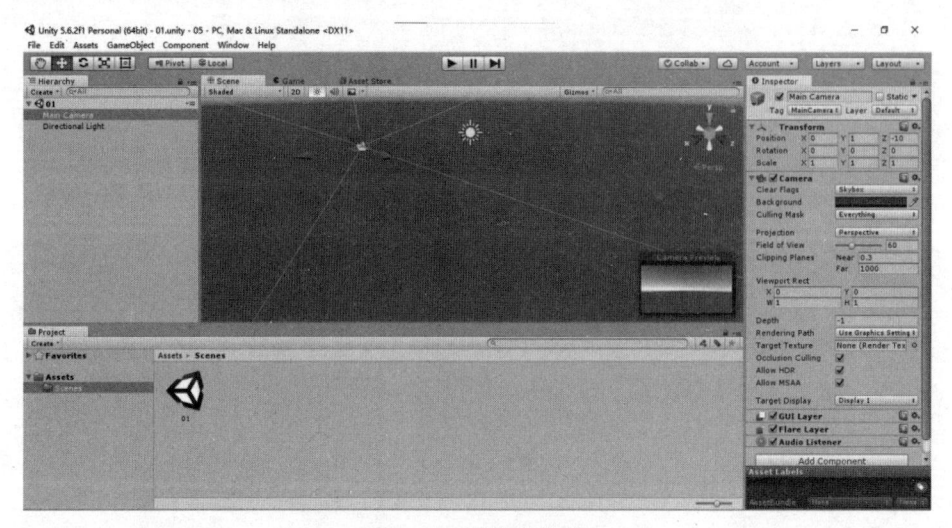

图 2-5-1　摄像机组件

在一个游戏场景中，可以创建多个摄像机。创建摄像机组件的操作方法有两种，一种是选择菜单栏中"GameObject"→"Camera"命令，如图 2-5-2 所示；另一种是在 Hierarchy 视图中选择"Create"→"Camera"命令，如图 2-5-3 所示。

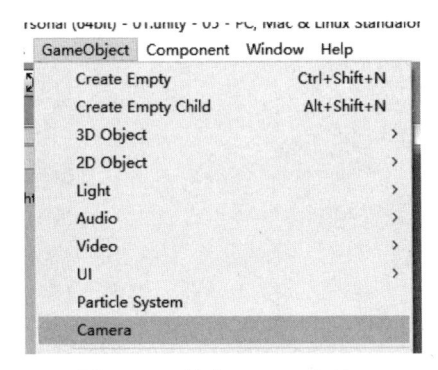

图 2-5-2　创建 Camera 方法 1 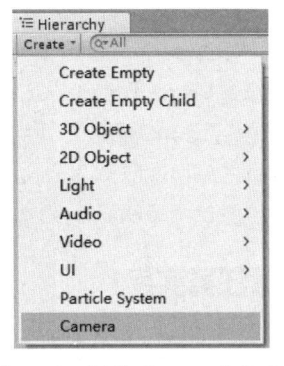　　　　　图 2-5-3　创建 Camera 方法 2

新建项目"05"，新建游戏场景"01"，创建摄像机组件"Camera"。选中"Camera"，其属性如图 2-5-4 所示。下面介绍摄像机组件的常用属性。

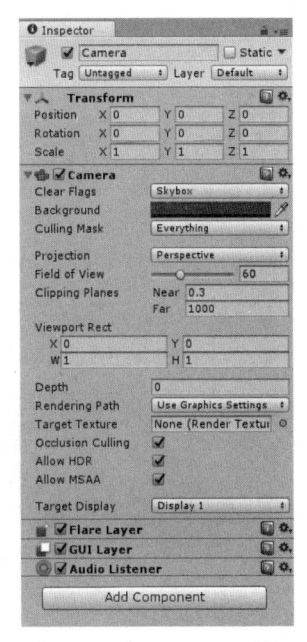

（1）"Clear Flags"：清除标记，确定屏幕的哪一部分将被清除。每个摄像机在渲染其视图的时候都会缓存颜色和深度信息。绘制出来的图像中没有被绘制的部分是空白的，默认情况下会显示天空盒的颜色。当使用多个摄像机的时候，每个摄像机都在缓存中存放了自己的颜色和深度信息，在渲染的时候会累积更多的数据。在场景中任何特定的摄像机渲染其视图的时候，可以指定清除标记来清除缓存信息中的不同部分。其可选项有 Skybox、Solid color、Depth only 和 Don't clear。

① Skybox：天空盒（默认项）。在屏幕空白处显示当前摄像机的天空盒，如果没有指定天空盒，则显示默认背景色。

② Solid Color：屏幕的任何空白部分都显示当前摄像机的背景色。

③ Depth only：仅深度，该选项用于使游戏对象不被裁剪。

④ Don't Clear：不清除，该选项不清除任何颜色和深度缓存，

图 2-5-4　"Camera"属性

但这样做每帧渲染的结果都会叠加在下一帧之上。一般与自定义的着色器配合使用。

（2）"Background"：在没有天空盒的时候，当所有的元素绘制完成后剩余屏幕的颜色，即那些没有被元素绘制到的屏幕区域显示的颜色，也就是摄像机的背景色。

（3）"Culling Mask"：剔除遮罩，用于设定是否剔除处于某一层的游戏对象。

（4）"Projection"：投影方式，分为透视投影方式和正交投影方式。

（5）"Field of View"：视角，选择透视投影方式时才有的特性。视角越大，能看到的视野也越大，对应的焦距越短。

（6）"Clipping Planes"："Near"和"Far"指定了裁剪的区域范围，即在"Near"～"Far"的面将被裁剪掉，不进行渲染。远近裁剪平面和由"Field Of View"决定的平面一起构成一个锥体，称为相机锥体或视锥体，完全处于该锥体之外的物体将会被剔除，这被称为锥体剔除。

(7)"Viewport Rect":摄像机拍摄到的画面在 Game 视图中的显示比例,一般不修改,除非想做两个显示画面,如在直播的右下角放人像。

(8)"Depth":深度,用于控制摄像机的渲染顺序,深度值大的摄像机将被渲染在深度值较小的摄像机之上。

(9)"Rendering Path":渲染路径,设定摄像机的渲染方法。

(10)"Target Texture":目标纹理。

(11)"Allow HDR":启用摄像机的高动态范围渲染。

(12)"Allow MSAA":启用摄像机的多重采样抗锯齿。

(13)"Target Display":定义要渲染的外部设备,值在 1 到 8 之间。

【任务实施】

打开项目"05",打开游戏场景"01",用"Cube"搭建一座房子,"Plane"作为地面,并创建材质球对场景中的游戏对象进行美化。

在用"Cube"搭建房子时,如果每一个"Cube"都作为房子的一部分,则移动房子的时候需要将房子的每一个"Cube"单独移动再拼接,这样操作比较麻烦,因此可以创建一个空对象并命名为"House",然后让搭建房子的每一个"Cube"作为该"House"的子对象,这样在移动房子的时候,移动"House"即可。

在给地面"Plane"使用材质球美化时,初始的"Plane"美化后的效果如图 2-5-5 所示。这时候的"Plane"看着不是很美观,因为地面上的砖太大,此时可以通过编辑材质球"Tiling"选项中的 x、y 的值,使地板进行分块显示,编辑后的效果如图 2-5-6 所示。

图 2-5-5 使用材质球美化"Plane"效果

图 2-5-6 编辑材质球后的效果

在游戏场景"01"中用"Cube"搭建桌子模型,并用木纹材质的贴图进行美化,将做好的桌子模型制作成预制体。用桌子模型预制体复制四张桌子放在房间里。

当场景编辑好之后,选中摄像机组件,在 Scene 视图的右下角有一个小窗口,小窗口中的内容是此摄像机捕捉到的场景的预览窗口,如图 2-5-7 所示。此时运行游戏,在 Game 视图中显示的画面与此预览窗口中的画面保持一致。

如图 2-5-7 所示,此时预览窗口中显示的画面,与 Scene 视图中的画面不一致,如果想让摄像机捕捉到的场景画面与当前 Scene 视图的视角保持一致,可以先选中摄像机,然后选择菜单栏中"GameObject"→"Align With View"(Ctrl + Shift + F)命令来实现,操作结果如图 2-5-8 所示。

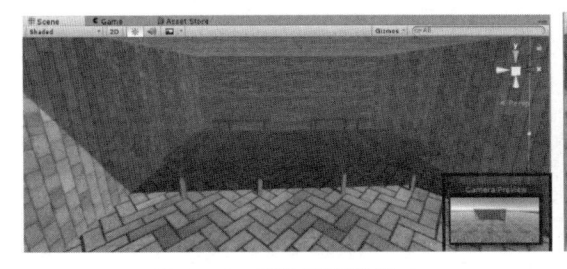

图 2-5-7　摄像机预览窗口　　　　　图 2-5-8　摄像机与当前 Scene 视图视角一致

【技能实训】

在游戏场景中使用摄像机组件，实现对一个场景的平视、俯视、侧视等视角的切换。

项目 6 开发 Unity 3D 脚本实现外键输入

【任务导入】

脚本是使用 Unity 开发应用程序时必不可少的组成部分。大多数应用程序需要使用脚本响应玩家的输入并安排游戏过程中发生的事件。除此之外,脚本可用于创建图形效果,控制对象的物理行为,甚至为游戏中的角色实现自定义的 AI 系统。本项目介绍 Unity 3D 脚本的开发,包括脚本的创建、编辑和运行及一些获取输入的方法。

【任务要求】

创建、编辑和运行 Unity 3D 脚本。

【任务计划】

(1) 了解和认识 Unity 3D 脚本。
(2) 选择一种熟悉的编程语言。
(3) 编写 Unity 3D 脚本,获取外键(键盘/鼠标)输入。

【难点剖析】

本项目的难点为除了需要掌握 Unity 3D 脚本操作,还需要有一定的编程基础,掌握一些算法。

【必备知识】

Unity 3D 脚本使用的语言有三种:C#、JavaScript 和 Boo,其中 C#和 JavaScript 是用得比较多的。在本项目中,使用 C#语言来编写脚本。

1. 创建脚本

脚本在 Unity 3D 里面也是一种资源,因此需要创建"Scripts"文件夹来存储脚本资源。新建项目"06"并新建场景"01",在 Project 视图中选中"Scripts"文件夹,单击鼠标右键,在弹出的快捷菜单中选择"Create"→"C# Script"命令,将新创建的脚本命名为"hello",如图 2-6-1 所示,C#脚本后缀为.cs。

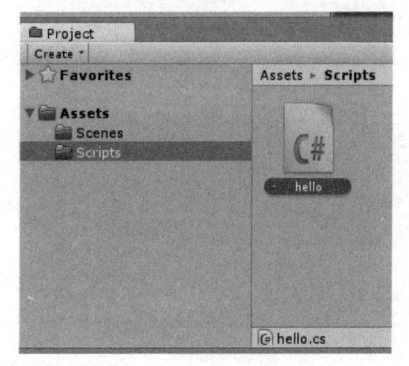

图 2-6-1 创建脚本

2. 编辑脚本

脚本创建好之后,双击脚本,Unity 3D 默认启动 Mono Develop 编辑器打开脚本。如果需要换成微软的 Visual Studio 集成开发环境,可以选择菜单栏中"Edit"→

"Preferences"命令,打开偏好设置面板,选择"External Tools",可以看到"External Script Editor"属性,如图 2-6-2 所示,单击下拉列表,可以选择不同的脚本编辑器。如果需要使用微软的 Visual Studio,事先需要在系统中安装该软件。

创建好的脚本初始内容如图 2-6-3 所示,前面 3 行是声名命名空间,第 5 行开始是脚本的正式内容。

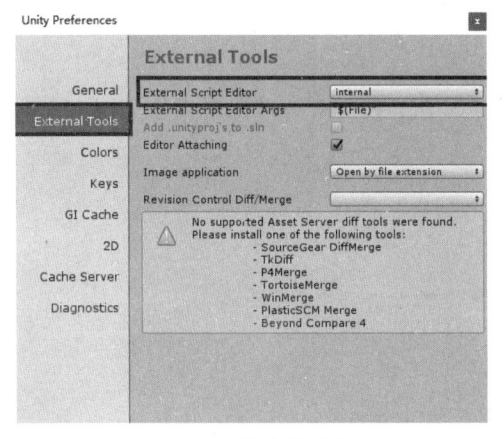

图 2-6-2　更换脚本编辑器　　　　　　　　图 2-6-3　脚本初始内容

一个脚本文件对应一个 C#类,该类的名称与脚本的名称相同,图 2-6-3 所示脚本中第 5 行就是在进行类的声明。

在新建的 hello 脚本中,也就是在 hello 类中,默认有两个方法:Start()和 Updata()。在 hello 脚本中重新输入如下代码。

```
using System.Collections;
using System.Collections.Generic;
using UnityEngine;
public class hello : MonoBehaviour {
    void Start () {
        Debug.Log ("This is Start");
    }
    void Update () {
        Debug.Log ("This is Updata");
    }
}
```

3. 运行脚本

一个脚本文件对应一个 C#类,而一个直接或间接继承 MonoBehaviour 类的类,可以作为组件挂载到游戏对象上。因此对于继承了 MonoBehaviour 类的脚本,可通过将该脚本挂载到游戏对象上以运行脚本。挂载脚本常用的方法有以下两种。

(1)添加组件法

脚本创建好之后,先在 Hierarchy 视图中创建"Cube",然后选中"Cube",在该游戏对象的 Inspector 视图中,单击"Add Component"按钮,在"搜索"输入框中输入脚本的名称或名称的一部分,从下拉列表内选择脚本,即可把脚本挂载到该游戏对象上,如图 2-6-4 所示。

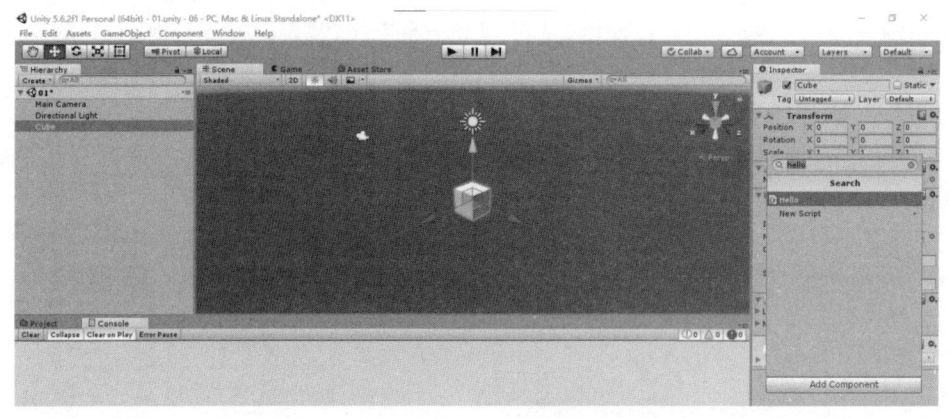

图 2-6-4　添加组件法

（2）文件拖动法

直接将 Project 视图中的脚本拖到 Hierarchy 视图中相应的游戏对象上。

脚本添加成功后，在 Hierarchy 视图中选中"Cube"游戏对象，查看其 Inspector 视图，可以看到多了 hello 组件，如图 2-6-5 所示。

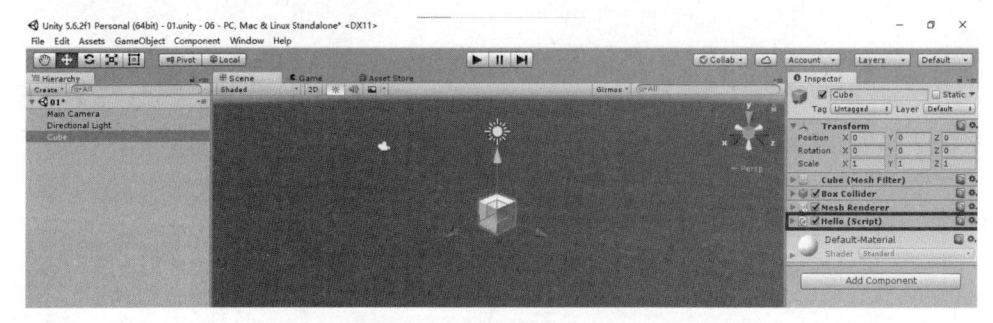

图 2-6-5　添加 hello 脚本之后的 Inspector 视图

脚本挂载成功后，单击"播放"按钮，游戏场景就会运行起来，同时挂载到游戏对象"Cube"上的脚本也会被实例化，即脚本会运行起来。此时 Console 视图如图 2-6-6 所示。

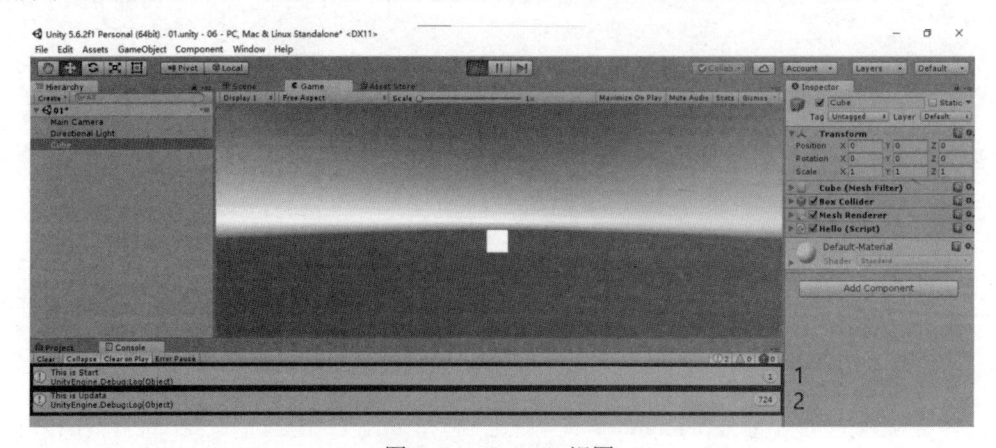

图 2-6-6　Console 视图

在 Console 视图中，会输出两行信息，第一行信息为"This is Start"，且第一行信息后面的数字是 1，如图 2-6-6 中 1 处的信息。第二行信息为"This is Update"，且第二行信息后面的数字一直在增加，如图 2-6-6 中 2 处的信息。

hello 脚本中的 Start()方法中有输出"This is Start",且 Start()方法在游戏运行过程中只被调用一次,所以第一行信息只出现一次。

hello 脚本中的 Update()方法中有输出"This is Update",且 Update()方法在游戏运行过程中每帧都被调用一次,所以第二行信息出现多次。

4．卸载脚本

当脚本的作用已经完成或者不再需要该脚本时,可以卸载脚本,卸载脚本的操作方法为:在 Hierarchy 视图中选中游戏对象,然后在其 Inspector 视图中找到需要卸载的脚本,在脚本名称上单击鼠标右键,在弹出的快捷菜单中选择"Remove Component"命令,即可卸载该脚本,如图 2-6-7 所示。

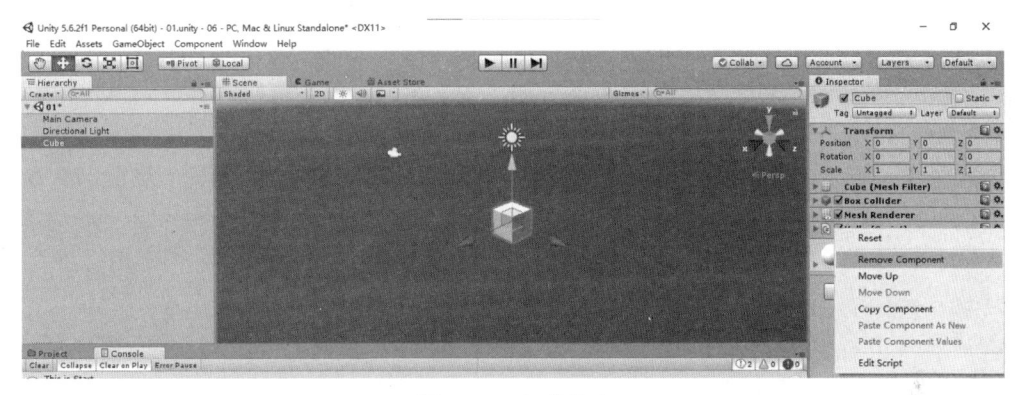

图 2-6-7　卸载脚本

【任务实施】

Unity 3D 游戏引擎中有丰富的组件和类,为游戏开发者提供了便利。

1．Input 类

任何一款游戏都必须和用户进行交互,最常用的就是通过键盘和鼠标进行交互,在 Unity 3D 中想要获取用户的键盘或鼠标事件,就必须使用 Input 类来获取。

（1）获取键盘输入

Input 类中获取键盘输入的方法有如下三种。

① Input.GetKey()：当键盘上某个按键被按下时返回 true。

② Input.GetKeyDown()：当键盘上某个按键被按下的那一瞬间返回 true。

③ Input.GetKeyUp()：当键盘上某个按键抬起的那一瞬间返回 true。

这三种方法都需要传递 KeyCode 类型的参数。KeyCode 是枚举类型,表示键码,保存了物理键盘按键索引值。

打开项目"06",新建场景"02",创建游戏对象"Cube",创建脚本 KeyTest,编写 KeyTest 脚本内容,然后将 KeyTest 脚本挂载到"Cube"上,运行游戏。KeyTest 脚本内容如下。

```
using System.Collections;
using System.Collections.Generic;
using UnityEngine;
public class KeyTest : MonoBehaviour {
    void Start () {
    }
```

```
void Update () {
    if (Input.GetKey (KeyCode.A)) {
        Debug.Log ("press A");
    }
    if (Input.GetKeyDown (KeyCode.A)) {
        Debug.Log ("A is Down");
    }
    if (Input.GetKeyUp (KeyCode.A)) {
        Debug.Log("A is Up");
    }
}
```

注意：Input 类获取键盘输入的方法要写在 Update()方法里,因为 Update()方法每帧都会被调用一次。

运行结果如图 2-6-8 所示,当按下 A 键并且不放手时,会打印一次 "A is Down",同时会打印多次 "press A";当松开 A 键时,停止打印 "press A",同时会打印一次 "A is Up"。

图 2-6-8 获取键盘输入运行结果

（2）获取鼠标输入

Input 类中获取鼠标输入的方法有如下三种。

① Input.GetMouseButton()：当鼠标的某个按键被按下时返回 true。

② Input.GetMouseButtonDown()：当鼠标的某个按键被按下的那一瞬间返回 true。

③ Input.GetMouseButtonUp()：当鼠标的某个按键抬起的那一瞬间返回 true。

这三个方法都需要传递一个参数,表示鼠标按键索引值。传递数值 0 表示鼠标左键,传递数值 1 表示鼠标右键,传递数值 2 表示鼠标中键。

打开项目 "06",打开场景 "02",创建脚本 MouseKeyTest,编写 MouseKeyTest 脚本内容,然后将 MouseKeyTest 脚本挂载到 "Cube" 上,运行游戏。MouseKeyTest 脚本内容如下。

```
using System.Collections;
using System.Collections.Generic;
using UnityEngine;
public class MouseKeyTest : MonoBehaviour {
    void Start () {
    }
    void Update () {
        if (Input.GetMouseButton (0)) {
            Debug.Log ("press left");
        }
        if (Input.GetMouseButtonDown (0)) {
            Debug.Log ("left is Down");
        }
        if (Input.GetMouseButtonUp (0)) {
```

```
                    Debug.Log("left is Up");
            }
        }
    }
```

运行结果如图 2-6-9 所示，当按下鼠标左键并且不放手时，会打印一次"left is Down"，同时会打印多次"press left"；当松开鼠标左键时，停止打印"press left"，同时会打印一次"left is Up"。

图 2-6-9 获取鼠标输入运行结果

2. GameObject 类

在 Unity 3D 场景中出现的所有物体都属于游戏对象（GameObject），当用户把一个游戏对象放到场景中后，Unity 3D 便会通过 GameObject 类来生成对应的游戏对象 gameobject。同样，GameObject 是一个类，gameobject 是挂载该脚本的游戏对象。

GameObject 类提供了很多方法，其中 Find()方法可以用来查找场景中的某个游戏对象，GetComponent()方法可以用来获取当前游戏对象上的某个组件，AddComponent()方法可以用来给当前游戏对象添加一个组件等。

（1）查找游戏对象

打开项目"06"，打开场景"02"，新建 GameObjectTest 脚本，编写 GameObjectTest 脚本内容，并将 GameObjectTest 脚本挂载到游戏对象"Cube"上。GameObjectTest 脚本内容如下。

```
using System.Collections;
using System.Collections.Generic;
using UnityEngine;
public class GameObjectTest: MonoBehaviour {
    public GameObject myCube;
    public GameObject mySphere;
    void Start () {
        myCube = GameObject.Find ("Cube");
        mySphere = GameObject.Find ("Sphere");
        if (myCube) {
            Debug.Log ("find a cube");
        } else {
            Debug.Log ("can not find a cube");
        }
        if (mySphere) {
            Debug.Log ("find a Sphere");
        } else {
            Debug.Log ("can not find a Sphere");
        }
    }
    void Update () {
```

    }
}

运行结果如图 2-6-10 所示,由于游戏场景中有游戏对象"Cube",所以可以找到"Cube",在 Console 视图中打印"find a cube";如果场景中没有"Sphere"游戏对象,找不到"Sphere",则在 Console 视图中打印"can not find a Sphere"。

通过 GameObject 类的 Find()方法,可以在脚本中查找 Hierarchy 视图中的任意一个游戏对象。

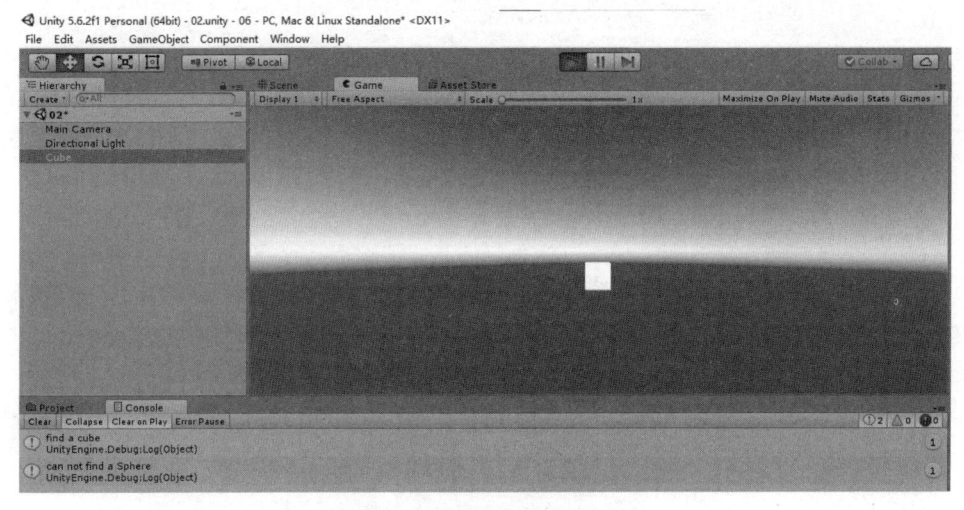

图 2-6-10　查找游戏对象运行结果

(2) 获取当前游戏对象的某个组件

修改 GameObjectTest 脚本,内容如下。通过获取游戏对象"Cube"上的 MeshRendere 组件,修改"Cube"的颜色为红色,运行结果如图 2-6-11 所示。

```
using System.Collections;
using System.Collections.Generic;
using UnityEngine;
public class GameObjectTest : MonoBehaviour {
    public GameObject myCube;
    public GameObject mySphere;
    void Start () {
        myCube = GameObject.Find ("Cube");
        mySphere = GameObject.Find ("Sphere");
        if (myCube) {
            MeshRenderer mesh = myCube.GetComponent<MeshRenderer> ();
            mesh.material.color = Color.red;
        } else {
            Debug.Log ("can not find a cube");
        }
        if (mySphere) {
            Debug.Log ("find a Sphere");
        } else {
            Debug.Log ("can not find a Sphere");
        }
```

```
        }
        void Update () {
        }
}
```

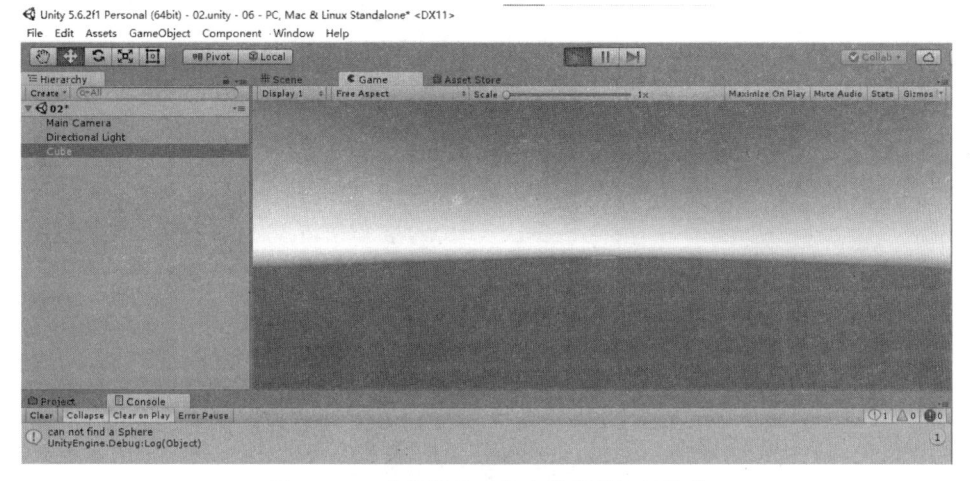

图 2-6-11 获取游戏对象上的组件运行结果

（3）给当前游戏对象添加组件

修改 GameObjectTest 脚本，内容如下，通过 AddComponent()方法给游戏对象添加刚体组件，运行结果如图 2-6-12 所示。

```
using System.Collections;
using System.Collections.Generic;
using UnityEngine;
public class GameObjectTest : MonoBehaviour {
    public GameObject myCube;
    public GameObject mySphere;
    void Start () {
        myCube = GameObject.Find ("Cube");
        mySphere = GameObject.Find ("Sphere");
        if (myCube) {
            MeshRenderer mesh = myCube.GetComponent<MeshRenderer> ();
            mesh.material.color = Color.red;
            myCube.AddComponent<Rigidbody> ();
        } else {
            Debug.Log ("can not find a cube");
        }
        if (mySphere) {
            Debug.Log ("find a Sphere");
        } else {
            Debug.Log ("can not find a Sphere");
        }
    }
    void Update () {
    }
}
```

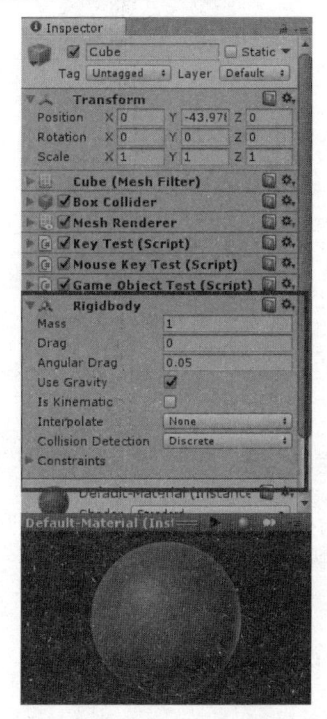

图 2-6-12　通过 AddComponen()方法给游戏对象添加刚体组件运行结果

3. Transform 类

Transform 类是用来定义游戏对象的位置、旋转和尺寸属性的。由于该类继承了 Component 类，因此它也是一种组件，而且对于该类来说，所有的游戏对象都具有 Transform 类，也就是所有游戏对象都拥有 Transform 组件。

Transform 组件比较特殊，在脚本中可以不用获取就直接使用 Transform 组件，表示当前游戏对象的 Transform 属性。在编写脚本的时候要注意，Transform 是一个类，而 transform 是 Transform 类的一个实例。Transform 类常用的方法有以下几种。

（1）移动游戏对象

Transform.Translate(Vector3, Space)：移动对象的位置，其中参数 Vector3 是一个三维向量，可以表示一个方向，也可以表示一个位置。参数 Space 表示空间，Space.Self 表示对象自身坐标系，Space.World 表示对象所在世界坐标系。

打开项目"06"，打开场景"02"，新建脚本 TransformTest，编写脚本 TransformTest 内容，如下所示。

```
using System.Collections;
using System.Collections.Generic;
using UnityEngine;
public class TransformTest : MonoBehaviour {
    void Start () {
    }
    void Update () {
        transform.Translate (Vector3.left * 0.1f, Space.Self);
//Transform 组件可以直接使用，也可以通过 GetComponent()方法获取后再使用
    }
}
```

将 TransformTest 脚本挂载到"Cube"上,运行游戏,可以看到"Cube"开始动起来。

(2)旋转游戏对象

transform.Rotate(Vector3):旋转游戏对象,可传递 Vector3 类型的方向,让游戏对象沿着某一方向开始旋转。修改 TransformTest 脚本内容,如下所示。

```csharp
using System.Collections;
using System.Collections.Generic;
using UnityEngine;
public class TransformTest : MonoBehaviour {
    void Start () {
    }
    void Update () {
        transform.Rotate(Vector3.left);
    }
}
```

运行游戏,"Cube"开始旋转。

4. 使用 WADS 按键移动游戏对象

打开项目"06",新建场景"03",在场景中创建"Cube",按下 A 键,让"Cube"向左移动;按下 D 键,让"Cube"向右移动;按下 W 键,让"Cube"向前移动;按下 S 键,让"Cube"向后移动。创建 CubeTransform 脚本,编写 CubeTranform 脚本内容,如下所示。

```csharp
using System.Collections;
using System.Collections.Generic;
using UnityEngine;
public class CubeTransform : MonoBehaviour {
    void Start () {
    }
    void Update () {
        if (Input.GetKey (KeyCode.A)) {
            transform.Translate (Vector3.left*0.1f, Space.World);
        }
        if (Input.GetKey (KeyCode.D)) {
            transform.Translate (Vector3.right*0.1f, Space.World);
        }
        if (Input.GetKey (KeyCode.W)) {
            transform.Translate (Vector3.forward*0.1f, Space.World);
        }
        if (Input.GetKey (KeyCode.S)) {
            transform.Translate (Vector3.back*0.1f, Space.World);
        }
    }
}
```

将脚本 CubeTransform 挂载到"Cube"上,运行游戏,可通过 W、A、D、S 键来控制"Cube"。

【技能实训】

使用 Unity 3D 创建游戏场景,选择熟悉的编程语言设计一个可操作的射击小游戏。

项目 7　用 Unity 3D 模拟物理运动

【任务导入】

Unity 3D 内置的物理引擎提供了模拟物理运动的组件。只需设置几个参数，就可以创建传神的被动对象（即对象将因碰撞和跌落而移动，但不会自动移动）。通过使用脚本控制物理特性，即可为对象提供与一辆车、一台机器甚至一块布碰撞产生的动力学效应。本项目讲述 Unity 3D 中的主要物理组件，如刚体、碰撞器、触发器。

【任务要求】

通过 Unity 3D 内置的物理引擎，添加刚体、碰撞器和触发器来模拟物理运动并实现碰撞输出的效果。

【任务计划】

（1）掌握 Unity 3D 中的刚体、碰撞器及触发器等。
（2）通过以上组件模拟游戏场景中的物理运动。

【难点剖析】

本项目是 Unity 3D 的综合应用，既要合理布局游戏场景又要通过编程实现物理运动的模拟。

【必备知识】

刚体（Rigidbody）是运动学中的一个概念，指在运动中和受力的作用后，形状和大小不变，而且内部各点的相对位置不变的物体。在 Unity 3D 中，刚体组件赋予了游戏对象一些运动学上的属性，主要包括 Mass（质量）、Drag（阻力）、Angular Drag（角阻力）、Use Gravity（是否使用重力）、Is Kinematic（是否受物理影响）、Collision Detection（碰撞检测）等。没有刚体组件，游戏对象之间可以相互穿透，不会产生碰撞。

碰撞器（Collider）是组件，加了碰撞器的游戏对象才可能实现碰撞效果。在 Unity 内部提供了许多碰撞器组件，如 BoxCollider（盒碰撞器）、SphereCollider（球碰撞器）、CapsuleCollider（胶囊碰撞器）、MeshCollider（网格碰撞器）、WheelCollider（轮子碰撞器，用来创建交通工具）、TerrainCollider（地形碰撞器）、CharacterController（角色控制器）。

触发器（Trigger）用来触发事件，当绑定了碰撞器的游戏对象进入触发器区域时，将运行触发器对象上的 MonoBeavior 中的 OnTriggerEnter()方法。

【任务实施】

1. 刚体

1）使用刚体模拟自由落体运动

之前在游戏场景中创建的游戏对象"Cube"是悬放在空中的，没有做自由落体运动，看起来很不真实。为了能使游戏对象具有物理特性，可通过为游戏对象添加刚体组件来实现。

Unity 3D 中刚体组件可使游戏对象在物理系统的控制下运动，当为游戏对象添加了刚体组件后，游戏对象便可以像在真实世界中一样受到力的作用而产生相应的运动效果。任何游戏对象，只有在添加了刚体组件后，才会受到重力的影响做自由落体运动。接下来介绍刚体组件的添加方法及其相关属性。

2）刚体的添加方法

新建项目"07"，新建游戏场景"01"，在场景中新建游戏对象"Plane"和"Sphere"，并用材质球美化游戏对象"Plane"和"Sphere"，将"Sphere"放置在"Plane"上方，如图2-7-1所示。此时运行游戏，可以看到"Sphere"不做自由落体运动。

图 2-7-1　游戏场景

给游戏对象"Sphere"添加刚体组件，方法有如下三种。

（1）在 Hierarchy 视图或者 Scene 视图中，选中游戏对象"Sphere"，选择菜单栏中"Component"→"Physics"→"Rigidbody"命令，如图2-7-2所示。

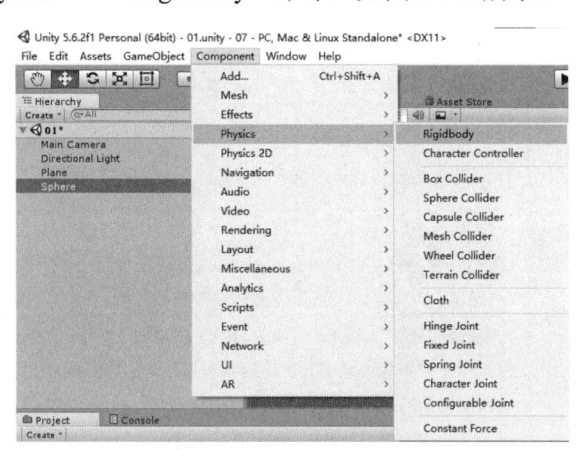

图 2-7-2　给游戏对象添加刚体组件操作方法1

（2）在 Hierarchy 视图或者 Scene 视图中，选中游戏对象"Sphere"，在该游戏对象的 Inspector 视图中，选择"Add Component"→"Physics"→"Rigidbody"命令，如图2-7-3所示。

（3）通过 GameObject 类的 AddComponent()方法，在脚本中动态地为游戏对象添加刚体组件。

此时运行游戏，发现"Sphere"开始做自由落体运动，最终落到"Plane"上不动。

注意：如果没有"Plane"，"Sphere"会一直向下做自由落体运动。

3）刚体属性设置

当给游戏对象添加了刚体组件后，该游戏对象的 Inspector 视图中就会显示 Rigidbody 组件相关属性与功能选项，如图 2-7-4 所示。Rigidbody 组件属性及其功能如表 2-7-1 所示。

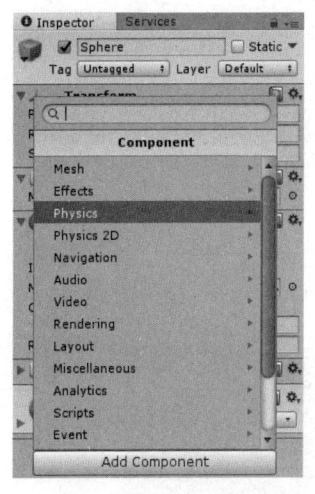

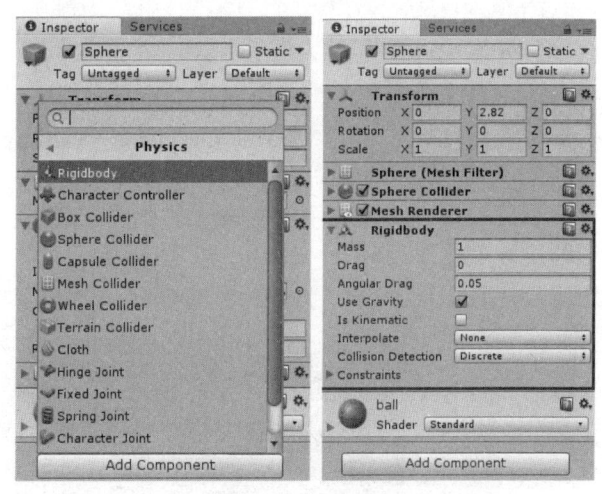

图 2-7-3　给游戏对象添加刚体组件操作方法 2　　　图 2-7-4　Rigidbody 组件相关属性与功能选项

表 2-7-1　Rigidbody 组件属性及其功能

参　数	含　义	功　能
Mass	质量	物体的质量
Drag	阻力	当受力移动时物体受到的空气阻力，0 表示没有空气阻力，此值极大时可使物体立即停止运动
Angular Drag	角阻力	当受扭曲力旋转时物体受到的空气阻力。0 表示没有空气阻力，此值极大可使物体立即停止旋转
Use Gravity	是否使用重力	该物体是否受到重力影响，勾选表示受重力影响，不勾选表示不受重力影响
Is Kinematic	是否受物理定律影响	物体是否遵循运动学物理定律，若勾选表示该物体不再受物理引擎驱动，只能通过 Transform 组件来操作，也就是忽略了力对该刚体的作用
Interpolate	插值	物体运动插值模式，当发现刚体运动时有抖动现象可以尝试选择下面的选项："None"（无），不应用插值；"Interpolate"（内插值），基于上一帧变换来平滑本帧变换；"Extrapolate"（外插值），基于下一帧变换来平滑本帧变换
Conllision Detection	碰撞检测	碰撞检测模式。用于避免高速物体穿过其他物体却未触发碰撞，包括三种模式："Discrete"模式用来检测与场景中其他碰撞器或与其他物体的碰撞；"Continuous"模式用来检测与动态碰撞器的碰撞；"Continuous Dynamic"模式用来检测与采用连续模式和采用连续动态模式物体的碰撞，适用于高速物体
Constraints	约束	对刚体运动的约束。其中"Freeze Position"（冻结位置）表示刚体在世界中沿所选 X、Y、Z 轴的移动将无效；"Freeze Rotation"（冻结旋转）表示刚体在世界中沿所选 X、Y、Z 轴的旋转将无效

4）使用刚体组件移动游戏对象

前文介绍过使用 Transform 组件移动游戏对象,但是通过 Transform 组件移动游戏对象时,当对象到达场景边缘时其不会掉落,本节介绍的使用刚体组件移动游戏对象,可实现游戏对象到达场景边缘时掉落下去。

使用刚体组件移动游戏对象的方法：Rigidbody.MovePosition(Vector3),该方法需要传递一个 Vector3 类型的参数,且该参数要以使用"当前位置" + 方向的方式来传递。使用刚体移动游戏对象是根据世界坐标系的方向的。下面编写脚本 MoveTest 来实现通过按键 W、A、D、S 让游戏对象向前、向左、向右、向后移动。MoveTest 脚本内容如下所示。

```csharp
using System.Collections;
using System.Collections.Generic;
using UnityEngine;
public class MoveTest : MonoBehaviour {
    public Rigidbody myrigidbody;
    void Start () {
        myrigidbody = gameObject.GetComponent<Rigidbody> ();
    }
    void Update () {
        if (Input.GetKey (KeyCode.A)) {
            myrigidbody.MovePosition (transform.position + Vector3.left * 0.1f);
        }
        if (Input.GetKey (KeyCode.D)) {
            myrigidbody.MovePosition (transform.position + Vector3.right * 0.1f);
        }
        if (Input.GetKey (KeyCode.W)) {
            myrigidbody.MovePosition (transform.position + Vector3.forward * 0.1f);
        }
        if (Input.GetKey (KeyCode.S)) {
            myrigidbody.MovePosition (transform.position + Vector3.back * 0.1f);
        }
    }
}
```

将 MoveTest 脚本挂载到项目"07"中的游戏场景"01"中的游戏对象"Sphere"上,运行游戏,按 W 键可以控制球体向前移动,按 A 键可以控制球体向左移动,按 D 键可以控制球体向右移动,按 S 键可以控制球体向后移动,并且当球体移动到"Plane"边缘时会掉下去。

5）综合练习：实现弹力球

打开项目"07",打开游戏场景"01",如图 2-7-1 所示,让游戏场景中的"Sphere"像篮球一样掉到地面上,其会自然地往上弹,反复数次后静止在地面上。

（1）将游戏对象"Sphere"上的脚本 MoveTest 卸载。

（2）选中 Project 视图中的"Materials"文件夹,单击鼠标右键,在弹出的快捷菜单中选择"Create"→"Physic Material"命令,并将创建好的物理材质命名为"ball_bouncy",如图 2-7-5 所示。

（3）给游戏对象"Sphere"添加刚体组件。

（4）在 Hierarchy 视图或者 Scene 视图中选中"Sphere",在该游戏对象的 Inspector 视图中,找到"Sphere Collider",单击"Material"旁边的小圆圈,设置为刚才创建的物理材质

"ball_bouncy",如图 2-7-6 所示。

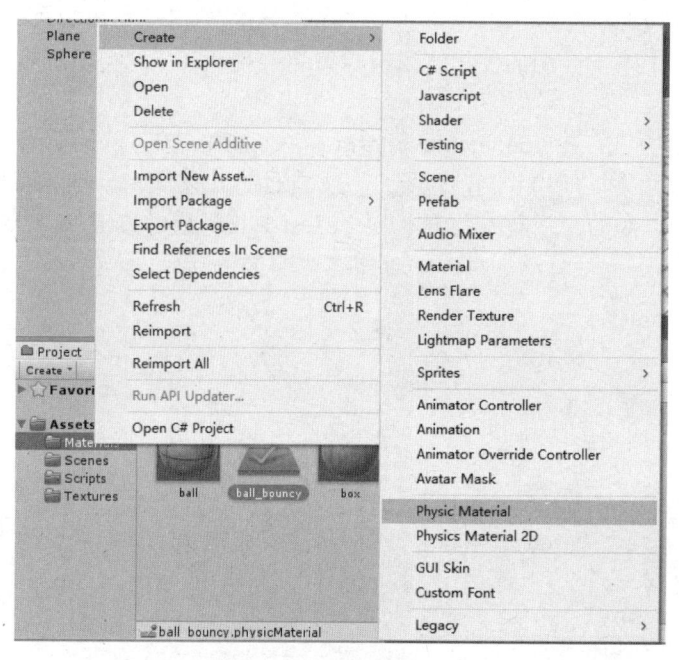

图 2-7-5　创建物理材质

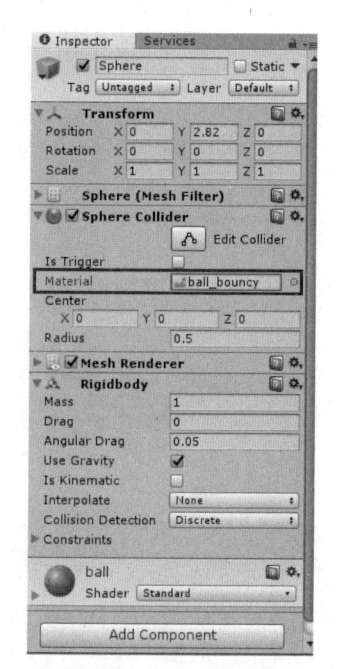

图 2-7-6　添加物理材质

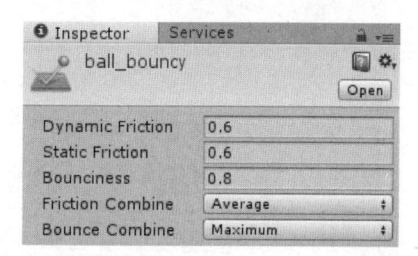

图 2-7-7　修改物理材质"ball_bouncy"的属性值

（5）修改物理材质"ball_bouncy"的属性值，如图 2-7-7 所示。

（6）运行游戏,可看到"Sphere"掉落到"Plane"上后又弹起，反复几次后静止在"Plane"上。

2．碰撞器

1）碰撞器触发事件

给"Sphere"添加刚体组件后，运行游戏，发现"Sphere"会往下掉落，并且掉在"Plane"上后静止不动。"Sphere"之所以掉落在"Plane"上后不穿越"Plane"继续往下跌落，是因为"Sphere"和"Plane"上都有碰撞器组件。碰撞器用于检测游戏场景中的游戏对象是否发生了碰撞，最基本的功能是使游戏对象之间不能互相穿过，还可以用于检测某个游戏对象是否碰到了另外的游戏对象，比如在酷跑游戏中检测汽车是否碰到了障碍物。

碰撞器是物理组件中的一类，它可以理解为游戏对象的外骨骼，要与刚体组件配合使用才能触发碰撞事件。两个对象发生碰撞需要满足两个条件：一是两个对象上都有碰撞器组件，二是至少有一个对象上有刚体组件。刚体组件的作用是让游戏对象受力，而碰撞器组件只是起阻挡作用。

2）碰撞器添加方法

打开项目"07",新建游戏场景"02",在游戏场景"02"中创建"Plane""Sphere"和"Cube"并美化，如图 2-7-8 所示。

给游戏对象添加碰撞器组件的操作方法有如下三种。

（1）在 Hierarchy 视图或者 Scene 视图中，选中游戏对象"Sphere"，选择菜单栏中"Component"→"Physics"，添加碰撞器组件，如图 2-7-9 所示。

图 2-7-8　游戏场景

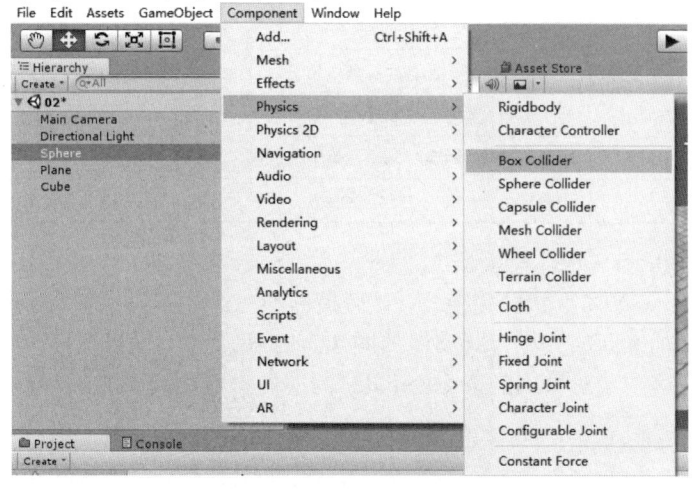

图 2-7-9　添加碰撞器组件方法 1

（2）在 Hierarchy 视图或者 Scene 视图中，选中游戏对象"Sphere"，在该游戏对象的 Inspector 视图中，选择"Add Component"→"Physics"，添加碰撞器组件，如图 2-7-10 所示。

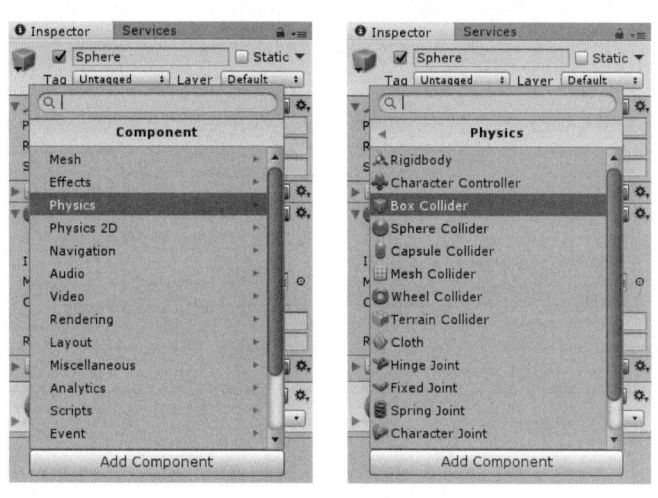

图 2-7-10　添加碰撞器组件方法 2

（3）通过 GameObject 类的 AddComponent() 方法，在脚本中动态地为游戏对象添加碰撞器组件。

3）碰撞器属性设置

Unity 3D 中内置了 6 种碰撞器组件，它们在用法上差不多，区别在于碰撞器的面数不一样，碰撞器的面数越多，代表进行碰撞检测的时候 CPU 的计算量越大，所以要根据项目需求选择合适的碰撞器组件。接下来逐一介绍 Unity 3D 内置的各种碰撞器组件。

（1）Box Collider（盒子碰撞器）

Box Collider 是一个立方体形状的基本碰撞器，该碰撞器可以调整成大小不同的长方体，其属性如图 2-7-11 所示。一般情况下，该碰撞器应用在比较规则的物体上，可以恰好将作用对象的主要部分包裹起来，如门窗、墙壁、平台、桌子、盒子、箱子等，也可以用于布娃娃角色的躯干或者汽车等交通工具的外壳。Box Collider 的属性参数如表 2-7-2 所示。

表 2-7-2　Box Collider 的属性参数

参　数	含　义	功　能
Is Trigger	触发器	勾选该复选框，则该碰撞器可用于触发事件，并被物理引擎所忽略
Material	材质	为碰撞器设置不同的材质
Center	中心	碰撞器在游戏对象局部坐标系中的位置
Size	大小	碰撞器在 X、Y、Z 方向上的大小

（2）Sphere Collider（球体碰撞器）

Sphere Collider 是球体形状的碰撞器，该碰撞器的三维大小可以按同一比例调节，但不能单独调节某个坐标轴方向的大小，其属性如图 2-7-12 所示。一般情况下，该碰撞器适用于落石、乒乓球、篮球等游戏对象。Sphere Collider 的属性参数如表 2-7-3 所示。

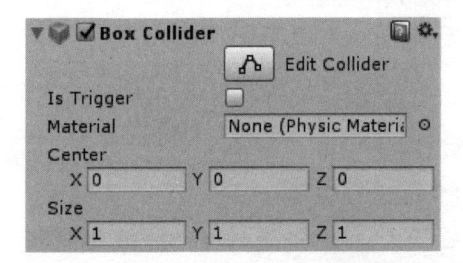

图 2-7-11　Box Collider 的属性 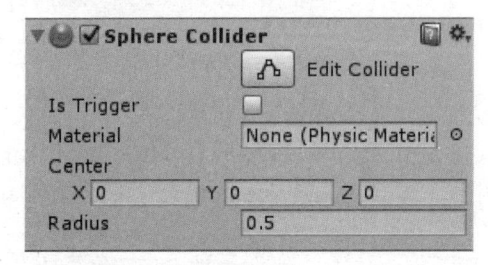　　　　图 2-7-12　Sphere Collider 的属性

表 2-7-3　Sphere Collider 的属性参数

参　数	含　义	功　能
Is Trigger	触发器	勾选该复选框，则该碰撞器可用于触发事件，并被物理引擎所忽略
Material	材质	为碰撞器设置不同的材质
Center	中心	碰撞器在游戏对象局部坐标系中的位置
Radius	半径	设置球体碰撞器的大小

（3）Capsule Collider（胶囊碰撞器）

Capsule Collider 由一个圆柱体和与其相连的两个半球体组成，是一个胶囊形状的基本碰撞器。该碰撞器的半径和高度都可以单独调节，其属性如图 2-7-13 所示。一般情况下，该碰撞器可用于角色控制器或与其他不规则形状的碰撞结合使用。Capsule Collider 的属性参数如表 2-7-4 所示。

表 2-7-4　Capsule Collider 的属性参数

参　数	含　义	功　能
Is Trigger	触发器	勾选该复选框，则该碰撞器可用于触发事件，并被物理引擎所忽略
Material	材质	为碰撞器设置不同的材质
Center	中心	碰撞器在游戏对象局部坐标系中的位置
Radius	半径	设置碰撞器中半球的半径
Height	高度	控制碰撞器中圆柱的高度
Direction	方向	设置在游戏对象的局部坐标系中胶囊体的纵向所对应的坐标轴，默认是 Y 轴

（4）Mesh Collider（网格碰撞器）

Mesh Collider 可获取网格对象并在其基础上构建碰撞器，比起 Box Collider、Sphere Collider 和 Capsule Collider，Mesh Collider 更加精确，也会占用更多的系统资源。其属性如图 2-7-14 所示，该碰撞器专门用于复杂网格所生成的模型，其属性参数如表 2-7-5 所示。

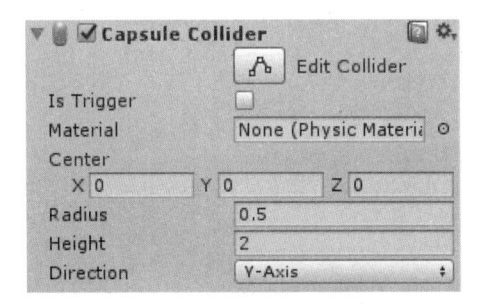

图 2-7-13　Capsule Collider 的属性 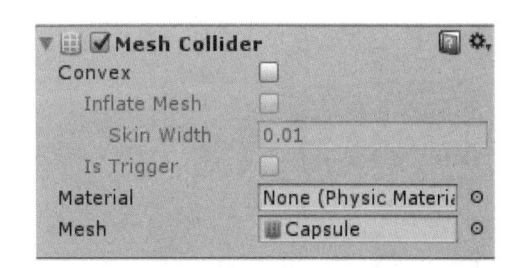　　　图 2-7-14　Mesh Collider 的属性

表 2-7-5　Mesh Collider 的属性参数

参　数	含　义	功　能
Is Trigger	触发器	勾选该复选框，则该碰撞器可用于触发事件，并被物理引擎所忽略
Material	材质	为碰撞器设置不同的材质
Mesh	网格	获取游戏对象的网格并将其作为碰撞器

（5）Wheel Collider（车轮碰撞器）

Wheel Collider 是一种针对地面车辆的特殊碰撞器。该碰撞器自带碰撞检测、轮胎物理现象和轮胎模型，专门用于处理轮胎。其属性如图 2-7-15 所示。

（6）Terrain Collider（地形碰撞器）

Terrain Collider 是主要用于地形的碰撞器，用于检测地形和地形上游戏对象的碰撞，防止地形上加有刚体属性的游戏对象无限制下落，其属性如图 2-7-16 所示。

接下来讨论两个带有不同组件的游戏对象发生碰撞时会出现何种结果，如图 2-7-17 所示。打开项目"07"，打开游戏场景"02"，用"Sphere"作为 A 对象，"Cube"作为 B 对象，编写脚本 TransformTest，将该脚本挂载到"Sphere"上，利用按键 W、A、D、S 来控制"Sphere"的移动，去碰撞"Cube"。脚本 TransformTest 内容如下。

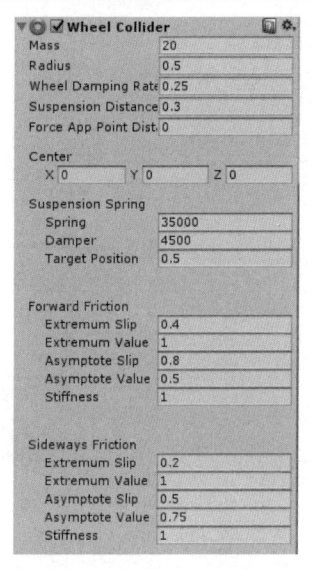

图 2-7-15 Wheel Collider 的属性

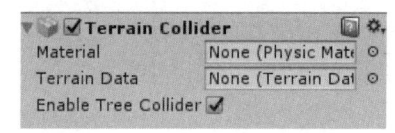

图 2-7-16 Terrain Collider 的属性

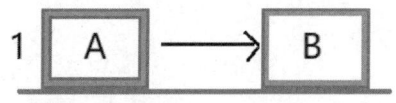

直接和目标对象碰撞，但是碰不动。

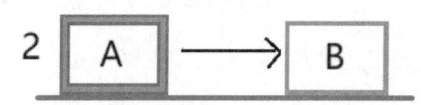

直接穿透目标对象。

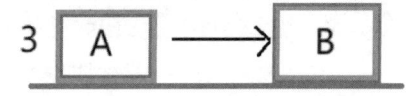

目标对象移动不了，因为A会一直往下掉落。

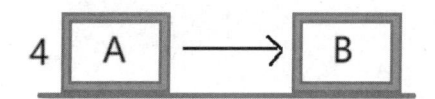

直接与目标对象碰撞，且能将目标对象撞动。

图 2-7-17 两个游戏对象发生碰撞时会出现的结果

```
using System.Collections;
using System.Collections.Generic;
using UnityEngine;
public class TransformTest : MonoBehaviour {    void Start () {
   } void Update () {
     if (Input.GetKey (
KeyCode.A)
) {
        transform.Translate (Vector3.left * 0.1f,Space.World);
     }
     if (Input.GetKey (
KeyCode.D)
) {
        transform.Translate (Vector3.right * 0.1f,Space.World);
     }
     if (Input.GetKey (
KeyCode.W)
) {
        transform.Translate (Vector3.forward * 0.1f,Space.World);
     }
```

```
        if (Input.GetKey (
KeyCode.S)
) {
            transform.Translate (Vector3.back * 0.1f,Space.World);
        }
    }
}
```

组合 1:"Sphere"对象带有刚体组件和碰撞器组件,如图 2-7-18 所示,"Cube"对象带有碰撞器组件,如图 2-7-19 所示。用"Sphere"对象去碰撞"Cube"对象,"Cube"对象不动。

图 2-7-18 "Sphere"属性 1   图 2-7-19 "Cube"属性 1

组合 2:"Sphere"对象带有刚体组件和碰撞器组件,如图 2-7-20 所示,"Cube"对象没有刚体组件,也没有碰撞器组件,如图 2-7-21 所示,用"Sphere"对象去碰撞"Cube"对象,"Sphere"对象可以穿透"Cube"对象。

图 2-7-20 "Sphere"属性 2   图 2-7-21 "Cube"属性 2

组合 3:"Sphere"对象带有刚体组件,没有碰撞器组件,如图 2-7-22 所示,"Cube"对象带有碰撞器组件,如图 2-7-23 所示。用"Sphere"对象去碰撞"Cube"对象,"Cube"对象移动不了,因为"Sphere"对象会一直往下掉落。因此一个只有刚体组件没有碰撞器组件的游戏对象是没有任何意义的。

组合 4:"Sphere"对象带有刚体组件和碰撞器组件,如图 2-7-24 所示,"Cube"对象带有刚体组件和碰撞器组件,如图 2-7-25 所示。用"Sphere"对象去碰撞"Cube"对象,可以将"Cube"对象撞动。

图 2-7-22 "Sphere"属性 3   图 2-7-23 "Cube"属性 3

图 2-7-24 "Sphere"属性 4   图 2-7-25 "Cube"属性 4

4）碰撞检测相关方法

发生碰撞需要具备两个条件：一是两个游戏对象都必须带有碰撞器，二是至少有一个游戏对象带有刚体组件。当两个对象发生碰撞时，系统会自动调用相应的碰撞检测方法，游戏开发者只需实现碰撞检测方法即可。碰撞检测方法如下。

（1）void OnCollisionEnter(Collision collision)：当碰撞开始时，系统会自动调用该方法。当前碰到的对象信息会通过参数 collision 传递进入该方法。

（2）void OnCollisionStay(Collision collision)：当碰撞持续时，系统会自动调用该方法。当前碰到的对象信息会通过参数 collision 传递进入该方法。

（3）void OnCollisionExit(Collision collision)：当碰撞结束时，系统会自动调用该方法。当前碰到的对象信息会通过参数 collision 传递进入该方法。

5）综合练习：碰撞到目标对象后修改目标对象的属性

打开项目"07"，打开游戏场景"02"，在场景"02"中再添加一个游戏对象"Cylinder"，并用材质球进行美化，如图 2-7-26 所示。编写脚本 CollisionTest，实现当"Sphere"碰撞到"Cube"时"Cube"消失，当"Sphere"碰撞到"Cylinder"时修改其颜色为绿色。

CollisionTest 脚本内容如下，将该脚本挂载到"Sphere"上。执行游戏，使用按键 W、A、D、S 来控制"Sphere"的移动，当"Sphere"碰撞到"Cube"时，"Cube"消失，当"Sphere"碰撞到"Cylinder"时其颜色变为绿色，如图 2-7-27 所示。

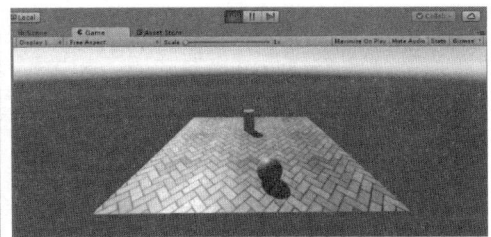

图 2-7-26　游戏场景　　　　　　　　　　图 2-7-27　游戏运行结果

```
using System.Collections;
using System.Collections.Generic;
using UnityEngine;
public class CollisionTest : MonoBehaviour {
    private Rigidbody myrigidbody;
    void Start () {
        myrigidbody = gameObject.GetComponent<Rigidbody> ();
    }
    void Update () {
        if (Input.GetKey (KeyCode.A)) {
            myrigidbody.MovePosition (transform.position + Vector3.left * 0.1f);
        }
        if (Input.GetKey (KeyCode.D)) {
            myrigidbody.MovePosition (transform.position + Vector3.right * 0.1f);
        }
        if (Input.GetKey (KeyCode.W)) {
            myrigidbody.MovePosition (transform.position + Vector3.forward * 0.1f);
        }
        if (Input.GetKey (KeyCode.S)) {
            myrigidbody.MovePosition (transform.position + Vector3.back * 0.1f);
        }
    }
    void OnCollisionEnter(Collision col)
    {
        if (col.gameObject.name == "Cube") {
            col.gameObject.SetActive (false);
        }
        if (col.gameObject.name == "Cylinder") {
            MeshRenderer mesh = col.gameObject.GetComponent<MeshRenderer> ();
            mesh.material.color = Color.green;
        }
    }
}
```

3．触发器

1）触发器触发事件

在 Unity 3D 中，检测碰撞发生的方式有两种，一种是利用碰撞器，另一种是利用触发器。触发器用来产生触发事件，在很多游戏引擎或者工具中都有触发器，如当一个游戏角色走到某一个地点时播放一段音乐等。

触发器的工作原理与碰撞器的工作原理相似，只是其没有阻挡作用。触发器是一个区域，该区域的形状类型与碰撞器区域的相撞类型是相同的。把某个区域设置成触发器区域很简单，只要为该区域添加一个碰撞器，并把碰撞器属性"Is Trigger"选中即可。

2）触发事件检测相关方法

当一个用刚体控制的对象进入到另外一个对象的触发器范围内时，就会产生触发事件。检测触发事件常用的方法如下。

（1）void OnTriggerEnter(Collider collider)：当开始进入触发器范围时，系统会自动调用该方法。当前触发的对象信息会通过参数 collider 传递进入该方法。

（2）void OnTriggerStay(Collider collider)：当在触发器范围内时，系统会自动调用该方法。当前触发的对象信息会通过参数 collider 传递进入该方法。

（3）void OnTrigerExit(Collider collider)：当离开触发器范围时，系统会自动调用该方法。当前触发的对象信息会通过参数 collider 传递进入该方法。

3）综合练习：进入触发范围时播放音乐

打开项目"07"，打开游戏场景"02"，在场景"02"中，将游戏对象"Sphere"上的 CollisionTest 脚本卸载，将"Cube"上的 Box Collider 的属性"Is Trigger"选中，并在游戏对象"Cube"上添加 Audio Source 组件，如图 2-7-28 所示。编写 TriggerTest 脚本，实现当"Sphere"开始进入"Cube"的触发范围时，播放音乐；离开触发范围时，停止播放音乐。

TriggerTest 脚本内容如下，将其挂载到"Sphere"上，同时为该脚本组件中的变量"Music"赋予要播放的音乐，如图 2-7-29 所示。运行游戏，移动"Sphere"，当"Sphere"进入"Cube"的触发器范围时，播放音乐；当"Sphere"离开"Cube"的触发器范围时，停止播放音乐。

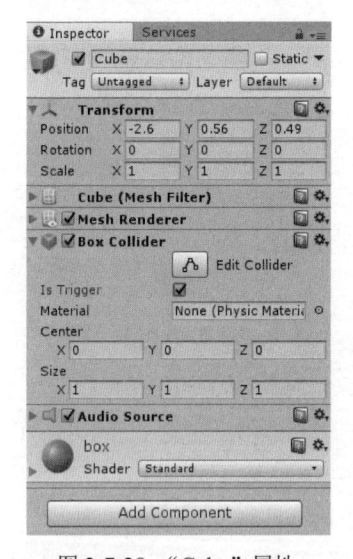

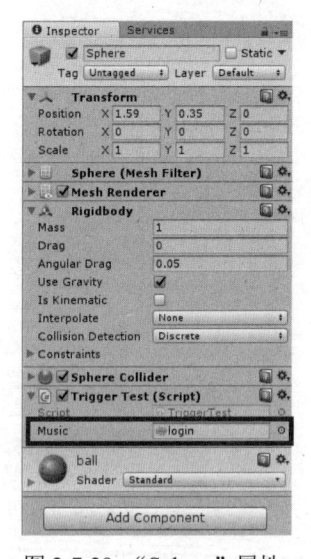

图 2-7-28 "Cube"属性　　图 2-7-29 "Sphere"属性

```
using System.Collections;
using System.Collections.Generic;
using UnityEngine;
public class TriggerTest : MonoBehaviour {
    public AudioClip music;
    private AudioSource source;
    private Rigidbody myrigidbody;
```

```csharp
void Start () {
    myrigidbody = gameObject.GetComponent<Rigidbody> ();
    if (GameObject.Find ("Cube")) {
        source = GameObject.Find ("Cube").GetComponent<AudioSource> ();
    }
}
void Update () {
    if (Input.GetKey (KeyCode.A)) {
        myrigidbody.MovePosition (transform.position + Vector3.left * 0.1f);
    }
    if (Input.GetKey (KeyCode.D)) {
        myrigidbody.MovePosition (transform.position + Vector3.right * 0.1f);
    }
    if (Input.GetKey (KeyCode.W)) {
        myrigidbody.MovePosition (transform.position + Vector3.forward * 0.1f);
    }
    if (Input.GetKey (KeyCode.S)) {
        myrigidbody.MovePosition (transform.position + Vector3.back * 0.1f);
    }
}
void OnTriggerEnter(Collider collider)
{
    if (collider.name == "Cube") {
        source.PlayOneShot (opendoorsound,1F);
    }
}
void OnTriggerExit(Collider collider)
{
    if (collider.name == "Cube") {
        source.Stop ();
    }
}
}
```

【技能实训】

根据课程所学,开发一个水晶球自由落体游戏,尽可能模拟球体自由落体的过程。

项目 8　游戏打包发布

【任务导入】

前面创建的项目，都必须在 Unity 引擎中才能运行。如果要脱离 Unity 引擎，必须将项目工程进行打包，将项目文件转换成独立的游戏文件，就可以脱离 Unity 引擎直接在计算机上运行。打包好的游戏文件就可以发布传播了。本项目将介绍游戏项目的打包发布。

【任务要求】

完成游戏项目的打包发布。

【任务计划】

将游戏项目打包发布到 Windows 平台上。

【难点剖析】

掌握编译发布的过程和错误排查方法。

【必备知识】

Unity 的一个特点是跨平台运行，即一处开发、多处运行。可以将 Unity 游戏文件发布到多个平台，如 Android、Mac、Windows、IOS、Web 等。不同的操作系统编译发布的应用程序格式有所不同。

【任务实施】

此处以发布到 PC 平台为例来介绍 Unity 游戏发布的相关操作，具体步骤如下。

1. Build Settings（生成设置）

打开项目 "07"，选择菜单栏中 "File" → "Build Settings" 命令，如图 2-8-1 所示。在弹出的对话框中，选择要发布的平台，此处选择 PC 平台，如图 2-8-2 所示。选完平台之后，要单击 "Switch Platform" 按钮。

选择完要发布的平台后，接下来添加要发布的场景。将要发布的场景直接拖到 "Scenes In Build" 对话框中，也可以单击 "Add Open Scenes" 按钮来添加当前打开的场景，如图 2-8-3 所示。如果添加多个场景，要注意场景的顺序。

2. Player Settings（详细设置）

在 "Build Settings" 对话框中单击 "Player Settings" 按钮，会弹出如图 2-8-4 所示的对话框，可以设置游戏开发者的公司名称、产品名称、游戏图标等。

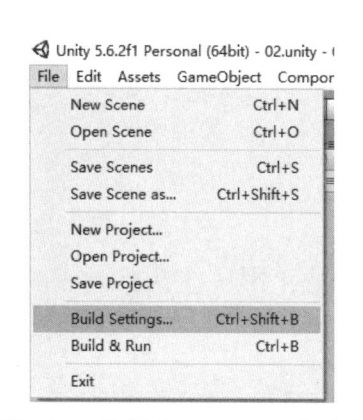

图 2-8-1　选择"Build Settings"命令

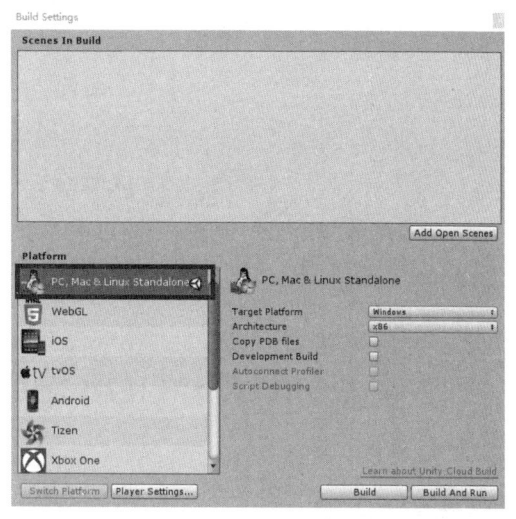

图 2-8-2　选择发布平台

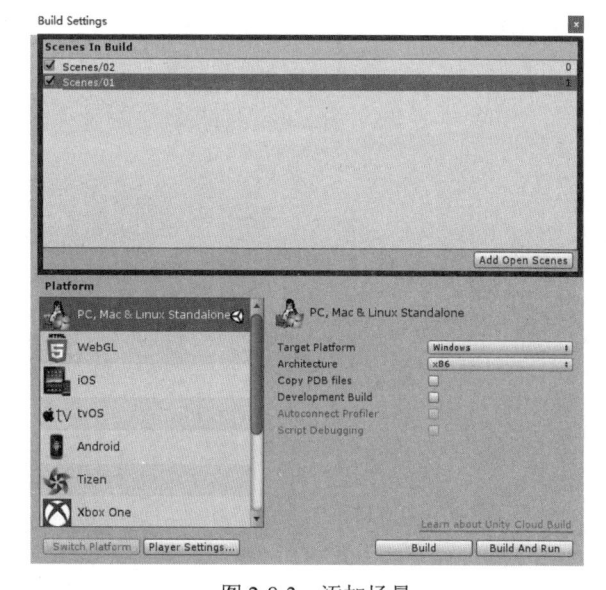

图 2-8-3　添加场景

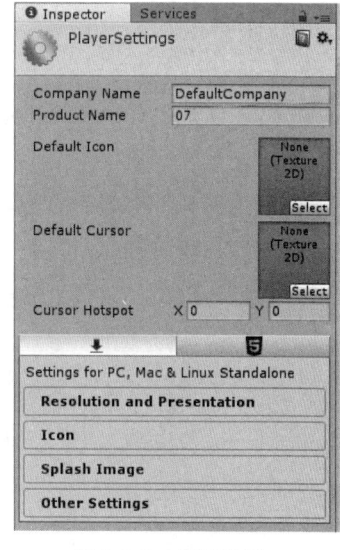

图 2-8-4　详细设置

3. 发布

设置完成后，单击"Build Settings"对话框中"Build"或"Build And Run"按钮，在弹出的对话框中设置存储路径、名称。

游戏发布成功之后，会生成一个 Data 数据文件夹和一个 exe 可执行程序，如图 2-8-5 所示，双击 exe 可执行程序运行游戏。

图 2-8-5　打包文件

【技能实训】

将项目 7 中所完成的项目工程打包发布到 Windows 平台上。

模块 3　Photoshop 图形图像处理

项目 1　Photoshop 基础知识

【任务导入】

Photoshop 是 Adobe 公司旗下最著名的图形图像处理软件之一，集图像扫描、编辑修改、图像制作、广告创意、图像输入与输出于一体，深受广大平面设计人员的喜爱。本项目介绍使用 Photoshop 2020 进行图形图像处理的基础知识。

【任务要求】

在任务的开始，让我们一起来制作一张海报，演示在 Photoshop 中设计、制作海报的流程。海报完成后的效果如图 3-1-1 所示。

图 3-1-1　海报完成后的效果

【任务计划】

本任务要制作的是一张化妆品广告海报，基于主体人物的特征，海报背景以白色素材作为铺垫，展现人物出众的气质，采用对比图表达海报要宣传的信息，完成整个设计。

【难点剖析】

（1）创建新的文档。

（2）利用"魔棒工具"把图像从原有图片中选出。
（3）复制出对称图形。
（4）利用"橡皮擦工具"为图像设置淡化的效果。

【必备知识】

在制作该海报之前，首先了解 Photoshop 的一些基础知识。Photoshop 是一款图形图像处理软件，长久以来，其是平面设计、三维设计、建筑设计、影视后期制作等领域的设计师必须掌握的一款软件。

利用 Photoshop 可以真实地再现现实生活中的图像，也可以创作出现实生活中不存在的景象。利用它可以完成精确的图像编辑操作，可以对图像进行缩放、旋转或透视等操作，也可以完成修补、修饰图像的残缺部分等操作，还可以将几幅图像通过图层等合成一幅完整的、意义明确的作品。

3.1.1 图形与图像的基础知识

在学习 Photoshop 2020 的入门阶段，需要掌握一些关于图形和图像的基本概念。

1．位图与矢量图

使用计算机记录数字图像的方式有两种：一种是用像素点阵来记录，即位图；另一种是通过数学方法来记录，即矢量图。Photoshop 在不断升级的过程中，功能越来越强大，但编辑的对象仍然是位图。

（1）位图

位图由许许多多的称为像素的点组成，这些不同颜色的点按照一定的次序排列，组成了色彩斑斓的图像。图像的大小取决于像素的数量，图像的颜色取决于像素的颜色。在保存位图时，能够记录下每个点的数据信息，因而可以精确地记录色调丰富的图像，达到照片般的品质，如图 3-1-2 所示。可以很容易地在不同软件之间交换位图文件，但是在缩放和旋转图像时会产生失真的现象，同时位图文件较大，对内存和硬盘空间容量的需求较高。

图 3-1-2 位图

提示：像素是组成位图的最小单位。一个图像的像素越多，越能充分表现出更多的细节，图像质量也就越高，但保存时所需的磁盘空间也会越多，编辑和处理的速度也越慢。

（2）矢量图

矢量图又称为向量图，是以线条和颜色块为主的图形。矢量图不受分辨率的影响，可以任意改变其大小以进行输出，图片的观看质量也不会受到影响，主要是因为其线条的形状、位置等属性都是通过数学公式来描述和记录的。矢量图文件所占的磁盘空间比较少，非常适合于网络传输，也经常被应用在标志设计、插图设计及工程绘图等专业设计领域。但矢量图的色彩比位图的色彩单调，无法像位图那样真实地表现自然界的颜色变化，如图3-1-3所示。

图 3-1-3　矢量图

2．分辨率

分辨率在数字图像的显示及打印等方面起着至关重要的作用，常以"宽×高"的形式来表示。一般情况下，分辨率分为图像分辨率、屏幕分辨率和打印分辨率。

（1）图像分辨率

图像分辨率通常以像素/英寸（1in=2.54cm）来表示，指图像中每单位长度含有的像素数量，如分辨率为72像素/英寸的1in×1in的图像包含5184（72×72）个像素。图像分辨率并不是越高越好，图像分辨率越高，图像文件越大，在进行处理时所需的内存越多，CPU处理时间也就越长。不过，分辨率高的图像比相同打印尺寸的分辨率低的图像包含的像素多，因而图像更加清晰、细腻。

（2）屏幕分辨率

屏幕分辨率指显示器分辨率，即显示器上每单位长度显示的像素的数量，通常以点/英寸（dpi）来表示。显示器分辨率取决于显示器的大小及其像素设置。显示器在显示时，图像像素直接转换为显示器像素，这样当图像分辨率高于显示器分辨率时，在屏幕上显示的图像会比其指定的打印尺寸大。一般显示器分辨率为72dpi或96dpi。

（3）打印分辨率

激光打印机或其他输出设备产生的每英寸油墨点数（dpi）就是打印分辨率。大部分桌面激光打印机的分辨率为300～600dpi，而高档照排机能够以1200dpi或更高的分辨率进行打印。

提示： 图像的最终用途决定了图像分辨率的设定，若要对图像进行打印输出，则图像分辨率需要符合打印机或其他输出设备的要求，应不低于300dpi；对应用于网络的图像，其分辨率满足典型的显示器分辨率即可。

在进行普通的练习时，设置分辨率为72像素/英寸；在进行平面设计时，分辨率应设为输出设备的半调网屏频率的1.5～2倍（一般为300像素/英寸）；在打印图像时，一般将分辨率设为打印机分辨率的整除数（即能被打印机分辨率整除的数），如100像素/英寸。

3．图像文件存储格式

图像文件有很多存储格式，对于同一幅图像，有的文件比较小、有的文件则非常大，这是因为文件的压缩形式不同。小的文件可能会损失很多的图像信息，而大文件则能较好地保持图像质量。总之，不同的文件格式有不同的特点，只有熟练掌握各种文件格式的特点，才能扬长避短，提高图像处理的效率。下面介绍 Photoshop 中图像文件的存储格式。

Photoshop 支持 PSD、BMP、GIF、EPS、JPEG、PCX、PDF、PIXAR、PNG、SCT、TGA、TIFF、FLM 等 20 多种文件存储格式。

（1）PSD 格式

PSD 格式是 Photoshop 新建和保存图像文件时默认的格式。它支持 Photoshop 所有的特性，可以保存图层、通道和任何一种文件格式，将文件保存为 PSD 格式后可以随时进行编辑和修改。但是，采用这种格式的图像文件占用的磁盘空间较大。

（2）JPEG 格式

JPEG 格式既是 Photoshop 支持的一种文件格式，也是一种压缩方案。JPEG 格式与 TIFF 格式采用的 LZW 无损失压缩方式相比，它的压缩比例更大，但它使用的有损失压缩方式会丢失部分数据。用户可以在存储前选择图像的最后质量，这样能控制数据的损失程度。

将图像保存为 JPEG 格式时，会弹出如图 3-1-4 所示的对话框，单击"品质"下拉按钮，可以从弹出的下拉列表中选择低、中、高、最佳 4 种图像压缩品质，以最佳质量保存的图像比以其他质量保存的图像占用的磁盘空间更大，而选择以低质量保存图像则会损失较多的数据，但占用的磁盘空间较小。

（3）TIFF 格式

TIFF 是一种通用的文件格式，用于在应用程序和计算机平台之间交换文件，几乎所有的绘图、图像编辑和页面排版程序都支持该格式，而且几乎所有的桌面扫描仪都支持 TIFF 格式的图像。TIFF 格式支持具有 Alpha 通道的 CMYK、RGB、Lab、索引颜色和灰度模式的图像，以及没有 Alpha 通道的位图模式图像，还可以保存图层，如图 3-1-5 所示。

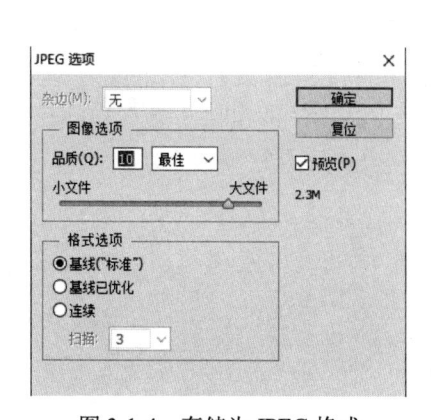

图 3-1-4　存储为 JPEG 格式 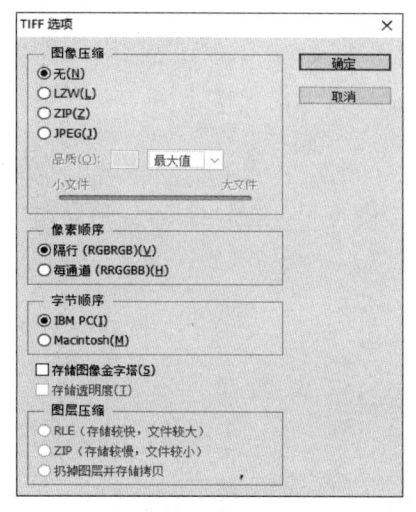　　　　图 3-1-5　存储为 TIFF 格式

（4）BMP 格式

BMP 是 Windows 平台标准的位图格式，很多软件都支持该格式，其应用非常广泛。BMP 格式支持 RGB、索引颜色、灰度和位图模式，不支持 CMYK 颜色模式，也不支持 Alpha 通道。

（5）GIF 格式

GIF 格式也是通用的图像格式之一，由于这种格式最多保存 256 种颜色，并且使用 LZW 无损失压缩方式压缩文件，因此采用 GIF 格式保存的文件非常小，不会占用太多的磁盘空间，非常适合用于网络上的图片传输。GIF 采用两种保存格式：一种为"正常"格式，支持透明背景和动画格式；另一种为"交错"格式，可以让图像在网络上显示时由模糊逐渐转为清晰。

（6）EPS 格式

EPS 格式可同时包含像素信息和矢量信息，是一种通用的行业标准格式。在 Photoshop 中打开由其他应用程序创建的包含矢量图形的 EPS 格式文件时，Photoshop 会对此文件进行栅格化，将矢量图转换为像素。除了多通道模式的图像，其他模式的图像都可以存储为 EPS 格式，但是它不支持 Alpha 通道。

（7）PCX 格式

PCX 格式普遍用在 IBM PC 兼容的计算机上。在当前众多的图像格式中，PCX 格式是比较流行的。PCX 格式支持 RGB、索引颜色、灰度和位图模式，不支持 Alpha 通道。

（8）PDF 格式

PDF（可移植文档）格式是 Adobe 公司开发的，在 Windows、MacOS 和 DOS 系统中用于电子出版软件的文档格式。PDF 文件可以包含位图和矢量图，还可以包含电子文档查找和导航功能，如电子链接。PDF 格式支持 RGB、索引颜色、CMYK、灰度、位图和 Lab 颜色模式，不支持 Alpha 通道。在保存文件时，将打开如图 3-1-6 所示的对话框，从中可以指定压缩方式和压缩品质。在 Photoshop 中打开由其他应用程序创建的 PDF 文件时，Photoshop 将对此文件进行栅格化。

（9）PIXAR 格式

PIXAR 格式是专为与 PIXAR 图像计算机交换文件而设计的。PIXAR 工作站用于高档图像应用程序，如三维图像和动画。PIXAR 格式支持带一个 Alpha 通道的 RGB 模式和灰度模式。

（10）PNG 格式

PNG 是 Netscape 公司专为互联网开发的网络图像格式，由于并不是所有的浏览器都支持 PNG 格式，因此该格式的使用范围没有 GIF 格式和 JPEG 格式广。但不同于 GIF 格式的是，PNG 格式可以保存 24 位的真彩色图像，并且具有支持透明背景和消除锯齿边缘的功能，可以在不失真的情况下压缩图像。PNG 格式在 RGB 和灰度模式下支持 Alpha 通道，但在索引颜色和位图模式下不支持 Alpha 通道。在将文件存储为 PNG 格式时，将弹出如图 3-1-7 所示的对话框。

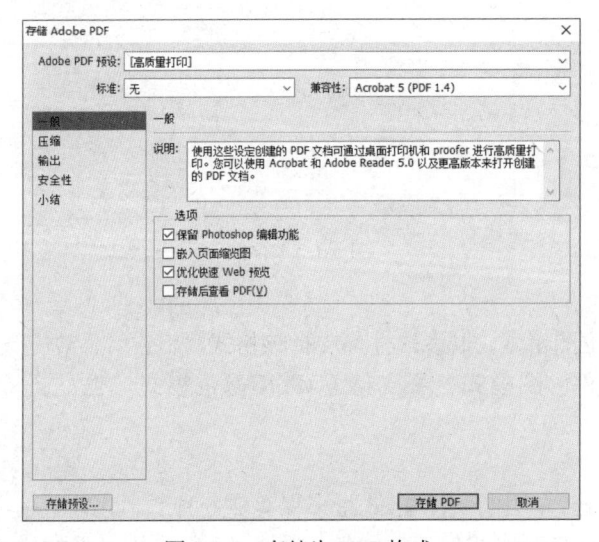

图 3-1-6　存储为 PDF 格式　　　　图 3-1-7　存储为 PNG 格式

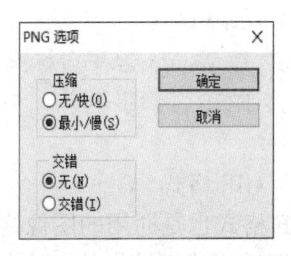

（11）SCT 格式

Scitex 是一种高档的图像处理及印刷系统，它所使用的 SCT 格式可以用来记录 RGB 和灰度模式下的连续色调。SCT 格式支持 CMYK、RGB 和灰度模式的文件，但不支持 Alpha 通道。存储为 SCT 格式的 CMYK 图像文件通常非常大，这类文件通常是由 Scitex 扫描仪输入产生的图像，在 Photoshop 中进行处理之后，再由 Scitex 专用的输出设备进行分色网版输出。

（12）Targa 格式

TGA 格式专用于使用 Truevision 视频板的系统，MS-DOS 色彩应用程序普遍支持这种格式。TGA 格式支持带一个 Alpha 通道的 32 位 RGB 模式和不带 Alpha 通道的索引颜色、灰度、16 位和 24 位 RGB 模式。

（13）FLM 格式

该格式是 Adobe Premiere 动画软件使用的格式，只能在 Photoshop 中打开、修改并保存，其他格式的图像无法转换为 FLM 格式。如果在 Photoshop 中更改了 FLM 格式图像的尺寸和分辨率，则保存后不能在 Adobe Premiere 软件中打开。

3.1.2　Photoshop 2020 的工作界面

启动 Photoshop 2020，选择"文件"→"打开"命令，或按 Crl+O 快捷键，打开一幅图像，便可以看到 Photoshop 2020 的工作界面。

Photoshop 2020 的工作界面主要由菜单栏、工具箱、面板、工具选项栏、图像编辑窗口、状态栏等部分组成，如图 3-1-8 所示。

图 3-1-8　Photoshop 2020 的工作界面

1．菜单栏

Photoshop 2020 的菜单栏包含"文件""编辑""图像""图层""文字""选择""滤镜""3D""视图""窗口"和"帮助"共 11 个菜单，每个菜单里又包含了相应的子菜单。

需要使用某个命令时，首先单击相应的菜单，然后从下拉列表中选择相应的命令即可。一些常用的菜单命令，其右侧会显示该命令的快捷键，如"图层"→"图层编组"命令的快捷键为 Ctrl+G，有意识地记忆一些常用命令的快捷键，可以提高操作速度和工作效率。

2．工具箱

Photoshop 2020 的工具箱包含大量具有强大功能的工具，利用这些工具可以制作出精美的图像，如图 3-1-9 所示。

选择工具时，直接单击工具箱中的工具图标即可。工具箱中许多工具图标并没有直接显示出来，而是以组的形式隐藏在右下角带小三角形的工具按钮中，将光标移动到该工具按钮处单击并按住鼠标左键不放，即可显示该组所有工具。

提示：将光标停留在工具图标上片刻，系统会显示该工具的名称和快捷键。

在选择工具时，可配合 Shift 键一起使用，比如魔棒工具组中，按 Shift+W 快捷键，可在"快速选择工具"和"魔棒工具"之间进行切换。

3．面板

面板是 Photoshop 2020 中重要的组件之一。默认状态下，面板以面板组的形式出现在工作界面的最右侧，单击某个面板图标，就可以打开对应的面板。

单击面板组右上角的双箭头，可以使收缩的面板返回展开状态。在标题空白处按住鼠标左键并拖动，可以将面板组拖出以单独显示，如图 3-1-10 所示。单击右上角的"折叠为图标"按钮或"展开面板"按钮，可以控制面板组是否展开。

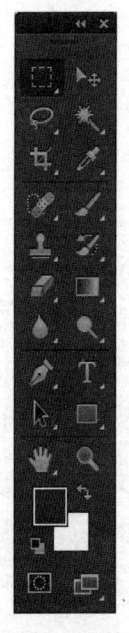

图 3-1-9　工具箱 　　　　　　　　图 3-1-10　面板

面板可以被自由地拆开、组合和移动，用户可以根据需要随意摆放或叠放各个面板，为处理图像提供便利，如图 3-1-11 所示。此外，选择"窗口"菜单中的面板可以显示或隐藏相应的面板。

单击面板右侧的下三角按钮，系统会弹出面板菜单（见图 3-1-12），利用面板菜单中提供的菜单命令可以提高处理图像的工作效率。

4．工具选项栏

在工具箱中选择了一个工具后，在工具选项栏中就会显示出其相应的选项，可利用这些选项进行参数设置。工具选项栏所显示的内容随选取工具的不同而不同，图 3-1-13 所示为"画笔工具"选项栏。

图 3-1-11　简化面板　　　　　　　　　　　图 3-1-12　面板菜单

图 3-1-13　"画笔工具"选项栏

5．图像编辑窗口

图像编辑窗口即文件窗口，是 Photoshop 2020 设计、制作作品的主要区域。所有针对图像进行的编辑都可以在图像编辑窗口中显示出来，通过图像在窗口中的显示效果可以判断最终输出效果。在编辑图像的过程中，可以对图像编辑窗口进行多种操作，如改变窗口的大小和位置、对窗口进行缩放等。

在默认状态下打开的文件均以选项卡的形式存在于工作界面中，用户可以根据需要将一个或多个文件从选项卡中拖出单独显示，如图 3-1-14 所示。即使选择其他文件，当前文件也不会被覆盖，仍然会在最上层显示。

6．状态栏

状态栏位于 Photoshop 2020 工作界面的下端，单击状态栏右侧的三角形按钮，系统会弹出如图 3-1-15 所示的菜单，从中选择不同的命令，状态栏中将显示相应的信息内容。

状态栏菜单中各命令的含义如下。

（1）文档大小：显示当前所编辑图像文档的大小。
（2）文档配置文件：显示当前所编辑图像的模式，如 RGB、灰度、CMYK 等。
（3）文档尺寸：显示当前所编辑图像的尺寸。
（4）测量比例：显示当前测量所用的比例尺。
（5）暂存盘大小：显示当前所编辑图像占用暂存盘的大小。
（6）效率：显示操作当前所编辑图像的效率。
（7）计时：显示操作当前所编辑图像所用的时间。
（8）当前工具：显示操作当前所编辑图像用到的工具名称。

（9）32位曝光：编辑图像曝光只在32位图像中起作用。

（10）存储进度：显示当前文档存储的进度。

（11）智能对象：显示当前栅格或矢量图中图像数据的图层。

（12）图层计数：显示当前所编辑图像中的图层数量。

图 3-1-14　将图像文件从选项卡中拖出单独显示　　　图 3-1-15　状态栏菜单

3.1.3　文件的基本操作

在学习如何运用 Photoshop 2020 处理图像之前，应该了解软件中一些基本的文件操作命令，如新建文件、打开文件、导入文件、置入文件、保存文件和关闭文件等。

1．新建文件

新建文件的操作非常简单，先启动 Photoshop 2020，然后选择"文件"→"新建"命令，或按 Ctrl+N 快捷键，系统会弹出"新建"对话框，如图 3-1-16 所示。设置相应的选项后，单击"确定"按钮，即可建立一个新的文件。

提示： 系统默认显示新版新建文档对话框，这里为了习惯，设置为旧版新建文档对话框。设置方法为选择"编辑"→"首选项"→"工作区"命令，在弹出的"首选项"对话框中切换到"常规"选项卡，选中"使用旧版'新建文档'界面"复选框。

"新建"对话框中包括以下内容。

（1）"名称"文本框：可以在"名称"文本框中输入新建文件的名称，默认状态下为"未标题-1"。

（2）"预设"下拉列表框：在该下拉列表框中可以选择新建文件的大小，也可以在"宽度"和"高度"文本框中输入值，设置宽度和高度。也可以将自定义的参数选项保存为一个预设参数，单击"存储预设"按钮，系统会弹出"新建文档预设"对话框，输入预设名称，选中需要的复选框后单击"确定"按钮。再次创建新文件时，如果希望设置同样的参数，只需要在"预设"下拉列表框选择保存的预设名称即可。

（3）"分辨率"文本框：在同样的打印尺寸下，分辨率高的图像会比分辨率低的图像包含更多的像素，图像会更清晰、更细腻。

（4）"颜色模式"下拉列表框：提供位图、灰度、RGB、CMYK 和 Lab 颜色模式。

（5）"背景内容"下拉列表框：用于确定画布的颜色，如果选择"白色"，系统会用白色

（默认的背景色）填充背景或第一个图层；如果选择"背景色"，系统会用当前的背景色填充背景或第一个图层；如果选择"透明"，第一个图层会变得透明，没有颜色值，最终的文件将包含单个透明的图层。

（6）"颜色配置文件"下拉列表框：可以选择一些固定的颜色配置方案。

（7）"像素长宽比"下拉列表框：可以选择一些固定的文件长宽比，如方形像素、宽银幕等。

2．打开文件

打开文件的操作步骤如下。

（1）选择"文件"→"打开"命令或按 Ctrl+O 快捷键，系统会弹出"打开"对话框，如图 3-1-17 所示。

（2）选择要打开的图像文件，然后单击"打开"按钮，即可打开所选择的文件。

提示：选择"文件"→"最近打开文件"命令，在弹出的文件列表中会列出最近打开的图像文件，选择文件名称即可快速打开对应的文件。

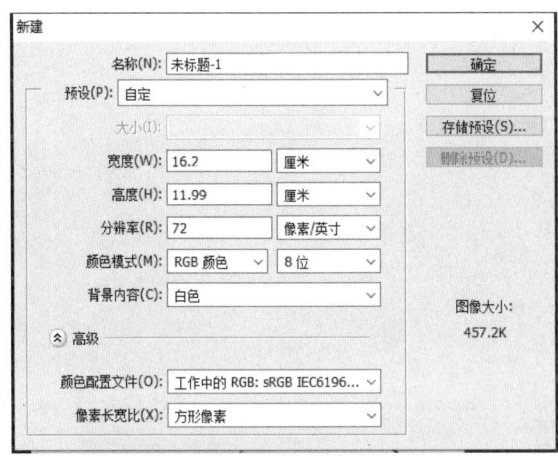

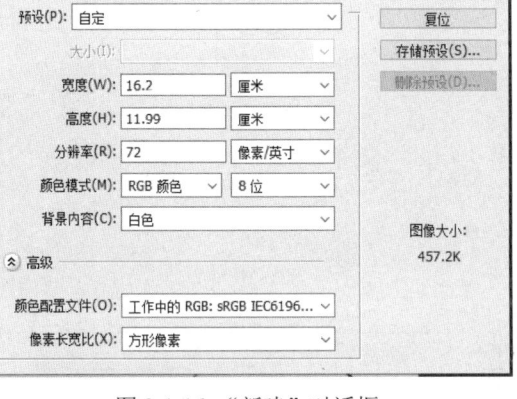

图 3-1-16 "新建"对话框 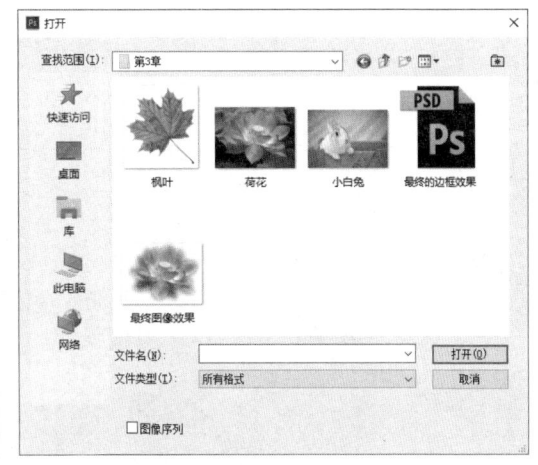　　　　图 3-1-17 "打开"对话框

3．导入、置入文件

使用"导入"命令，可导入相应格式的文件，其中包括变量数据组、视频帧到图层和注释 3 种格式的文件。操作时选择"文件"→"导入"，再选择子菜单中的相应命令即可。

使用"置入"命令可以置入 AI、EPS 和 PDF 格式的文件，以及通过输入设备获取的图像。在 Photoshop 中置入 AI、EPS、PDF 或由矢量软件生成的任何矢量图时，这些图形将被自动转换为位图。选择"文件"→"置入嵌入对象"命令，在弹出的"置入嵌入的对象"对话框中选择需要置入的文件后单击"置入"按钮即可。

4．保存文件

保存文件的操作步骤如下。

（1）当第一次保存文件时，选择"文件"→"存储"命令，或按 Ctrl+S 快捷键，系统会弹出"保存在您的计算机上或保存到云文档"对话框。

① 在该对话框中，单击"保存到云文档"按钮，系统会弹出"云文档"对话框，修改文件名，单击"保存"按钮即可。

② 在该对话框中，单击"保存在您的计算机上"按钮，系统会弹出"另存为"对话框，设置好保存路径和文件名，单击"保存"按钮即可，如图 3-1-18 所示。

（2）对已经保存的图形文件进行各种编辑操作后，选择"文件"→"存储"命令，系统不会弹出"另存为"对话框，而是直接保存最终确认的结果，并覆盖原文件。

（3）如果要保留修改过的文件，又不想覆盖之前已经存储过的原文件，可以选择"文件"→"存储为"命令，在弹出的"保存在您的计算机上或保存到云文档"对话框中单击"保存在您的计算机上"按钮，然后在弹出的"另存为"对话框中为修改过的文件重新命名，并设置文件的路径和保存类型；设置完成后，单击"保存"按钮。

5．关闭文件

选择"文件"→"关闭"命令，或按 Ctrl+W 快捷键，可将当前文件关闭。"关闭"命令只有在文件被打开时才呈现可用状态。

单击图像编辑窗口右上角的"关闭"按钮也可关闭文件，若当前文件被修改过或是新建的，那么在关闭文件时会弹出一个提示对话框，如图 3-1-19 所示。单击"是"按钮即可先保存对文件的更改再关闭文件，单击"否"按钮则不保存对文件的更改而直接关闭文件。

图 3-1-18 "另存为"对话框　　　　图 3-1-19 是否保存提示对话框

3.1.4 调整图像和画布大小

使用"图像大小"和"画布大小"命令可以对图像和画布的大小进行更改。图像大小和画布大小是两个不同的概念。调整图像大小是指改变图像的分辨率、宽度或高度；画布指的是绘制和编辑图像的工作区域，调整画布大小会使图像周围的工作空间产生变化。

1．调整图像大小

选择"图像"→"图像大小"命令，系统会弹出"图像大小"对话框，如图 3-1-20 所示。在"图像大小"对话框中可以调整图像的尺寸和分辨率。

（1）"缩放样式"复选框：在选中状态下，调整图像大小时，会相应地按比例进行缩放。

（2）"约束比例"复选框：在选中状态下，"宽度"文本框和"高度"文本框将链接在一起，表示图像的宽度和高度将等比例发生变化。若取消链接状态，则可以单独更改宽度或高度的值。

（3）"重定图像像素"复选框：默认状态下是选中状态，即当改变图像尺寸或分辨率时，图像的像素大小随之变化。如果减小图像尺寸或分辨率，就必须减少图像像素；如果增大图像尺寸或分辨率，就必须增加图像像素。

2．调整画布大小

选择"图像"→"画布大小"命令，系统会弹出"画布大小"对话框，如图 3-1-21 所示。使用"画布大小"对话框可以更改画布的大小。

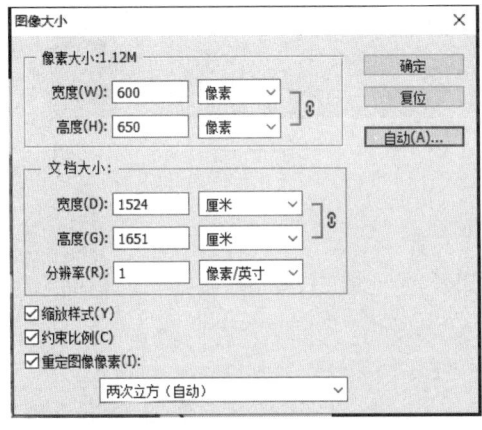

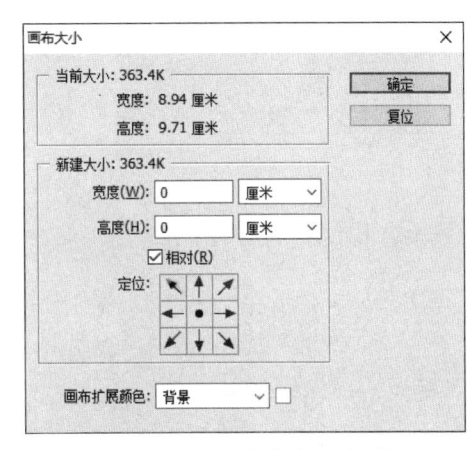

图 3-1-20 "图像大小"对话框　　　　图 3-1-21 "画布大小"对话框

在"宽度"文本框或"高度"文本框中输入数值，可定义新画布的尺寸。在"定位"区域，圆点为图像在画布中的位置，通过单击圆点周围 8 个方向上的箭头，可以定义画布在扩展或缩小时变化的方向。

"画布扩展颜色"下拉列表框可以用来设置增加的画布用什么颜色来填充。该下拉列表框中有 6 个选项，选择对应的选项可设置画布扩展颜色，若选择"其他"选项，系统会弹出"拾色器（画布扩展颜色）"对话框，如图 3-1-22 所示，在其中可设置需要的颜色作为画布扩展颜色。

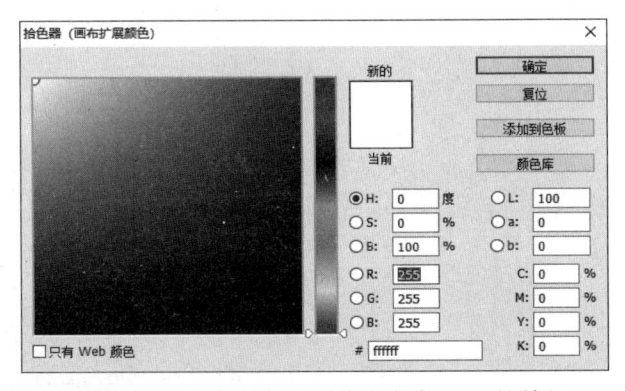

图 3-1-22 "拾色器（画布扩展颜色）"对话框

下面介绍制作对称图像的操作步骤。

（1）打开"动物"图像，如图 3-1-23 所示，复制"背景"图层。

（2）选择"图像"→"画布大小"命令，在弹出的对话框中取消选中"相对"复选框，在"宽度"下拉列表框中选择"百分比"选项，设置为 200，在"定位"区域选中左边中间的箭头，"画布扩展颜色"选择"白色"。

(3) 在"图层"面板中,复制"背景"副本。

(4) 按下 Ctrl+T 快捷键,在控制框内右击,在弹出的快捷菜单中选择"水平翻转"命令,按回车键确认,将图像移至画布右端,如图 3-1-24 所示。

图 3-1-23 "动物"图像 　　　　　　图 3-1-24 制作对称图像

3.1.5 辅助工具的应用

辅助工具用来辅助绘图,帮助用户定位图像或进行测量。Photoshop 提供的辅助工具包括标尺、参考线、网络、注释工具、标尺工具等。

1. 标尺

标尺可以帮助用户精准地确定图像或元素的位置。显示标尺后,在图像上移动鼠标指针时,标尺内的标记可以显示指针的位置。选择"编辑"→"首选项"→"单位与标尺"命令,打开"首选项"对话框,如图 3-1-25 所示。其中"单位"选项区用于设置标尺和文字的显示单位;"列尺寸"选项区用来精准确定图像的尺寸。

选择"视图"→"标尺"命令,或按 Ctrl+R 快捷键,可以将标尺隐藏或显示。将鼠标指针移至标尺的 X 轴和 Y 轴的原点处,拖动鼠标到适当的位置,然后释放鼠标左键,标尺的 X 轴和 Y 轴的原点就移到释放鼠标左键的位置,如图 3-1-26 所示。双击标尺左上角即可恢复默认位置。

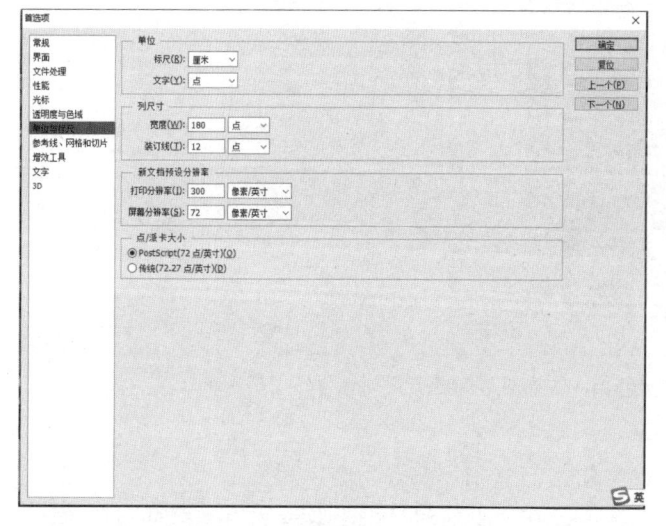

图 3-1-25 "首选项"对话框 　　　　　　图 3-1-26 原点改变后的效果

2. 参考线

参考线是显示在图像上方的一些不会被打印出来的线条，用于帮助用户定位图像。可以移动和删除参考线，也可以将其锁定以防止它们被意外移动。

（1）绘制参考线

将鼠标指针放置在水平标尺上，拖动鼠标可以绘制出水平参考线，如图 3-1-27 所示。将鼠标指针放置在垂直标尺上拖动鼠标可以绘制出垂直参考线，如图 3-1-28 所示。

图 3-1-27　绘制水平参考线　　　　图 3-1-28　绘制垂直参考线

（2）移动参考线

选择工具箱中的"移动工具"，将鼠标指针移动到参考线上，当鼠标指针变为"+"形状时，拖动鼠标即可移动参考线。

（3）锁定、清除、新建参考线

选择"视图"→"锁定参考线"命令，可以锁定参考线。锁定后的参考线就不能移动了，选择"视图"→"清除参考线"命令，可以清除参考线。选择"视图"→"新建参考线"命令，弹出"新建参考线"对话框，设置各选项后单击"确定"按钮，即可在指定位置建立参考线。

3. 网格

网格在默认情况下显示为不可打印的线条或网点。网格在对称布置图像时很有用，选择"视图"→"显示"→"网格"命令，即可显示网格。图 3-1-29 所示为显示网格后的图像。

显示网格后选择"视图"→"对齐到"→"网格"命令，在进行创建图像、移动图像或者创建选区等操作时，对象会自动贴近网格，如果要隐藏网格，再次执行"网格"命令即可。

选择"编辑"→"首边项"→"参考线网格和切片"命令，打开如图 3-1-30 所示的对话框，其中"参考线"选项区用于设置参考线的颜色和样式，"网格"选项区用于设置网格的颜色、样式及网格线间隔和子网格等，"切片"选项区用于设置切片的线条颜色和显示切片的编号。

4. 注释工具

在 Photoshop 中，可以在图像的任何区域添加文字注释，通过注释可以为图像添加制作说明或其他有用的信息。注释在图像上显示为不可打印的小图标，可以查看注释，也可以打开注释并编辑其内容，还可以根据需要隐藏或删除注释。

图 3-1-29 显示网格后的图像　　　　图 3-1-30 设置网格参数

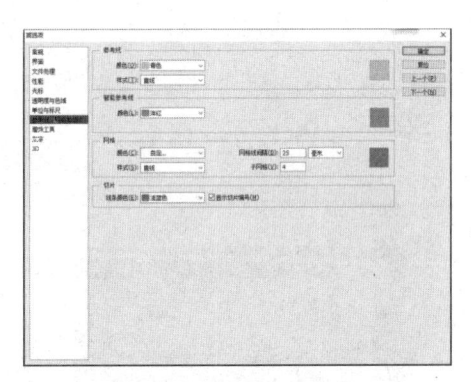

启用"注释工具",有以下几种方法。
(1)按住 Alt 键的同时,单击工具箱中"吸管工具"组中的"注释工具"。
(2)按 Shift+I 组合键。

启用"注释工具",其选项栏如图 3-1-31 所示,"作者"选项用于输入作者姓名,"颜色"选项用于设置注释窗口的颜色,"清除全部"按钮用于清除所有注释。

图 3-1-31 "注释工具"选项栏

打开一张图像,启用"注释工具",将鼠标指针移至图像编辑窗口中单击,弹出"注释"面板,在其中输入注释的内容即可完成操作,如图 3-1-32 所示。

图 3-1-32 "注释"面板

5.标尺工具

"标尺工具"用于测量图像中任意两点之间的距离,也可以用来测量角度。
启用"标尺工具",有以下几种方法。
(1)按住 Alt 键的同时,单击工具箱中"吸管工具"组中的"标尺工具"。
(2)按 Shift+I 组合键。

打开一张图像,将鼠标指针移至图像编辑窗口中,在图像上按下鼠标左键确定测量的起点,移动鼠标到适当位置(终点),释放鼠标左键即可显示测量线,此时测量结果就显示在"标尺工具"选项栏中,如图 3-1-33 所示,主要选项的含义如下。

模块 3　Photoshop 图形图像处理

（1）X/Y：测量起点的横坐标/纵坐标。
（2）W/H：测量起点到终点的水平宽度/垂直高度。
（3）A：测量线偏离水平线的角度。
（4）L1：测量起点、终点之间连线的长度。

图 3-1-33　"标尺工具"选项栏

【任务实施】

下面介绍制作化妆品广告海报的详细操作步骤。

（1）新建一个名称为"化妆品广告背景"的文档，宽度、高度分别为 1000 像素、600 像素，分辨率为 300 像素/英寸，背景为白色，如图 3-1-34 所示。

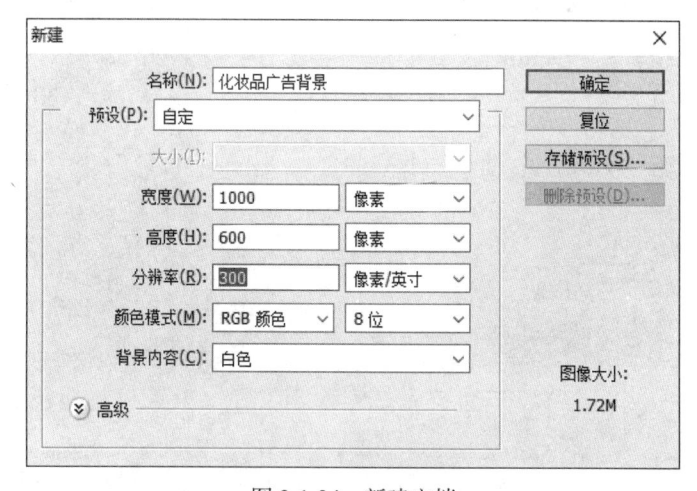

图 3-1-34　新建文档

（2）打开"人物"图像，选择"魔棒工具"，在其选项栏中选中"连续"复选框，"容差"设为 10，增加选区，如图 3-1-35 所示。

图 3-1-35　增加选区

（3）按 Ctrl+Shift+I 快捷键反选，用"移动工具"将人物拖到新建的图像编辑窗口中，如图 3-1-36 所示。

图 3-1-36　将人物拖到新建的图像窗口中

（4）复制人物，选择"编辑"→"变换"→"水平翻转"命令，效果如图 3-1-37 所示。

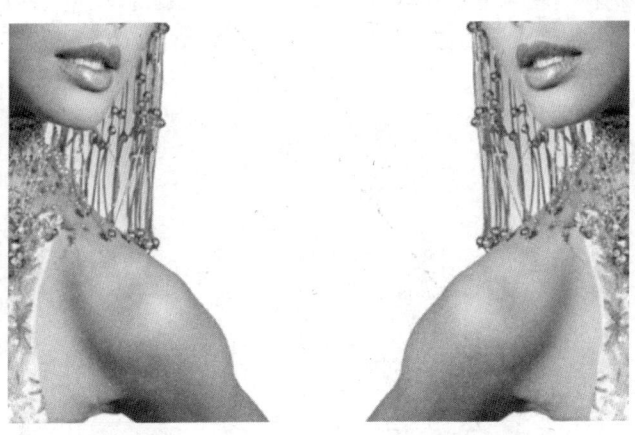

图 3-1-37　复制人物效果

（5）选择"橡皮擦工具"（直径为 300 像素，不透明度为 20%），使图像呈半透明显示，擦除人物，如图 3-1-38 所示，重复操作 5 次。

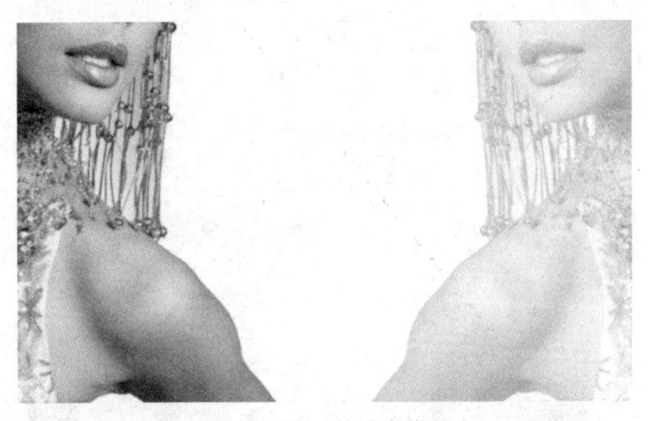

图 3-1-38　擦除人物

（6）对"花卉"图像执行相同操作，最终结果如图 3-1-39 所示。

图 3-1-39　最终结果

【技能实训】

（1）打开本项目素材文件夹中的素材图片，如图 3-1-40 所示。

（2）在工具箱中选择"裁剪工具"，在其选项栏中调整图片参数：宽度为 2.5cm，高度为 3.5cm，分辨率为 300 像素/英寸。在图片上选取合适的位置，单击"确定"按钮获得头像图片，如图 3-1-41 所示。

图 3-1-40　素材图片 　　　　　图 3-1-41　剪切后的图片

（3）将人像以外的区域用"魔棒工具"选中，用"油漆桶工具"填充背景色为蓝色，得到蓝色背景的 1 寸照片，如图 3-1-42 所示。具体操作时根据所选中的素材图片背景的不同，需要综合使用多种选择工具，才能恰当地填充背景。

提示：标准照片的背景颜色，纯红色的 R、G、B 分别为 255、0、0，深红色的 R、G、B 分别为 220、0、0，蓝色的 R、G、B 分别为 60、140、220。

（4）选择"图像"→"画布大小"命令，在弹出的对话框中，将定位区的圆点块置于正中间，调整图片尺寸为宽 0.4cm，高 0.4cm，并将"相对"复选框选中。单击"确定"按钮获得加边框的 1 寸照片效果图，如图 3-1-43 所示。

图 3-1-42　填充背景后的照片 　　　　图 3-1-43　加边框后的 1 寸照片效果图

(5)选择"编辑"→"定义图像"命令,将裁剪好的照片定义为图案,如图 3-1-44 所示。

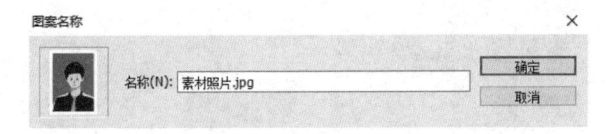

图 3-1-44　定义为图案

(6)选择"文件"→"新建"命令,新建一个画布,调整宽度为 11.6cm,高度为 7.8cm,分辨率为 300 像素/英寸,如图 3-1-45 所示。

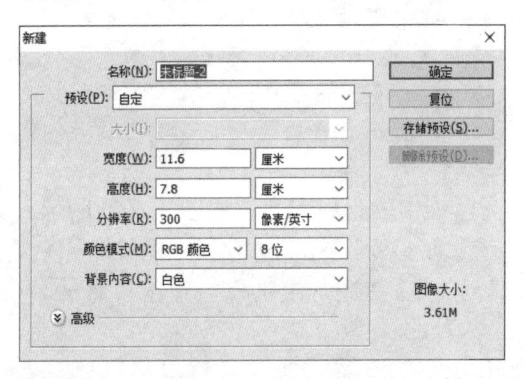

图 3-1-45　新建画布

(7)选择"编辑"→"填充"命令,在弹出的对话框中选择使用自定义图案,选择步骤(5)中得到的照片图案进行填充,单击"确定"按钮得到最终效果,如图 3-1-46 所示。

图 3-1-46　最终效果

项目 2 Photoshop 工具的使用

【任务导入】

Photoshop 2020 的工具箱中包含了绘制图像类、修饰图像类的工具，如画笔工具组、图章工具组等，它们可以完成图像绘制、对图像细节进行修复等操作。

【任务要求】

制作如图 3-2-1 所示的艺术相框，通过后期的数码处理，如给照片添加边框，增加艺术效果。

图 3-2-1 艺术相框

【任务计划】

本任务是制作一幅儿童照片的艺术边框，主要通过创建选区、修改选区、填充图案、置入图片等，完成相框的处理，从而增加艺术效果。

【难点剖析】

（1）变换和修改选区。
（2）填充相框图案。
（3）置入图片。

【必备知识】

不管是调整图像的明暗色调，还是去除图像中的杂点，以及复制局部图像等操作，都可以通过 Photoshop 2020 工具箱中的不同工具来完成。

3.2.1 套索工具组

Photoshop 的套索工具组内含 3 个工具，即"套索工具""多边形套索工具""磁性套索工具"，选择工具箱中的"套索工具"或者按 L 键，即可看见套索工具组里面的 3 个工具。

1. "套索工具"

"套索工具"用于套索出不规则选区，使用方法：按住鼠标左键确定选区的起点，拖动鼠标沿着要选择的区域移动，中间不能松开鼠标左键，如图 3-2-2 所示，当选区绘制完成后，松开鼠标左键即可形成一个选区，如图 3-2-3 所示。

提示：若在拖动过程中，终点尚未与起点重合就松开鼠标左键，则系统会自动封闭不完整的选区；在松开鼠标左键之前，按 Esc 键可取消选取。按 Alt 键可以在"套索工具"和"多边形套索工具"间相互切换。

图 3-2-2　选择绘制区域 　　　　　　　　图 3-2-3　绘制完成图

2. "多边形套索工具"

利用"多边形套索工具"可通过单击指定顶点的方式创建形状不规则的多边形选区，如三角形、梯形等。

使用"多边形套索工具"创建选区时，先单击确定第一个顶点，然后围绕对象的轮廓在各个转折点上单击，确定多边形的其他顶点，在终点处双击即可自动封闭选区，或者将光标定位在多边形的最后一个顶点上，当鼠标指针右下角出现一个小圆圈标记时单击，即可得到多边形选区，如图 3-2-4 和图 3-2-5 所示。

图 3-2-4　选择绘制区域 　　　　　　　　图 3-2-5　绘制完成图

提示：使用"多边形套索工具"创建选区时，按 Delete 键，可将刚刚确定的顶点删除。

3. "磁性套索工具"

"磁性套索工具"适用于快速选择与背景对比强烈且边缘复杂的对象。在该工具的选项栏中合理设置羽化、对比度、频率等参数，可以更加精准地确定选区，如图 3-2-6 所示。

图 3-2-6 "磁性套索工具"选项栏

1)"磁性套索工具"选项栏中主要选项的含义

（1）"宽度"：指定使用"磁性套索工具"选取时光标两侧的检测宽度，取值范围为 0～256 像素，数值越大，所要查找的颜色越相似。

（2）"对比度"：指定使用"磁性套索工具"选取时对图像边缘的灵敏度，取值范围为 1%～100%。对比度较高，系统只检测与其周边对比鲜明的边缘；对比度较低，系统只检测低对比度的边缘。

（3）"频率"：用于设置"磁性套索工具"自动插入的锚点数，取值范围为 0～100，数值越大，生成的锚点数越多，也就能更快地固定选区边框。

2) 使用"磁性套索工具"的方法

（1）设置好工具选项栏中的参数后，移动光标至图像边缘。

（2）单击确定第一个锚点，然后沿着图像的边缘移动光标，在图像边缘处自动生成锚点，当终点与起点尚未重合时双击，即可自动封闭选区；或者当终点与起点重合，光标右下角出现一个小圆圈标记时单击，也可封闭选区，如图 3-2-7 和图 3-2-8 所示。

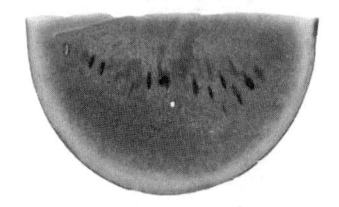

图 3-2-7　选择绘制区域 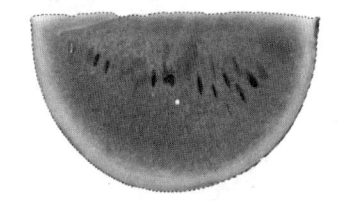　　　　图 3-2-8　绘制完成图

提示：如果产生的锚点不符合要求，按 Delete 键可以删除上一个锚点，也可以通过单击手动增加锚点。

3.2.2　魔棒工具组

魔棒工具组包含两个工具，可根据图像颜色的变化来选择图像。

1."快速选择工具"

使用"快速选择工具"选择颜色差异大的图像时会非常直观、快捷，利用可调整的圆形画笔笔尖可快速创建选区。拖动鼠标时，选区会向外扩展并自动查找和跟随图像中定义的边缘。

（1）在工具箱中选择"快速选择工具"。

（2）在需要选中的图像上单击并按住鼠标左键进行拖动，就可以创建选区，如图 3-2-9 和图 3-2-10 所示。

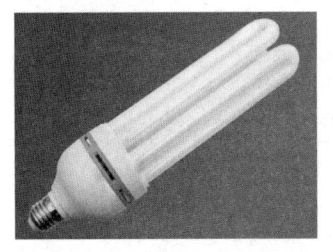

图 3-2-9　选择绘制区域 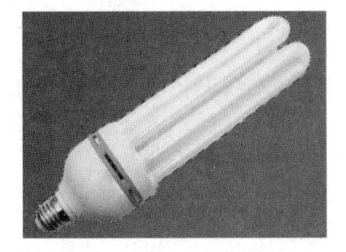　　　　图 3-2-10　绘制完成图

提示：使用"快速选择工具"创建选区时，按住 Shift 键并在图像上拖动鼠标，可将拖动经过的图像区域添加到选区内；若按住 Alt 键并在图像上拖动鼠标，则可将拖动经过的图像区域从选区内去除。

2."魔棒工具"

使用"魔棒工具"可以选择颜色一致的区域，而不必跟踪其轮廓。使用"魔棒工具"选取时，在图像中颜色相近的区域单击，即可选取图像中在一定容差范围内、颜色相同或相近的区域。

通过在"魔棒工具"选项栏中进行设置，可以更好地控制选区的大小。其选项栏中主要选项的含义如下。

（1）"容差"：在"容差"文本框中输入 0～255 的数值，可确定"魔棒工具"选取的颜色范围。其值越小，选取的颜色与单击位置的颜色越相近，选取范围也越小，如图 3-2-11（a）所示。其值越大，选取的相邻颜色越多，选取范围也越大，如图 3-2-11（b）所示。

(a) 选择绘制区域　　　　(b) 绘制完成图

图 3-2-11　容差

（2）"消除锯齿"：选中"消除锯齿"复选框，可消除选区的锯齿边缘。

（3）"连续"：选中"连续"复选框，在选取时仅选取与单击处相邻的、容差范围内的颜色相近的区域，如图 3-2-12（a）所示；否则，会将整幅图像或图层中容差范围内的所有颜色相近的区域选中，而不管这些区域是否相近，如图 3-2-12（b）所示。

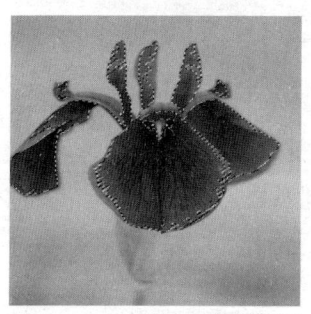

(a) 选中"连续"复选框效果　　　　(b) 不选中"连续"复选框效果

图 3-2-12　选中、不选中"连续"复选框效果

（4）"对所有图层取样"：选中"对所有图层取样"复选框，将在所有可见图层中选取容差范围内的颜色相近的区域；否则，仅选取当前图层中容差范围内的颜色相近的区域。

3.2.3　选框工具组

使用选框工具组中的工具可以创建方形或圆形的选区，该工具组包含 4 个工具。

1．"矩形选框工具"和"椭圆选框工具"

单击工具箱中的"矩形选框工具",在图像编辑窗口中按住鼠标左键进行拖动,释放鼠标左键即可创建一个矩形选区,如图 3-2-13（a）所示。

右击工具箱中的"矩形选框工具",在弹出的选框工具列表中选择"椭圆选框工具",在图像编辑窗口中按住鼠标左键进行拖动,释放鼠标左键即可创建一个椭圆选区,如图 3-2-13（b）所示。在"椭圆选框工具"选项栏中多了一个"消除锯齿"复选框,选中该复选框可以有效消除选区的锯齿边缘。

（a）"矩形选框工具"　　　　　　　（b）"椭圆选框工具"

图 3-2-13　"矩形选框工具"和"椭圆选框工具"

提示：使用"矩形选框工具"创建选区时,按住 Shift 键进行拖动,可建立正方形选区;按住 Alt+Shift 快捷键进行拖动,可建立以起点为中心的正方形选区。

使用"椭圆选框工具"创建选区时,按住 Shift 键进行拖动,可建立圆形选区;按住 Alt+Shift 快捷键进行拖动,可建立以起点为中心的圆形选区。

2．"单行选框工具"和"单列选框工具"

右击工具箱中的"矩形选框工具",在弹出的选框工具列表中选择"单行选框工具"或"单列选框工具",直接在图像中单击即可创建高度或宽度为 1 像素的选区;为这些选区填充颜色,可以得到水平或竖直直线。

3.2.4　自由变换

使用"自由变换"命令可以对某个选区、图层、图层蒙版、路径、矢量形状、矢量蒙版或 Alpha 通道进行调整,包括缩放、旋转、扭曲、斜切和透视等。

1．缩放和旋转

使用"自由变换"命令可以实现对图像的缩放和旋转。

（1）选择"编辑"→"自由变换"命令,在选区或图层四周会出现变换控制框,包括 8 个控制点和 1 个旋转中心,如图 3-2-14 所示。

（2）移动鼠标指针至控制点上,当鼠标指针呈 ↕、↔ 或 ↘ 形时,按住鼠标左键拖动即可放大或缩小图像,如图 3-2-15 所示。

（3）移动鼠标指针至变换控制框外侧,当鼠标呈 ↻ 形时,按住鼠标左键拖动即可旋转图像,如图 3-2-16 所示。

提示：按下 Ctrl+T 快捷键，可快速对图像进行自由变换。

图 3-2-14　控制点与旋转中心 　　　　　　　图 3-2-15　缩小图像

2．扭曲、斜切、透视

选择"编辑"→"变换"，系统会弹出子菜单，其中包含一系列用于图像变换的命令，使用这些命令可以对图像进行特定的操作。

（1）扭曲

选择"编辑"→"变换"→"扭曲"命令，图像四周会显示变换控制框，拖动控制点即可使图像变形，如图 3-2-17 所示。

图 3-2-16　旋转图像 　　　　　　　图 3-2-17　扭曲图像

（2）斜切

选择"编辑"→"变换"→"斜切"命令，图像四周会显示变换控制框，拖动控制点即可使图像在水平或竖直方向上发生斜切变形，如图 3-2-18 所示。

（3）透视

选择"编辑"→"变换"→"透视"命令，图像四周会显示变换控制框，拖动控制点可以使图像发生透视变形，如图 3-2-19 所示。

提示：按住 Ctrl+Shift+Alt 快捷键的同时将鼠标指针移至变换控制框的任意控制点上，随意拖动，也可实现图像的透视变形。按住 Ctrl+Shift 快捷键的同时将鼠标指针移至变换控制框的任意控制点上，随意拖动变换选区的控制点，可实现图像的斜切变形。按住 Ctrl 键的同时将鼠标指针移至变换控制框的任意控制点上，随意拖动控制点，可实现图像的不规则变形。

图 3-2-18　斜切图像　　　　　　　　　　　图 3-2-19　透视图像

3.2.5　画笔工具组

Photoshop 2020 的画笔工具组包括"画笔工具""铅笔工具""颜色替换工具"和"混合器画笔工具",主要用来绘制线条和设置颜色。

1．"画笔工具"

"画笔工具"默认使用前景色进行绘制,选择工具箱中"画笔工具",系统会显示"画笔工具"选项栏,如图 3-2-20 所示。在绘图之前,应选择所需画笔的笔尖形状和大小,并设置不透明度、流量等属性。

图 3-2-20　"画笔工具"选项栏

(1)"画笔预设"。Photoshop 2020 提供了许多常用的预设画笔,在"画笔工具"选项栏中单击"画笔预设"右侧的下三角按钮,打开"画笔预设"对话框,在其中可浏览、选择所需的预设画笔。在弹出的下拉列表中选择"小缩览图"或"大缩览图"等命令,改变"画笔预设"的视图,可比较直观地看到效果。

在"画笔预设"对话框中还可以设置画笔的大小和硬度,"大小"用于设置画笔的粗细,"硬度"用于控制画笔边缘的柔和程度。

(2)"模式"。"画笔工具"选项栏的"模式"下拉列表中包含"正常""溶解""正片叠底"等选项,它们用于设置画笔颜色与底图的混合效果,如图 3-2-21 所示。

(3)"不透明度"。"不透明度"数值框用于设置图像的不透明度,该数值越小,越能透出背景图像。

(4)"流量"。"流量"数值框用于设置画笔墨水的流量,该数值越大,墨水的流量越大,配合"不透明度"可以创建更加丰富的笔调效果。

(5)"启用喷枪模式的建立效果"。单击"启用喷枪样式的建立效果"按钮,可将画笔转换为喷枪工作状态。喷枪可以使用极少量的颜色使图像显得柔和,是增加亮度和阴影的工具,而且喷枪描绘的颜色具有柔和的边缘。如果使用喷枪工具时按住鼠标左键不放,前景色将在单击处淤积,直至释放鼠标左键。设置好画笔后就可以在图像中进行绘制。

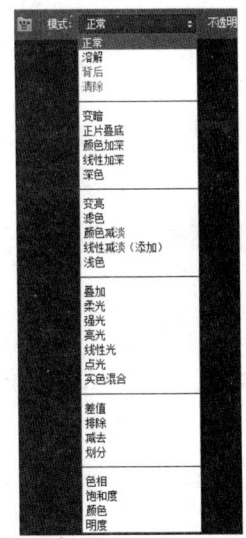

图 3-2-21　"模式"下拉列表

① 打开图像后选择"画笔工具",单击工具箱中的"设置前景色"工具,打开"拾色器(前景色)"对话框,设置颜色为红色。

② 在"画笔工具"选项栏中设置画笔"大小"为 160 像素,"不透明度"为 30%的柔边画笔,然后进行绘制,效果如图 3-2-22 所示。

图 3-2-22　绘制效果

提示:在实际工作中,经常使用快捷键调整画笔的粗细,按"["键可细化画笔,按"]"键可加粗画笔。对于硬边缘、柔边缘和书法画笔,按"Shift+ ["快捷键可以减小画笔硬度,按"Shift+]"快捷键可以增大画笔硬度。

2."铅笔工具"

使用"铅笔工具"可以绘制出硬边缘的图像。该工具的相关设置与"画笔工具"相同,在此不再赘述。使用"铅笔工具"绘制时,在图像上单击,移动一定距离后按住 Shift 键再次单击,即可在两个单击位置之间自动绘制一条直线。使用"铅笔工具"绘制时,按住 Shift 键的同时,拖动鼠标左键可以在水平方向或竖直方向上绘制直线。"铅笔工具"选项栏如图 3-2-23 所示。

图 3-2-23　"铅笔工具"选项栏

3."颜色替换工具"

使用"颜色替换工具"可以在保留图像原有材质与明暗的基础上,用前景色替换图像中的色彩。

(1)在工具箱中选择"颜色替换工具",系统会显示"颜色替换工具"选项栏,如图 3-2-24 所示。

图 3-2-24　"颜色替换工具"选项栏

(2)选择工具箱中的"设置前景色"工具,设置前景色,移动光标至目标位置,调整画笔大小至合适,在需要替换颜色的区域拖动,以替换颜色,如图 3-2-25 所示。

4."混合器画笔工具"

利用"混合器画笔工具"可以模拟真实的绘画技术,如混合画布上的颜色、组合画笔上的颜色及在描边过程中使用不同的"潮湿"度,如图 3-2-26 所示。

图 3-2-25　替换颜色前后的效果

图 3-2-26　使用"混合器画笔工具"前后的效果

（1）"潮湿"。"潮湿"数值框用于控制画笔从画布拾取的油彩量，较高的数值设置会产生较长的绘画条痕。

（2）"载入"。"载入"数值框用于设置画笔上的油彩量，"载入"数值较小时，绘画描边干燥的速度较快。

（3）"混合"。"混合"数值框用于设置描边的颜色混合比。当"混合"数值为 100% 时，所有油彩将从画布中拾取；当"混合"数值为 0% 时，所有油彩来自画笔。

（4）"对所有图层取样"。选中"对所有图层取样"复选框，即可拾取所有可见图层中的画布颜色。

3.2.6　填色工具组

在 Photoshop 2020 中，不仅可以对图像进行描绘操作，还可以使用填色工具组对图像的画面或选区进行填充，如纯色填充、渐变填充、图案填充等。填色工具组主要包括"油漆桶工具"和"渐变工具"。

1．"油漆桶工具"

使用"油漆桶工具"可以在图像中填充颜色或图案，在填充前该工具会对单击位置的颜色进行取样，从而只填充颜色相同或相似的区域。

（1）选择工具箱中的"油漆桶工具"，系统会显示"油漆桶工具"选项栏（见图 3-2-27），在其中可以设置填充物的混合模式、不透明度及填充物的容差等。

图 3-2-27　"油漆桶工具"选项栏

（2）在"油漆桶工具"选项栏的"设置填充区域的源"下拉列表中，可选择使用前景色填充或图案填充，设置完毕，即可使用"油漆桶工具"在图像或选区中填充颜色或图案，如图 3-2-28 所示。

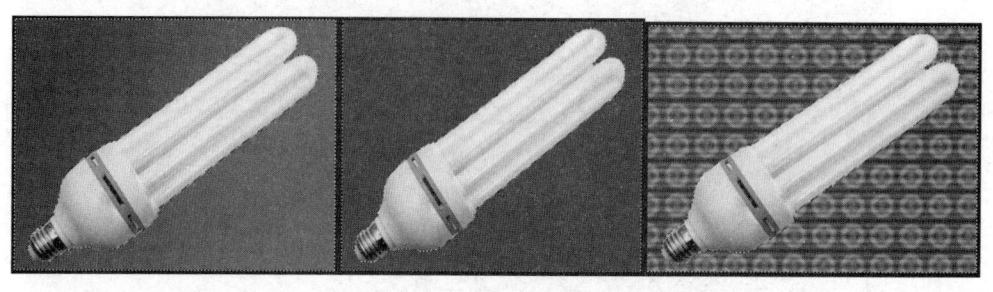

图 3-2-28　填充颜色或图案

2. "渐变工具"

选择工具箱中的"渐变工具"，系统会显示"渐变工具"选项栏，如图 3-2-29 所示。选择合适的渐变类型后，在图像或选区中拖动，即可创建对应的渐变效果。

图 3-2-29　"渐变工具"选项栏

1）渐变类型

"渐变工具"选项栏内包括 5 种渐变类型，分别是"线性渐变""径向渐变""角度渐变""对称渐变"和"菱形渐变"。5 种渐变类型的效果如图 3-2-30 所示。

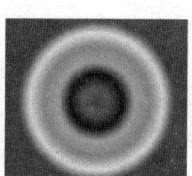

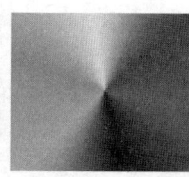

图 3-2-30　5 种渐变类型的效果

（1）"线性渐变"：从起点到终点线性渐变。
（2）"径向渐变"：从起点到终点以圆形图案逐渐改变。
（3）"角度渐变"：围绕起点按逆时针环绕逐渐改变。
（4）"对称渐变"：在起点两侧对称线性渐变。
（5）"菱形渐变"：从起点向外以菱形图案逐渐改变，终点定义在菱形的一角。

2）设置相关属性

在"渐变工具"选项栏的"模式"下拉列表中，可以选择渐变填充的色彩与底图的混合模式。"不透明度"数值框用来控制渐变填充的不透明度。选中"反向"复选框，所得到的渐变效果与所设置的渐变颜色相反。选中"仿色"复选框，可使渐变效果过渡更为平滑。选中"透明区域"复选框，填充渐变时可得到透明效果。

3）选择渐变颜色

单击"渐变工具"选项栏中的"编辑渐变"下三角按钮，系统会弹出"渐变"列表，其中显示了系统默认和自定义的所有渐变样式。在任意一个渐变样式上单击即可将其设置为当前使用的渐变样式；在任意一个渐变样式上右击，选择弹出的快捷菜单中的命令即可实现渐变样式的管理。选择"导入渐变"命令，系统会弹出"载入"对话框，选择需要的渐变颜色，单击"载入"按钮即可。

4）设置"渐变编辑器"对话框

如果要创建自定义的渐变样式，单击"渐变工具"选项栏中的"编辑渐变"按钮，系统会弹出"渐变编辑器"对话框，如图 3-2-31 所示。

单击渐变条中的色标，色标上面的三角形变为实色，表示该色标为当前选择状态，如图 3-2-32 所示。此时，单击"颜色"右侧的色块，系统将弹出"拾色器（色标颜色）"对话框，在其中可以设置色标的颜色；也可以双击色标的方形色块，在弹出的"拾色器（色标颜色）"对话框中进行设置。选中需要设置颜色的色标，然后移动鼠标指针至"色标"面板、渐变条或图像编辑窗口时，鼠标指针将变为吸管形状，此时单击即可将鼠标指针位置处的颜色设置为色标的颜色。

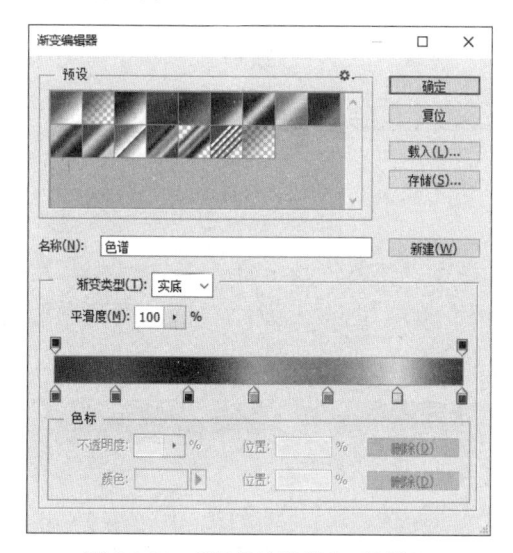

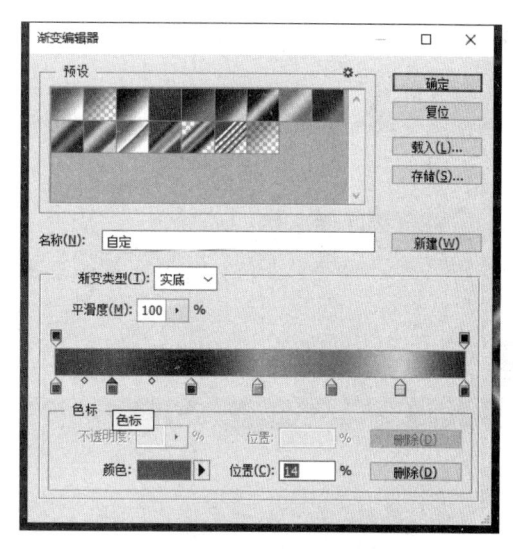

图 3-2-31 "渐变编辑器"对话框　　　　图 3-2-32 选择色标

选中渐变条中的色标，按住鼠标左键拖动，或者在"位置"框中输入一个数值，可以确定色标的位置。在"渐变编辑器"对话框中单击渐变条的下方即可在渐变条中添加色标，并可以为每个色标设置不同的颜色，以丰富渐变效果。若需要删除某个色标，可在选中该色标后，单击"删除"按钮，或直接将色标拖出渐变条。如果需要给渐变添加透明效果，可以通过修改色标的"不透明度"进行控制。

完成渐变颜色的设置后，在"名称"文本框中输入渐变名称，然后单击"新建"按钮即可将渐变条中的渐变样式添加到渐变列表中。单击"确定"按钮退出"渐变编辑器"对话框，就完成了自定义渐变样式的创建。

提示：按住 Shift 键拖动"渐变工具"，将限制拖动角度为 45°的倍数，使填充图形按角度渐变。

3.2.7　橡皮擦工具组

使用橡皮擦工具组可以擦除背景或图像中不需要的区域，橡皮擦工具组包括"橡皮擦工具""背景橡皮擦工具"和"魔术橡皮擦工具"三种。

1．"橡皮擦工具"

选择工具箱中的"橡皮擦工具"，系统会显示"橡皮擦工具"选项栏，如图 3-2-33 所示。在"橡皮擦工具"选项栏中可设置模式、不透明度、流量和喷枪等。在"模式"下拉列表中可设定橡皮擦的笔触特性，可选择"画笔""铅笔"和"块"三种方式来擦除图像，所得到的效果与使用这些方式绘图的效果相同。

图 3-2-33 "橡皮擦工具"选项栏

选中"抹到历史记录"复选框，能够有选择地恢复图像至某一历史记录状态。只需在"历史记录"面板中的某一个状态前单击，就可将"设置历史记录画笔的源"设置在该状态上，然后使用"橡皮擦工具"在视图中单击。

若在"背景"图层中使用"橡皮擦工具"，则擦除部分将由背景色来填充。当在非"背景"图层中进行擦除时，擦除部分将透明化，以显示其底层的图像效果。

提示：在擦除图像时，按 Alt 键，可激活"抹到历史记录"功能，相当于选中"抹到历史记录"复选框，这样可以快速恢复部分被误擦除的图像。

2．"背景橡皮擦工具"

使用"背景橡皮擦工具"可以有选择地擦除图像颜色，具体操作如下。

（1）打开一幅图像，选择工具箱中的"背景橡皮擦工具"，系统会显示"背景橡皮擦工具"选项栏，如图 3-2-34 所示。

图 3-2-34 "背景橡皮擦工具"选项栏

（2）在"背景橡皮擦工具"选项栏中设置画笔大小后，将"容差"设置为 20%，如图 3-2-35 所示。

图 3-2-35 将"容差"设置为 20%

在"背景橡皮擦工具"选项栏中，单击"点按可打开'画笔预设'选取器"按钮可以设置画笔大小、硬度、间距、角度、圆度等参数，画笔的笔尖形状不能选择。

单击"取样：连续"按钮，画笔会随着取样点的移动而不断地取样。单击"取样：一次"按钮，画笔会以第一次取的颜色作为取样颜色，取样颜色不随鼠标的移动而改变。单击"取样：背景色板"按钮，画笔会以工具箱背景色板的颜色为取样颜色，只擦除图像中有背景色的区域。

"背景橡皮擦工具"选项栏中的"限制"下拉列表用来选择擦除背景的限制类型，分为"连续""不连续""查找边缘" 3 种。选择"连续"选项，只擦除与取样颜色连续的区域。选择"不连续"选项，擦除容差范围内与取样颜色相同或相似的区域。选择"查找边缘"选项，擦除与取样颜色连续的区域，同时能够较好地保留颜色反差较大的边缘。

"容差"数值框用于控制所擦除颜色区域的大小，数值越大，擦除的范围就越大。选中"保护前景色"复选框，可以防止擦除与前景色颜色相同的区域。

（3）设置完毕，使用"背景橡皮擦工具"沿着图像的周围拖动，画笔大小范围内与画笔中心取样点颜色相同或相似的区域即被清除，如图3-2-36所示。

图3-2-36 使用"背景橡皮擦工具"擦除图像背景

3."魔术橡皮擦工具"

"魔术橡皮擦工具"可以说是"魔棒工具"与"背景橡皮擦工具"的组合，可以将一定容差范围内的背景颜色全部清除而得到透明区域，具体操作如下。

（1）打开图像后，选择工具箱中的"魔术橡皮擦工具"，系统会显示"魔术橡皮擦工具"选项栏，在其中可设置容差、消除锯齿等参数，如图3-2-37所示。

图3-2-37 "魔术橡皮擦工具"选项栏

（2）使用"魔术橡皮擦工具"在图像中的背景上单击，可直接擦除图像的背景，如图3-2-38所示。

图3-2-38 使用"魔术橡皮擦工具"擦除图像的背景

3.2.8 图章工具组

图章工具组是常用的修饰工具组，主要用于对图像的内容进行复制或修补局部图像。

1."仿制图章工具"

使用"仿制图章工具"可分为两步，即取样和复制。先按住Alt键对源区域进行取样，然后在图像的目标区域里单击并拖动，取样区域的内容就会被复制到目标区域中并显示出来。"仿制图章工具"选项栏如图3-2-39所示。

图 3-2-39 "仿制图章工具"选项栏

如果选中"仿制图章工具"选项栏中的"对齐"复选框，那么无论选择多少次复制操作，都会以上次取样点的最终移动位置为起点，以保持图像的连续性，否则都会以第一次按 Alt 键取样时的位置为起点进行复制。具体操作如下。

（1）打开图像，按 Alt 键在图像中取样，如图 3-2-40 所示。

（2）使用"仿制图章工具"在图像左下角文字上单击并拖动，将文字去除，如图 3-2-41 所示。

图 3-2-40 取样　　　　图 3-2-41 去除文字后的图像

2．"图案图章工具"

"图案图章工具"用于复制图案。使用该工具前需要选择一种图案，可以是预设图案，也可以是自定义的图案。图案可以用来创建特殊效果、背景网纹及织物或进行壁纸设计等。"图案图章工具"选项栏如图 3-2-42 所示。

图 3-2-42 "图案图章工具"选项栏

如果选中"对齐"复选框，进行复制时，每次按住鼠标左键拖动得到的效果是图案重复且等间距放置，如图 3-2-43 所示。如果取消选中此复选框，多次复制后会得到图案的重叠效果，如图 3-2-44 所示。

图 3-2-43 选中"对齐"复选框　　　　图 3-2-44 取消选中"对齐"复选框

3.2.9 修复工具组

使用修复工具组中的工具可以修复图像中的缺陷，能使修复的结果自然融入周围的图像中，并保持其纹理、亮度和层次与所修复的像素相匹配。

1. "污点修复画笔工具"和"修复画笔工具"

"污点修复画笔工具"和"修复画笔工具"的作用非常相似，都可用于校正瑕疵。在修复时，可以将取样像素的纹理、光照和阴影与源像素进行匹配，从而使修复后的像素不留痕迹地融入图像的其余部分。具体操作如下。

（1）打开需要修复的图像，如图 3-2-45 所示。

（2）选择"修复画笔工具"，按住 Alt 键，在人物脸部附近单击，然后在人物脸部有雀斑处单击，去除雀斑，如图 3-2-46 所示。

（3）选择"污点修复画笔工具"，设置好笔刷大小，在人物脖子处单击，去除瑕疵，如图 3-2-47 所示。

图 3-2-45　需要修复的图像 　　　图 3-2-46　去除雀斑 　　　图 3-2-47　去除瑕疵

2. "修补工具"

"修补工具"与"修复画笔工具"类似，用于对图像的某一块区域进行修补操作。"修补工具"可将样本像素的纹理、光照和阴影与源像素进行匹配。"修补工具"选项栏如图 3-2-48 所示。

图 3-2-48　"修补工具"选项栏

（1）打开图像，在工具箱中选择"修补工具"，在"修补工具"选项栏中单击"源"单选按钮，表示当前选中的是需要修补的区域。

（2）拖动选择需要修补的区域，释放鼠标左键就会在修补区域的周围创建选区，如图 3-2-49 所示。

（3）拖动选择需要修补的区域到颜色、图案、纹理等相似的采样区域，释放鼠标左键就会发现选中区域修补完成，如图 3-2-50 所示。

图 3-2-49　创建选区 　　　　　　　　　　　　图 3-2-50　修补图像

3．"红眼工具"

"红眼工具"可以去除照片中人物的红眼。选择"红眼工具"后，系统会显示"红眼工具"选项栏，如图 3-2-51 所示。使用"红眼工具"，只需在设置参数后，在图像中红眼位置单击即可，如图 3-2-52 所示。

图 3-2-51 "红眼工具"选项栏

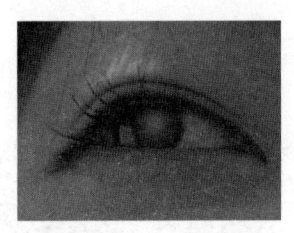

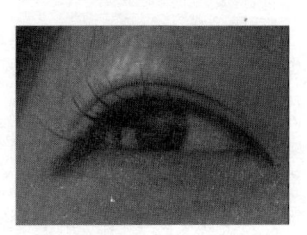

图 3-2-52 修复红眼

3.2.10 模糊工具组

模糊工具组包括"模糊工具""锐化工具"和"涂抹工具"，常用于控制图像的对比度、清晰度，创建精美、细致的图像。使用"模糊工具"和"锐化工具"，可通过调整相邻像素之间的对比度使图像模糊和锐化，前者会降低相邻像素间的对比度，后者则会增加相邻像素间的对比度。

1．"模糊工具"

"模糊工具"可以用于柔化图像，使图像变得模糊。"模糊工具"还可以用于柔化图像的高亮区或阴影区；也可以柔化粘贴到某个文档中的图像参差不齐的边界，使之更加平滑地融入背景；还可以通过模糊处理突出主题。

选择"模糊工具"后，系统会显示"模糊工具"选项栏，如图 3-2-53 所示。"强度"数值框用来控制"模糊工具"产生的模糊量，其值越大，模糊的效果就越明显。

图 3-2-53 "模糊工具"选项栏

使用"模糊工具"时，在需要模糊的图像区域来回拖动即可，如图 3-2-54 所示。

图 3-2-54 模糊前后的图像

2. "锐化工具"

"锐化工具"的作用与"模糊工具"相反，是使画面中模糊的部分变得清晰，如图 3-2-55 所示。

锐化的原理是提高像素的对比度，使其看上去清晰，一般用于图像的边缘，锐化程度不能太高。若过分锐化图像，则整个图像将变得支离破碎，像素之间会变得十分混乱。为了防止过分锐化，可使用"放大镜工具"放大图像，以便于更清晰地观察到受影响的所有像素。

图 3-2-55　锐化前后的图像

3. "涂抹工具"

"涂抹工具"的功能是像使用手指搅拌颜料桶一样混合颜色，选择"涂抹工具"后，系统会显示"涂抹工具"选项栏，如图 3-2-56 所示。选择"涂抹工具"后，调整画笔至合适大小，然后在图像中单击并拖动鼠标即可。选中"手指绘画"复选框，拖动时，前景色与图像中的颜色相融合。

图 3-2-56　"涂抹工具"选项栏

提示：在索引颜色或位图模式的图像中不能使用"涂抹工具"。

3.2.11　调色工具组

调色工具组包括"减淡工具""加深工具"和"海绵工具"，其作用是对图像的局部进行色调和颜色上的调整。

1. "减淡工具"和"加深工具"

使用"减淡工具"和"加深工具"，可分别通过增加和减少图像区域的曝光度来使图像变亮或变暗。

当选择"减淡工具"时，系统会显示"减淡工具"选项栏，如图 3-2-57 所示。在"范围"下拉列表中列出了"阴影""中间调"和"高光"3 个选项。"阴影"选项用于调整图像中最暗的区域（暗调区）。"中间调"选项用于调整图像中色调处于高光和暗调之间的区域。"高光"选项用于调整图像中的高光区。选择任意一个选项，都可以使用"减淡工具"更改暗调区、中间调区和高光区。"加深工具"选项栏与"减淡工具"选项栏类似。

图 3-2-57　"减淡工具"选项栏

打开图像，选择"减淡工具"，设置合适的画笔后，在图像编辑窗口中拖动，使沙发图像的部分区域的颜色减淡，如图 3-2-58 所示。

图 3-2-58　减淡图像颜色前后的效果

选择"加深工具"，设置合适的画笔后，在图像编辑窗口中拖动鼠标，使沙发图像的部分区域的颜色加深，如图 3-2-59 所示。

图 3-2-59　加深图像颜色前后的效果

提示："减淡工具"和"加深工具"选项栏中的"曝光度"用来控制曝光度的百分比，可以将"曝光度"设置为 1%～100%，曝光度越大，减淡或加深的效果越明显。

2．"海绵工具"

"海绵工具"可用来改变图像局部的色彩饱和度。选择"海绵工具"，系统会显示"海绵工具"选项栏，如图 3-2-60 所示。

图 3-2-60　"海绵工具"选项栏

"模式"下拉列表中有"去色"和"加色"2 个选项。若选择"去色"选项，则可降低图像的饱和度，从而使图像中的灰度色调增加。若选择"加色"选项，则可增加图像的饱和度，从而使图像中的灰度色调减淡；如果已是灰度图像，则会减少中间灰度色调。

【任务实施】

（1）新建相框文件：选择"文件"→"新建"命令，在弹出的"新建"对话框中设置文件"名称"为"花边相框"，指定"宽度"和"高度"均为 400 像素，设置完成后单击"确定"按钮，如图 3-2-61 所示。

（2）创建相框选区：选择"选择"→"全部"命令，选定"背景"图层，再选择"选择"→"变换选区"命令，切换到变换选区选项栏，如图 3-2-62 所示，指定宽度和高度均为 80%，将选区缩小。在变换选区的编辑框中双击确认，如图 3-2-63 所示。

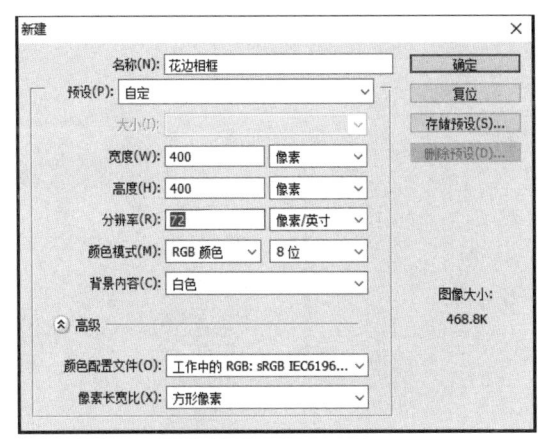

图 3-2-61　新建文件

图 3-2-62　变换选区选项栏

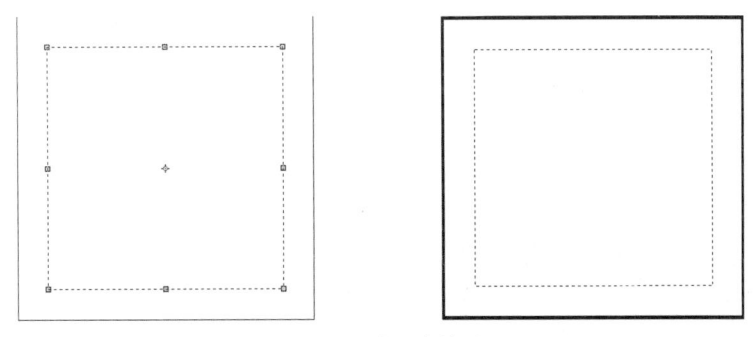

图 3-2-63　确认变换选区

(3) 修改选区：选择"选择"→"修改"→"边界"命令，弹出"边界选区"对话框，设定"宽度"为 40 像素，单击"确定"按钮，效果如图 3-2-64 所示。再选择"选择"→"羽化"命令，弹出"羽化选区"对话框，设定"羽化半径"为 10 像素，单击"确定"按钮，得到羽化后的选区，如图 3-2-65 所示。

图 3-2-64　设定边界效果 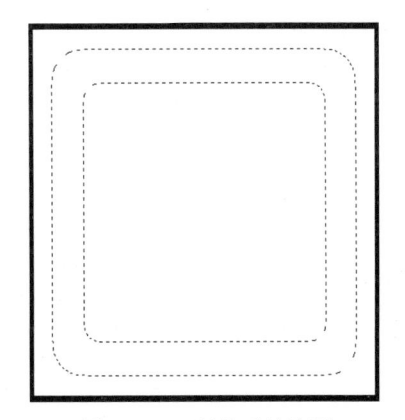　　　　　图 3-2-65　羽化后的选区

(4) 填充相框图案：选择"编辑"→"填充"命令，弹出"填充"对话框，如图 3-2-66 所示，填充"内容"选择"图案"，在"自定图案"下拉列表中选择"星云"，"混合"选项的

"不透明度"设置为 80%,单击"确定"按钮进行填充,如图 3-2-67 所示,填充完成后取消选区。

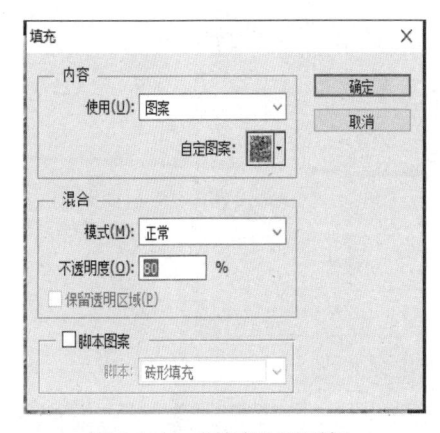

图 3-2-66 "填充"对话框    图 3-2-67 填充相框图案

(5)新建图层并置入图片:选择"窗口"→"图层"命令,显示"图层"面板,按快捷键 Ctrl+J 选择"通过拷贝的图层"命令,新建一个图层,如图 3-2-68 所示。选择"文件"→"置入"命令,置入本项目的素材图片文件"\03\17.jpg",调整图片的大小和位置,如图 3-2-69 所示,双击确认。

图 3-2-68 新建图层    图 3-2-69 置入图片并调整图片的大小和位置

(6)置为底层:选择"图层"→"排列"→"置为底层"命令,将置入的图片图层置于底层,完成艺术相框的制作,最终效果图如图 3-2-70 所示。

图 3-2-70 最终效果图

【案例总结】

工具箱中的工具在图像修饰和处理中具有非常重要的作用,不管是日常的生活照还是婚纱照,都可以使用工具箱中的工具进行处理。例如,可以使用图章工具组去除照片上的日期;使用修复工具组去除人物脸部的雀斑,在设计工作中修复残缺的图片素材。

【技能实训】

使用工具箱中的修饰工具可以处理几乎所有的照片瑕疵问题。

很多人在处理这一类问题时,会将人物脸上有雀斑部分全部去除。实际上利用"污点修复画笔工具"就可以达到同样的效果,如图 3-2-71 所示。再在图像上添加"印象派效果",最终效果如图 3-2-72 所示。

图 3-2-71　去除雀斑前后的效果　　　　图 3-2-72　添加"印象派效果"

主要操作步骤如下。

(1) 打开需要修复的图像,放大观察人物脸部的雀斑分布。

(2) 选择"污点修复画笔工具",在其选项栏中设置画笔直径为 15px,然后分别单击去除各个雀斑。

(3) 单击工具箱中的前景色颜色块,在打开的对话框中将颜色设置为红色,然后单击"确定"按钮。

(4) 选择"图案图章工具",单击其选项栏中的图案,然后选择"星云"图案("不透明度"为 30%)。

(5) 设置画笔直径为 300px,选中"印象派效果"复选框,然后将鼠标放置在图像右上角。按住鼠标左键向图像左下角拖动,这时图像中产生红白相间的镜头光晕效果。

项目 3　色彩调整

【任务导入】

在 Photoshop 2020 中，调整色彩是最基本的技巧之一。要想制作出精美的图像，必须掌握色彩模式的应用和色彩的调整方法。

【任务要求】

制作人物面部美白效果，如图 3-3-1 所示。

图 3-3-1　制作人物面部美白效果

【任务计划】

要制作出人物面部美白的效果，应先匹配颜色（"中和"），再调整颜色去除杂色，调整"亮度/对比度"，并进行图层混合，从而制作出美白的效果。

【难点剖析】

（1）利用匹配颜色调整颜色效果。
（2）利用杂色、减少杂色命令来调整人物面部的颜色。

【必备知识】

在 Photoshop 中，色彩调整命令可以帮助设计师完成任意的颜色润饰，以及色彩的编辑。

3.3.1　颜色模式

颜色模式是指将某种颜色表现为数字形式的模型，或者说是一种记录图像颜色的方式，分为 RGB 颜色模式、CMYK 颜色模式、Lab 颜色模式、位图模式、灰度模式、索引颜色模式、双色调模式和多通道模式。选择"图像"→"模式",在打开的菜单中列出了各种颜色模式,如图 3-3-2 所示。其中有"√"标记的为当前图像的颜色模式,要转换为其他颜色模式,直接从中选择即可。下面介绍几种常用的颜色模式。

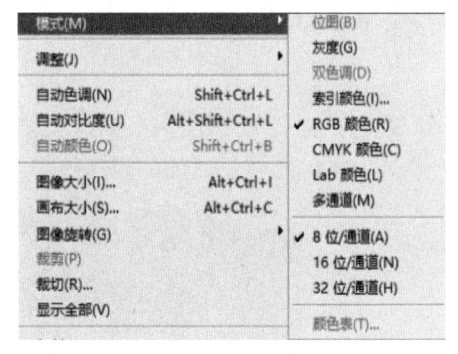

图 3-3-2 各种颜色模式

1. RGB 颜色模式

自然界中所有的颜色都可以通过红、绿、蓝(R、G、B)这三种不同波长强度的颜色组合而得到。因此,这三种颜色常被人们称为三基色或三原色。把三种基色交互重叠,就产生了次混合色:青、洋红、黄。

2. CMYK 颜色模式

CMYK 颜色模式是一种印刷模式,四个字母分别指青、洋红、黄、黑色,在印刷中代表四种颜色的油墨。

CMYK 颜色模式在本质上与 RGB 颜色模式没有区别,只是产生色彩的原理不同。在 RGB 颜色模式中,由光源发出的色光混合生成颜色;在 CMYK 颜色模式中,光线照到有油墨(C、M、Y、K 的比例不同)的纸上,部分光谱被吸收后,反射到人眼中的光生成颜色。在混合成色时,随着 C、M、Y、K 四种成分的增多,反射到人眼中的光会越来越少,光线的亮度会越来越低,所以用 CMYK 颜色模式产生颜色的方法又被称为色光减色法。

3. Lab 颜色模式

Lab 颜色是由 R、G、B 三基色转换而来的,它是由 RGB 颜色模式转换为 HSB 颜色模式和 CMYK 颜色模式的桥梁。Lab 颜色由亮度(光亮度)分量和两个色度分量组成。L 代表光亮度分量,范围为 0~100,a 分量表示从绿色到红色的光谱变化,b 分量表示从蓝色到黄色的光谱变化,两者的范围都是+120~-120。

Lab 颜色模式的最大优点是颜色与设备无关,无论使用什么设备(如显示器、打印机、计算机或扫描仪)创建或输出图像,以这种颜色模式产生的颜色都可以保持一致。

4. 位图模式

位图模式用两种颜色(黑和白)来表示图像中的像素。采用位图模式的图像也叫作黑白图像。因为其深度为 1,所以也称为一位图像。位图模式的图像需要的存储空间很小,无法表现出色彩、色调丰富的图像,因此仅适用于一些黑白色对比强烈的图像。将彩色图像转换为位图模式图像时,必须先将其转换为灰度模式图像。

5. 灰度模式

灰度模式的图像由 256 级的灰度组成,如图 3-3-3 所示。图像的每个像素都可以用 0~255 的亮度值来表现,所以其色调表现力较强,此模式下的图像也较为细腻。使用黑白胶卷拍摄所得到的黑白照片即灰度模式的图像。

6. 索引颜色模式

索引颜色模式是网络上和动画中常用的图像模式,当将彩色图像转换为索引颜色模式的图像后,其包含近 256 种颜色,可以转换为索引颜色模式的图像模式有 RGB 颜色模式、灰度模式和双色调模式。

7. 双色调模式

双色调模式用一种灰色油墨或彩色油墨来渲染一个灰度图像。该模式最多可向灰度模式图像添加 4 种颜色，从而打印出比单纯灰度更有趣的图像，如图 3-3-4 所示。

图 3-3-3　灰度模式 　　　　图 3-3-4　双色调模式

8. 多通道模式

多通道模式包含了多种灰阶通道，每个通道均由 256 级灰阶组成。多通道模式通常被用来满足特殊的打印需求。

将 CMYK 颜色模式的图像转换为多通道模式后，可创建青、洋红、黄和黑专色通道；将 RGB 颜色模式图像转换为多通道模式后，可创建青、洋红和黄专色通道。当从 RGB、CMYK 或 Lab 颜色模式的图像中删除任何一种颜色通道后，该图像将自动转换为多通道模式。

3.3.2　色彩调整命令

选择"图像"→"调整"，在打开的菜单中列有多种色彩调整命令，如图 3-3-5 所示。下面对一些常用的色彩调整命令进行介绍。

1."色阶"命令

"色阶"命令用来调整图像的暗调、中间调和高光等强度级别，校正图像的色调范围和色彩平衡，纠正偏色。选择"图像"→"调整"→"色阶"命令，系统会弹出"色阶"对话框。"色阶"命令将每个颜色通道中的最亮像素和最暗像素分别定义为白色和黑色，然后按比例重新分配中间像素值。用"色阶"命令调整前后的效果如图 3-3-6 所示。

图 3-3-5　色彩调整命令

2."曲线"命令

使用"曲线"命令可以调整图像的色调。选择"图像"→"调整"→"曲线"命令，系统会弹出"曲线"对话框。在"曲线"对话框的色调曲线图中单击并拖动，即可调整图像的色调。用"曲线"命令调整前后的效果如图 3-3-7 所示。

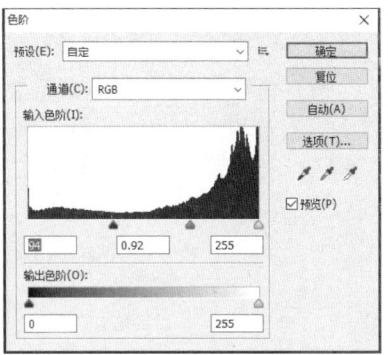

图 3-3-6 用"色阶"命令调整前后的效果

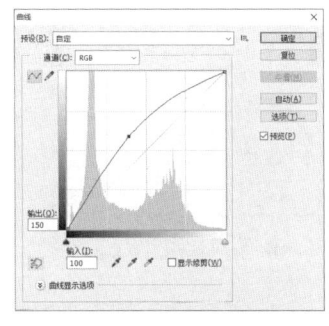

图 3-3-7 用"曲线"命令调整前后的效果

提示：按下 Ctrl+M 快捷键可快速打开"曲线"对话框。若要使曲线网格更精细，则需按住 Alt 键，然后单击网格，使网格变小变密。如果再次按住 Alt 键并单击，可放大网格。

用"曲线"命令调整色调时不只使用 3 个变量（高光、暗调、中间调），还可以调整 0～255 任意点对应的色调，也可以使用"曲线"命令对图像的指定颜色通道进行精确调整，在"曲线"对话框的"通道"下拉列表中选择"红"选项，可以单独调整该通道的色调。

3. "色彩平衡"命令

使用"色彩平衡"命令可以增加或减少图像的颜色，使图层的整体色调更加平衡。选择"图像"→"调整"→"色彩平衡"命令，系统会弹出"色彩平衡"对话框。在"色彩平衡"对话框中可以看到"阴影""中间调""高光"3 个单选按钮和"青色""洋红""黄色"3 个颜色滑杆。将滑块向右移动，可为图像添加该滑杆对应的颜色；将滑块向左移动，可为图像添加该滑杆对应的补色。在调整颜色均衡时，可以选中"保持明度"复选框，以确保亮度值不变。用"色彩平衡"命令调整前后的效果如图 3-3-8 所示。

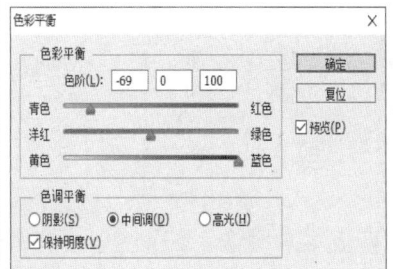

图 3-3-8 用"色彩平衡"命令调整前后的效果

4."亮度/对比度"命令

使用"亮度/对比度"命令可以调节图像的亮度和对比度。选择"图像"→"调整"→"亮度/对比度"命令，系统会弹出"亮度/对比度"对话框。在"亮度/对比度"对话框中，"亮度"滑杆用来调整图像的明暗程度，"亮度"值越大，亮度越高；"对比度"滑杆用来调整图像的对比度，"对比度"值越大，对比度越高。用"亮度/对比度"命令调整前后的效果如图 3-3-9 所示。

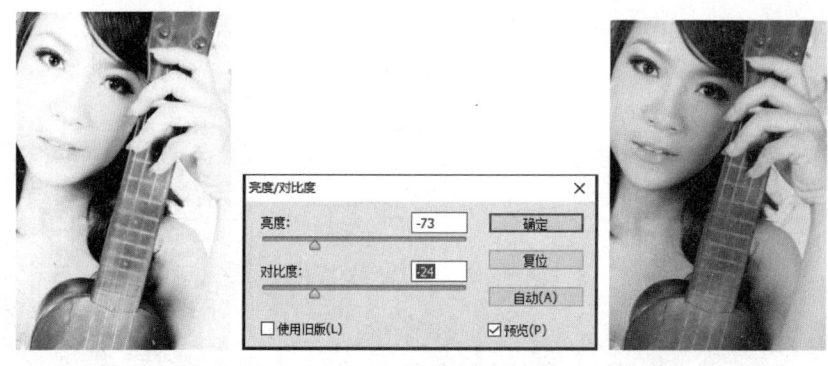

图 3-3-9　用"亮度/对比度"命令调整前后的效果

5."色相/饱和度"命令

使用"色相/饱和度"命令可以调整整个或局部图像的色相、饱和度和亮度，实现图像色彩的改变。选择"图像"→"调整"→"色相/饱和度"命令，系统会弹出"色相/饱和度"对话框。在"色相/饱和度"对话框中，可以使用滑杆手动调整颜色。"色相"滑杆用来更改色调颜色，"饱和度"滑杆用来提高或降低颜色的纯度，"明度"滑杆用来调整色彩的明暗度。选中"着色"复选框，可以将图像设置为单色效果。用"色相/饱和度"命令调整前后的效果如图 3-3-10 所示。

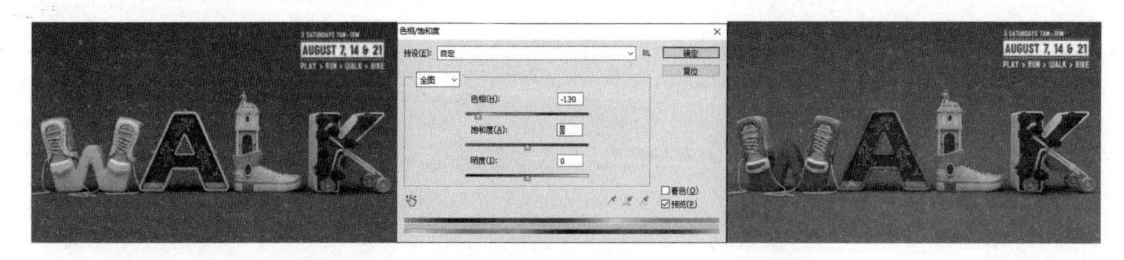

图 3-3-10　用"色相/饱和度"命令调整前后的效果

6."黑白"命令

使用"黑白"命令可以设置出色调较为丰富的灰色调图像，可以将彩色图像转换为灰度图像，同时保持对各种颜色转换方式的完全控制；也可以通过对图像应用色调来将彩色图像转换为单色图像。选择"图像"→"调整"→"黑白"命令，系统会弹出"黑白"对话框。用"黑白"命令调整前后的效果如图 3-3-11 所示。

7."匹配颜色"命令

使用"匹配颜色"命令可以匹配多个图像、多个图层或者多个选区之间的颜色。选择"图像"→"调整"→"匹配颜色"命令，系统会弹出"匹配颜色"对话框，如图 3-3-12 所示。

其中"目标图像"为当前打开的图像文件，用户可在"图像统计"选项区的"源"下拉列表框或"图层"下拉列表框中选择要匹配的文件或图层。

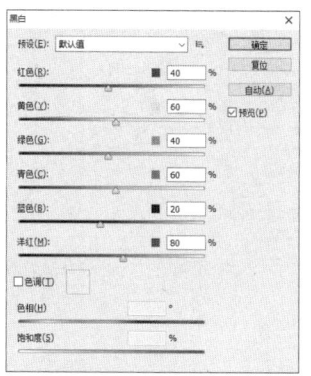

图 3-3-11　用"黑白"命令调整前后的效果

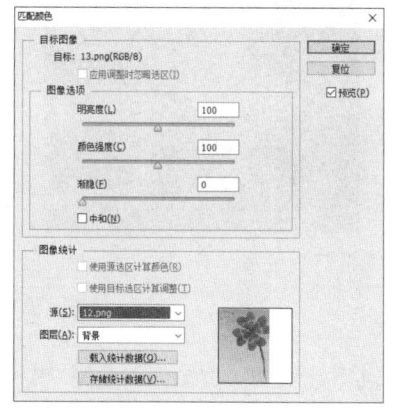

图 3-3-12　用"匹配颜色"命令调整前后的效果

8. "可选颜色"命令

"可选颜色"命令可用来校正颜色的平衡，主要对 RGB、CMYK 和黑、白、灰等主要颜色的组成进行调节。使用该命令可以有选择地在图像某一主色调成分中增加或减少印刷颜色的含量，而不影响该印刷颜色在其他主色调中的表现，从而对图像的颜色进行校正。选择"图像"→"调整"→"可选颜色"命令，系统会弹出"可选颜色"对话框。用"可选颜色"命令调整前后的效果如图 3-3-13 所示。

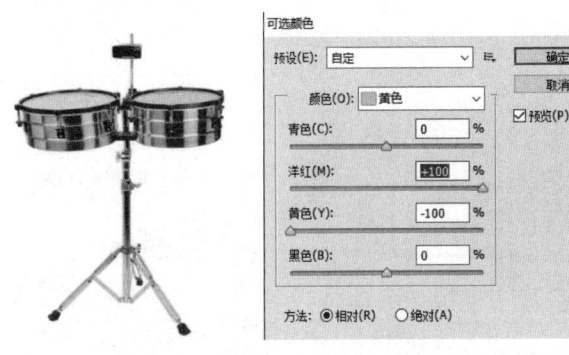

图 3-3-13 用"可选颜色"命令调整前后的效果

9. "阴影/高光"命令

使用"阴影/高光"命令可以调整图像中阴影和高光的分布，还可以矫正曝光过度或曝光不足的图像。选择"图像"→"调整"→"阴影/高光"命令，系统会弹出"阴影/高光"对话框。

"阴影/高光"命令不是单纯地使图像变亮或变暗，而是通过计算对图像局部进行明暗处理，将一幅曝光不足（或过度）的图像调整到正常曝光效果。用"阴影/高光"命令调整前后的效果如图 3-3-14 所示。

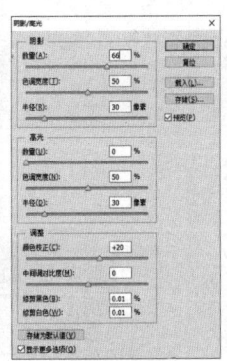

图 3-3-14 用"阴影/高光"命令调整前后的效果

10. "阈值"命令

使用"阈值"命令可以将彩色图像和灰度图像转换为高对比度的黑白图像。选择"图像"→"调整"→"阈值"命令，系统会弹出"阈值"对话框。在"阈值色阶"框中输入数值或者拖动直方图下方的滑块都可以对阈值进行调整，如图 3-3-15 所示。所有比阈值高的像素都将转换为白色，所有比阈值低的像素都将转换为黑色。

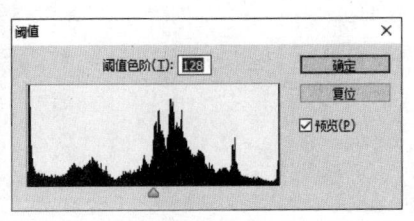

图 3-3-15 用"阈值"命令调整前后的效果

11."自动色调"和"自动颜色"命令

使用"自动色调"和"自动颜色"命令可以自动修复照片的色调,使用时直接选择这两个命令即可,选择这两个命令不会出现对话框。

12."替换颜色"命令

使用"替换颜色"命令能够对图像中的颜色进行替换。如图3-3-16所示为用"替换颜色"命令调整前后的效果。

图3-3-16 用"替换颜色"命令调整前后的效果

【任务实施】

制作人物面部美白效果的具体操作步骤如下。

(1)打开人物图像,如图3-3-17所示。复制"背景"图层,得到"图层1"。选中需要美白部分(除眉毛、眼睛、嘴巴),选择"选择"→"羽化"命令(2~5像素),再选择"滤镜"→"杂色"→"蒙尘与划痕"命令(半径为3),取消选择,效果如图3-3-18所示。

(2)选择牙齿,调整色相/饱和度("色相"为-10/"饱和度"为+40/"明度"为+25),如图3-3-19所示为最终效果图。

图3-3-17 人物图像 　　　图3-3-18 美白效果 　　　图3-3-19 最终效果图

将黑白照片调整为彩色照片的具体操作步骤如下。

(1)按Ctrl+O快捷键,打开一幅人物灰度图像,如图3-3-20所示。

注意:有部分色彩调整命令在灰度图像中不可使用,因此,首先将人物灰度图像文件转换为 RGB 颜色模式的图像文件。

（2）选择"图像"→"模式"→"RGB 颜色"命令，即可将灰度图像转换为 RGB 颜色模式的图像。

（3）单击工具箱中的"多边形套索工具"，选取图像中的背景部分，选择"图像"→"调整"→"色相/饱和度"命令，弹出"色相/饱和度"对话框，设置参数，单击"确定"按钮，效果如图 3-3-21 所示。

（4）再用相同的方法，选取图像中人物的衣服，然后选择"图像"→"调整"→"色相/饱和度"命令，弹出"色相/饱和度"对话框，设置参数，单击"确定"按钮，效果如图 3-3-22 所示。

图 3-3-20　人物灰度图像

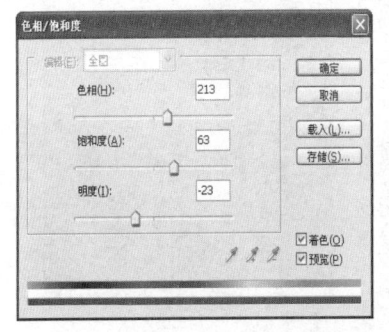

图 3-3-21　设置背景的"色相/饱和度"效果

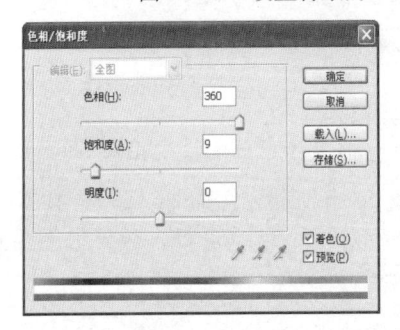

图 3-3-22　设置衣服的"色相/饱和度"效果

（5）用相同的方法对颈部进行调整，效果如图 3-3-23 所示。

（6）再用相同的方法对脸部进行调整（在创建选区时注意把眼睛、嘴巴除去），效果如图 3-3-24 所示。

（7）再用相同的方法调整嘴唇的颜色，效果如图 3-3-25 所示。

图 3-3-23　设置颈部的"色相/饱和度"效果　　　图 3-3-24　设置脸部的"色相/饱和度"效果

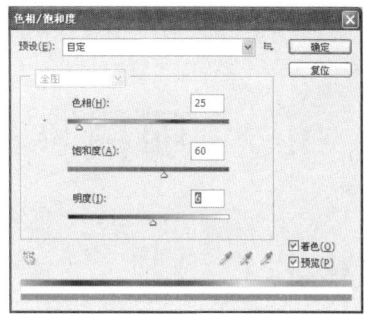

图 3-3-25 设置嘴唇的"色相/饱和度"效果

【案例总结】

色调调整是对图像明暗关系及整体色调的调整。在广告行业中,经常为了表现某种效果,需要将原来图像的色调更改为另外一种色调,如将背景的蓝色调更改为绿色调,体现生机勃勃的意境。

【技能实训】

使用"去色工具"将彩色照片转化为黑白照片,再通过"反相""混合模式"命令将黑白照片调整为素描的效果,如图 3-3-26 所示。

图 3-3-26 将黑白照片调整为素描的效果

素描效果制作过程如下。
(1) 打开人物彩色照片,复制生成"背景副本"图层。
(2) 选择"图像"→"调整"→"去色"命令。
(3) 复制生成"背景副本 2"图层。
(4) 选择"图像"→"调整"→"反相"命令。
(5) 选择"滤镜"→"模糊"→"高斯模糊"命令("半径"为 2 像素)。
(6) 选择图层样式为混合模式(颜色减淡)。
以上命令参数可根据需要进行设置。

项目 4　路径

【任务导入】

Photoshop 2020 中的路径提供了绘制图形功能，利用这种功能，可以绘制出很多需要的效果。

【任务要求】

如图 3-4-1 所示为制作卷页效果，目的是给照片增加艺术性。

图 3-4-1　制作卷页效果

【任务计划】

本任务的内容是制作卷页效果，表现照片被打湿后的感觉。背景以湿边图像为主要元素，以卷起的照片作为主要图像，并采用了统一的淡灰色调。

【难点剖析】

（1）利用工具箱中的"钢笔工具"制作选区。
（2）使用"渐变工具"制作卷曲的色调。
（3）选择"编辑"→"描边"命令制作边框。
（4）选择"滤镜"→"模糊"→"高斯模糊"命令设置图像的效果。
（5）利用图层剪辑命令添加图像。

【必备知识】

在 Photoshop 2020 中，路径的功能非常强大，下面介绍关于路径的各种工具的使用方法。

3.4.1 钢笔工具组

Photoshop 2020 提供了用于生成、编辑、设置路径的钢笔工具组,默认情况下,其图标呈现为钢笔形状。钢笔工具组中包含以下工具。

1."钢笔工具"

"钢笔工具"是最基本的路径绘制工具,用于创建或编辑直线、曲线及自由线条、形状。当使用"钢笔工具"绘制路径时,在图像中每单击一次就可创建一个锚点,这个锚点与上一个锚点之间可以用直线连接。使用"钢笔工具"画出来的矢量图形称为路径,如图 3-4-2(a)所示。使用"钢笔工具"在画布上单击,在另一位置继续单击并拖动,拉出控制柄,可创建出曲线路径(拖动控制柄,可调节该锚点两侧或一侧的曲线弧度),如图 3-4-2(b)所示。在绘制过程中,按回车键后会在视图中隐藏路径;当起点与终点的锚点相交时,鼠标指针会变成钢笔形状,此时单击,系统会将路径封闭。

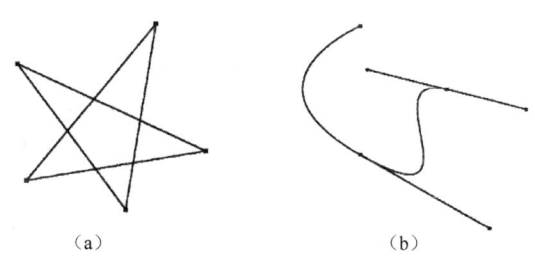

(a)　　　　　　　　(b)

图 3-4-2　绘制路径

使用"钢笔工具"在画布上连续单击可以绘制折线,若要结束绘制,既可以单击工具箱中的"钢笔工具",也可以按住 Ctrl 键的同时在画布的任意位置单击。

提示:在使用"钢笔工具"绘制路径时,按住 Ctrl 键可切换到"直接选择工具"来调整选中锚点的位置;按住 Alt 键可切换到"转换点工具"来调整选中的锚点。

2."自由钢笔工具"

使用"自由钢笔工具"可以像使用铅笔一样在画布上自由绘制路径,只要按住鼠标左键拖动即可。在绘制路径的过程中,系统会自动根据曲线的走向添加适当的锚点。选择工具箱中的"自由钢笔工具",系统会显示"自由钢笔工具"选项栏,如图 3-4-3 所示。

图 3-4-3　"自由钢笔工具"选项栏

选中"磁性的"复选框,"自由钢笔工具"就具有了与"磁性套索工具"一样的磁性功能,可以用来抠取图像,具体操作如下。

(1)选择"自由钢笔工具",在其选项栏中选中"磁性的"复选框,如图 3-4-4 所示。

图 3-4-4　选中"磁性的"复选框

(2)单击确定路径起点后,先沿着图像边缘移动鼠标,系统会自动根据颜色反差建立路径,然后单击第一个锚点封闭路径,最后将路径转化为选区,并复制图像,如图 3-4-5 所示。

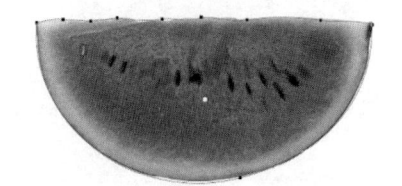

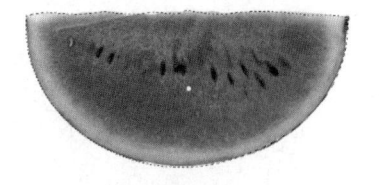

图 3-4-5　使用"自由钢笔工具"选取图像

3．"添加锚点工具"和"删除锚点工具"

"添加锚点工具"和"删除锚点工具"可以用来添加和删除路径上的锚点。使用方法非常简单，选择工具箱中"添加锚点工具"，在路径段上单击即可添加锚点，如图 3-4-6 所示。选择工具箱中"删除锚点工具"，在路径段的锚点上单击即可删除锚点，如图 3-4-7 所示。

使用"删除锚点工具"删除锚点与直接按 Delete 键删除锚点是完全不同的，使用"删除锚点工具"删除锚点不会打断路径，而按 Delete 键会同时删除锚点两侧的线段，从而打断路径。

提示：按 Esc 键可结束一条路径的绘制并接着绘制其他路径。第一次按 Delete 键可删除选中的锚点及与锚点邻接的局部路径，第二次按 Delete 键可删除锚点所在的整个路径，第三次按 Delete 键可删除所有路径。

4．"转换点工具"

"转换点工具"可以用来对锚点的控制柄进行转换和编辑，具体操作时，只需单击或单击并拖动锚点即可。选择工具箱中"转换点工具"，将鼠标指针移动到带有控制柄的锚点上单击，可将其转换为尖角锚点；将光标移动到尖角锚点上单击并拖动，可为尖角锚点添加控制柄，如图 3-4-8 所示。

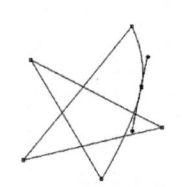

图 3-4-6　添加锚点 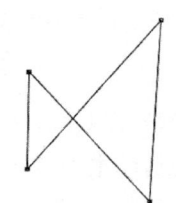　　　图 3-4-7　删除锚点 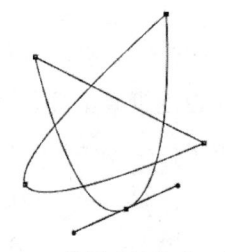　　　图 3-4-8　使用"转换点工具"

3.4.2　对路径的操作

路径是具有矢量特征的直线或曲线，是矢量对象的轮廓。绘制的路径可根据需要放大或缩小。

1．选择和移动路径

选择路径是进行路径调整的第一步，只有正确地选择路径，才能进行合适的编辑与调整。Photoshop 2020 提供了两个路径选择工具，分别为"路径选择工具"和"直接选择工具"。

选择工具箱中的"路径选择工具"，将鼠标指针移动到需要选择的路径上单击即可。被选中路径上的锚点全部显示为黑色，如图 3-4-9 所示。

如果想要选择路径中的锚点，可以使用"直接选择工具"。先移动鼠标指针至该锚点所在的路径上单击，以激活该路径，被激活路径上的所有锚点都会以空心方框来显示，然后移动鼠标指针至锚点上单击，即可选择该锚点，此时若拖动鼠标，则可移动该锚点，如图 3-4-10 所示。

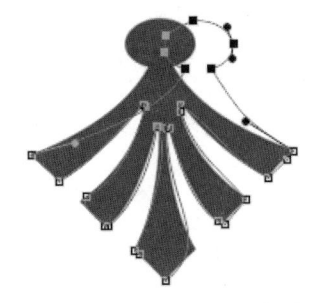

图 3-4-9 选择路径　　　　　　　图 3-4-10 选择并移动锚点

提示：如果当前选择的是"直接选择工具"，按 Ctrl 键可切换至"路径选择工具"；如果当前选择的是"路径选择工具"，按 Ctrl 键可转换为"直接选择工具"。

在使用"路径选择工具"时，拖动鼠标将创建一个选框区域，与选框区域交叉和包含在内的所有路径都将被选中。在选择多条路径后，使用其选项栏中的"路径对齐方式"按钮可对路径进行对齐和分布等操作，单击"路径操作"按钮可按照各路径的相互关系进行组合，"路径选择工具"选项栏如图 3-4-11 所示。

图 3-4-11 "路径选择工具"选项栏

使用"直接选择工具"时，如果想同时选中多个锚点，可以在按住 Shift 键的同时逐个单击要选择的锚点，还可以拖动鼠标拉出一个虚框，选择框内的所有锚点；被选中的锚点显示为黑色方块，没有被选中的锚点则显示为空心方块。

与移动锚点相同，使用"直接选择工具"拖动线段，可移动路径中的线段；拖动曲线段上的锚点可改变曲线的形状；按 Delete 键可删除选中的路径段。

使用"直接选择工具"选中锚点后，该锚点及相邻锚点的控制柄和方向点都会显示在视图中，与移动锚点的方法类似，移动鼠标指针至方向点上，然后拖动，即可改变控制柄的长度和角度。控制柄和方向点的位置确定了曲线段的曲率，移动这些元素可改变路径的形状，如图 3-4-12 所示。

2．复制路径

绘制路径后，使用工具箱中的"路径选择工具"选中路径，然后按住 Alt 键，拖动选中的路径即可对其进行复制。

复制路径还可以采用以下几种方法。

（1）选择"路径"面板中任意一条已保存的路径，然后在该路径名称上右击，在弹出的快捷菜单中选择"复制路径"命令，系统会弹出"复制路径"对话框，根据需要在"名称"框中设置复制路径的名称即可，如图 3-4-13 所示。

（2）在"路径"面板中，按住 Alt 键并将路径拖动到"创建新路径"按钮上，系统会弹出"复制路径"对话框，单击"确定"按钮即可复制路径。

（3）在"路径"面板中，拖动路径至面板底部的"创建新路径"按钮上，可直接创建路径的副本。

（4）选中路径后，先选择"编辑"→"拷贝"命令，然后选择"编辑"→"粘贴"命令，也可以实现路径的复制。

提示：如果"路径"面板中的路径为工作路径，则"复制路径"命令是不可用的，也就是说"复制路径"命令不能应用于工作路径。双击"路径"面板中的工作路径，对工作路径进行存储即可激活"复制路径"命令。

图 3-4-12　拖动控制柄改变路径　　　　图 3-4-13　"复制路径"对话框

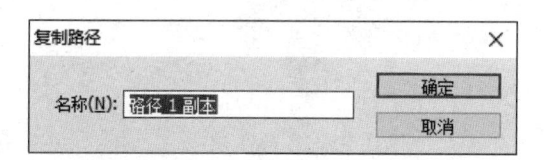

3．保存工作路径

工作路径是一种临时性的路径，在使用"钢笔工具"创建路径时，新的路径将作为工作路径出现在"路径"面板中，现有的工作路径被替代，且系统不会做任何提示，为了便于后期进行调整，可将绘制的路径存储起来。

在"路径"面板中单击工作路径，将其作为当前路径，拖动工作路径至面板底部的"创建新路径"按钮上或者从面板菜单中选择"存储路径"命令，系统都将弹出"存储路径"对话框，在该对话框中更改路径的名称，然后单击"确定"按钮即可保存路径，如图 3-4-14 所示。

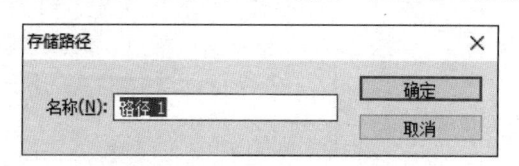

图 3-4-14　"存储路径"对话框

提示：当绘制的图形较为复杂时，可以根据图形内容创建多个路径层来存放路径，方便选择和管理。

3.4.3　"路径"面板和"色彩范围"命令

1．"路径"面板

使用"钢笔工具"或者其他工具绘制的路径，都存储在"路径"面板中，如图 3-4-15 所示，在面板底部分布着一些功能按钮。

（1）"用前景色填充路径"按钮：使用工具箱中的前景色对路径进行填充。

（2）"用画笔描边路径"按钮：默认使用"铅笔工具"及前景色对路径进行描边。选中路径后，使用"路径选择工具"在视图中右击，在弹出的快捷菜单中选择"描边路径"或"描边子路径"命令，打开"描边路径"对话框，在其中可选择要使用的描边工具，如图 3-4-16 所示。

（3）"将路径作为选区载入"按钮：将路径转换为选区。

（4）"从选区生成工作路径"按钮：将选区转换为路径。

（5）"添加蒙版"按钮：为当前所选路径创建矢量蒙版。

（6）"创建新路径"按钮：在面板中创建新的空白路径层，新绘制的路径将被存储到其中。

（7）"删除当前路径"：删除当前选中的路径。

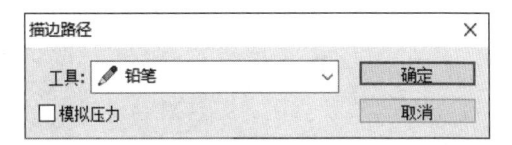

图 3-4-15 "路径"面板　　　　图 3-4-16 "描边路径"对话框

2."色彩范围"命令

使用"色彩范围"命令可以按照图像中颜色的分布特点自动生成选区，根据颜色进行交互式选取，并准确显示将要选中的像素。具体操作如下。

（1）打开需要创建选区的图像，选择"选择"→"色彩范围"命令，打开"色彩范围"对话框，如图 3-4-17 所示。

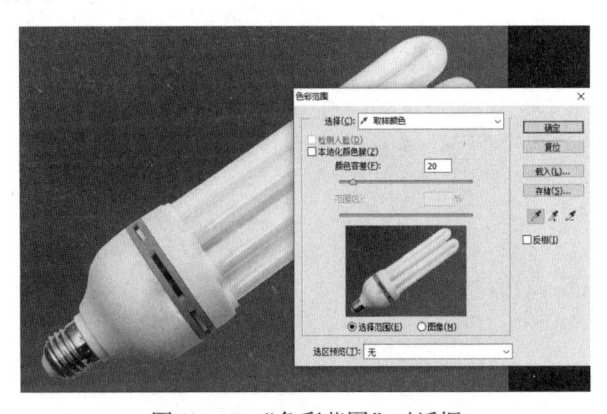

图 3-4-17 "色彩范围"对话框

（2）移动鼠标指针到打开的图像区域中，在蓝色背景中单击，选中背景。

（3）在"色彩范围"对话框中，将"颜色容差"设置为"80"，如图 3-4-18 所示。左右拖动"颜色容差"下面的滑块，白色区域越多，代表被选中的像素越多，即被选中的区域越多。

（4）单击"添加到取样"按钮，如图 3-4-19 所示。

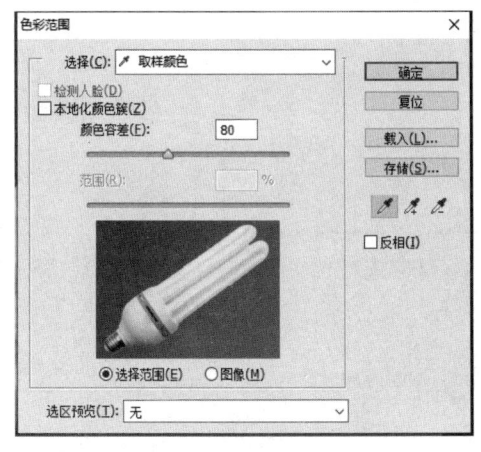

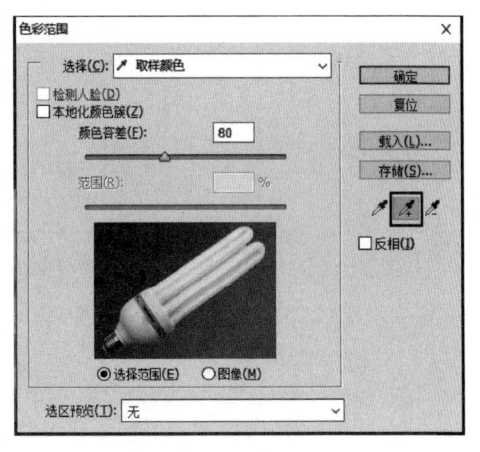

图 3-4-18 设置"颜色容差"　　　　图 3-4-19 单击"添加到取样"按钮

（5）移动鼠标指针到图像区域右下角处并单击，将该部分的图像添加到选区范围内，效果如图 3-4-20 所示。

（6）单击"确定"按钮，选中图像中的背景，此时即可根据需要改变图像的背景颜色，如图 3-4-21 所示。

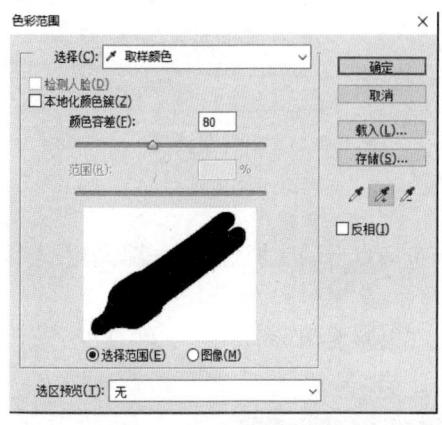

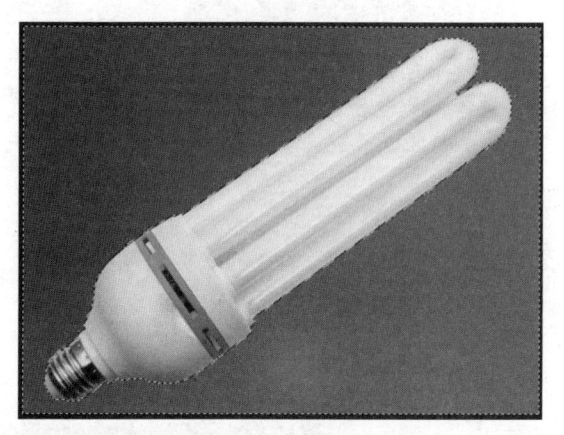

图 3-4-20　将图像添加到选区范围内　　　　图 3-4-21　改变图像的背景颜色

提示：在选取色彩范围时，总是针对当前所有可见图层内容的，将图像中的所有可见图层视为一个图层。要从选区蒙版中剔除某图层，可在打开"色彩范围"对话框之前隐藏该图层。

【任务实施】

制作卷页效果的具体操作过程如下。

1．制作背景

（1）按 Ctrl+N 快捷键，打开"新建"对话框，设置参数如图 3-4-22 所示。设置完成后，单击"确定"按钮，即可新建一个文档。

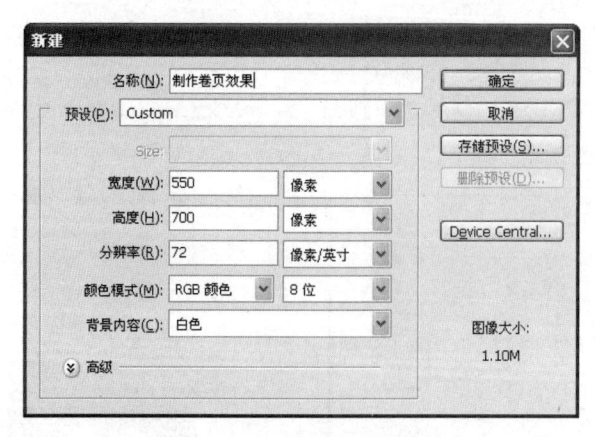

图 3-4-22　"新建"对话框

（2）单击工具箱中的"钢笔工具"，其选项栏如图 3-4-23 所示。

图 3-4-23　"钢笔工具"选项栏

（3）设置完成后，在图像中绘制如图 3-4-24 所示的路径。
（4）按 Ctrl+Enter 快捷键，将绘制的路径转换为选区，如图 3-4-25 所示。

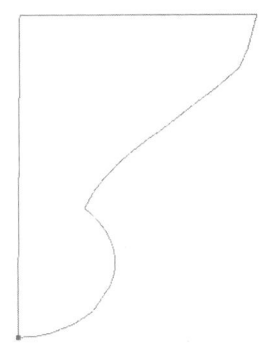

图 3-4-24　绘制路径 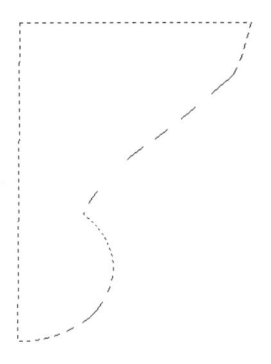　　　　　　　　图 3-4-25　将路径转换为选区

（5）单击工具箱中的"渐变工具"，其选项栏如图 3-4-26 所示。

图 3-4-26　"渐变工具"选项栏

（6）设置完成后，新建"图层 1"，设置前景色为深黄色（R：221，G：191，B：151），背景色为淡黄色（R：238，G：224，B：204），然后在图像中拖动鼠标，如图 3-4-27 所示，渐变填充效果如图 3-4-28 所示。

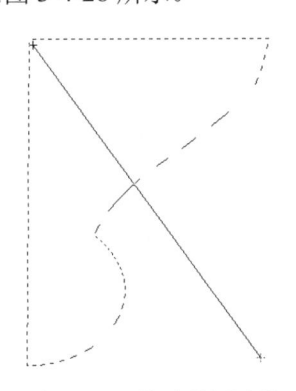

图 3-4-27　拖动鼠标过程 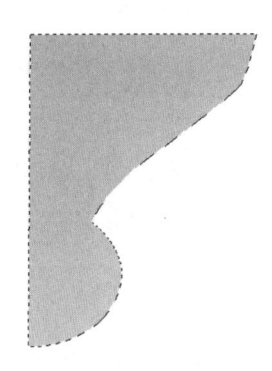　　　　　　图 3-4-28　渐变填充效果

（7）单击工具箱中的"多边形套索工具"，然后在图像中创建如图 3-4-29 所示的多边形选区（注意在创建选区的过程中，选区边缘要和原图中的曲线相切）。

（8）新建"图层 2"，并将其拖动到"图层 1"的下方，单击工具箱中的"切换前景色和背景色"按钮，利用线性渐变对选区进行填充，如图 3-4-30 所示，渐变填充效果如图 3-4-31 所示。

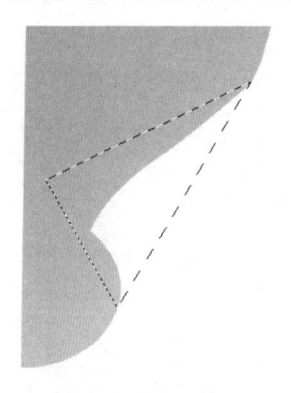

图 3-4-29　创建多边形选区 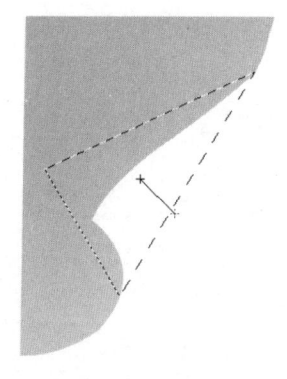　　　图 3-4-30　利用线性渐变对选区进行填充

（9）按住 Ctrl 键的同时单击"图层 1"，载入选区，如图 3-4-32 所示。

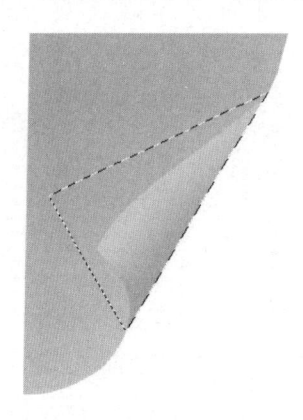

图 3-4-31　渐变填充效果 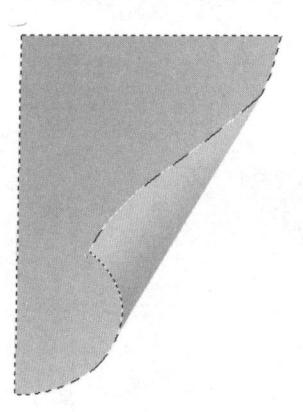　　　　图 3-4-32　载入选区

（10）新建"图层 3"，选择"编辑"→"描边"命令，弹出"描边"对话框，如图 3-4-33 所示，在其中将描边"颜色"设为白色。设置完成后，单击"确定"按钮，按 Ctrl+D 快捷键取消选区，描边效果如图 3-4-34 所示。

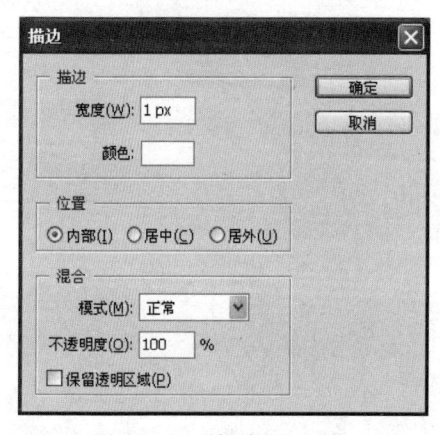

图 3-4-33　"描边"对话框 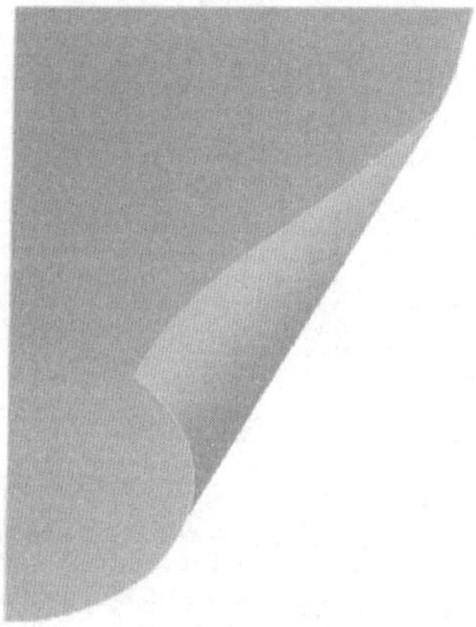　　　　图 3-4-34　描边效果

（11）用工具箱中的"钢笔工具"绘制如图 3-4-35 所示的路径，然后按 Ctrl+Enter 快捷键将其转换为选区，新建"图层 4"，并将其拖动到"图层 2"的下方，将选区填充为黑色，填充选区效果如图 3-4-36 所示。

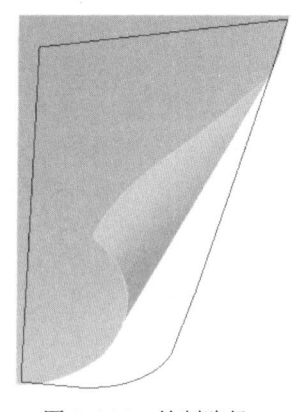

图 3-4-35　绘制路径　　　　　　　　图 3-4-36　填充选区效果

（12）选择"滤镜"→"模糊"→"高斯模糊"命令，弹出"高斯模糊"对话框，如图 3-4-37 所示。设置完成后，单击"确定"按钮，高斯模糊滤镜效果如图 3-4-38 所示。

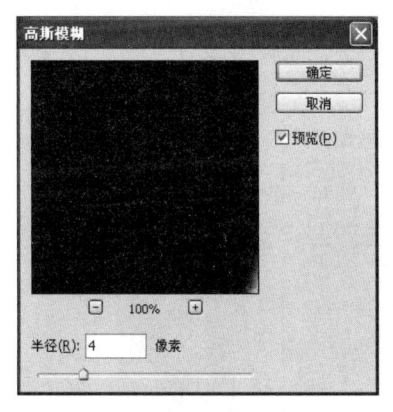

图 3-4-37　"高斯模糊"对话框　　　　图 3-4-38　高斯模糊滤镜效果

（13）在"图层"面板中将"图层 4"的"不透明度"设为 45%，其效果如图 3-4-39 所示。

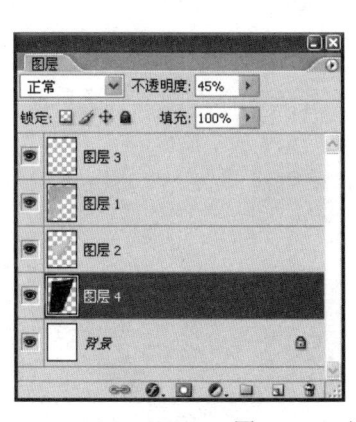

图 3-4-39　设置不透明度后的效果

（14）单击"图层"面板底部的"添加图层蒙版"按钮，为"图层 4"添加图层蒙版，然后将前景色设为白色，背景色设为黑色，再利用"线性渐变工具"，将渐变"不透明度"设为 55%，然后在蒙版内做出渐变效果，拖动鼠标的过程如图 3-4-40 所示，渐变填充效果如图 3-4-41 所示。

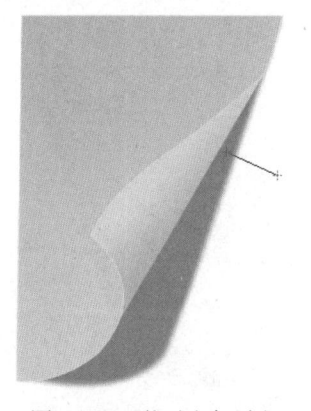

图 3-4-40　拖动鼠标过程　　　　　　　　图 3-4-41　渐变填充效果

（15）打开素材图像，利用工具箱中的"移动工具"，将其移动到新建图像中，自动生成"图层 5"，按 Ctrl+T 快捷键执行"自由变换"命令，调整其大小及位置，如图 3-4-42 所示。

（16）在"图层"面板中，将"图层 5"拖动到"图层 1"的上方，然后按住 Alt 键，将鼠标指向"图层 1"和"图层 5"之间并单击，进行图层剪辑，此时"图层"面板如图 3-4-43 所示，剪辑图层效果如图 3-4-44 所示。

图 3-4-42　复制并调整图像效果 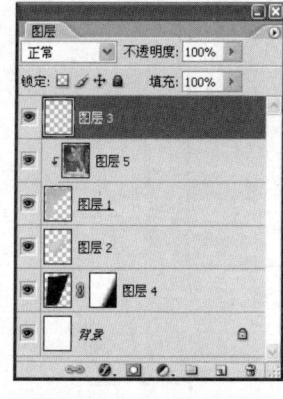　　图 3-4-43　"图层"面板 　　图 3-4-44　剪辑图层效果

（17）打开一幅图像，如图 3-4-45 所示，将其拖动到新建图像中，自动生成"图层 6"，将该图层调整到"背景"图层的上方。再按 Ctrl+T 快捷键执行"自由变换"命令，调整图像的大小及位置，最终效果如图 3-4-46 所示。

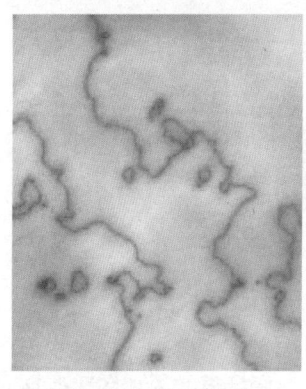

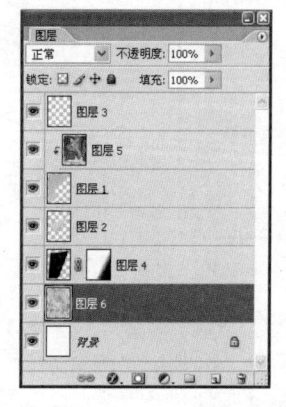

图 3-4-45　打开图像 　　　　　　　　　　图 3-4-46　最终效果

【技能实训】

利用本项目所学的"钢笔工具",将图 3-4-47 所示的小狗轮廓勾选出来,并将选中的轮廓路径转换为选区,再将背景填充为白色,效果图如图 3-4-48 所示。

图 3-4-47　小狗图像　　　　　　　　图 3-4-48　效果图

项目 5　文字的处理与应用

【任务导入】

在 Photoshop 中进行设计创作时，除了可以绘制色彩缤纷的图像，还可以创建具有各种效果的文字。文字不仅可以帮助大家较快地了解作品所呈现的主题，有时在整个作品中也充当非常重要的角色。

在广告设计、海报设计、网页设计等平面作品中，好的文字布局和设计能起到画龙点睛的作用。

【任务要求】

如图 3-5-1 所示，本任务要求为制作立体字，通过对文字进行变形、叠加、描边等操作，使文字产生美感，让更多人了解文字的艺术效果。

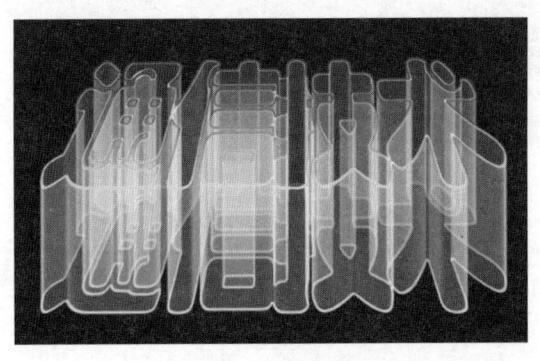

图 3-5-1　制作立体字

【任务计划】

本任务要对"通信技术"这四个字进行简单的变形，改变其不透明度并进行复制，添加一定的视觉效果，再进行扩展、描边以进一步达到立体字的效果。

【难点剖析】

(1) 利用"编辑"→"描边"等命令为文字添加艺术效果。
(2) 利用复制命令添加叠加效果。
(3) 选择"选择"→"修改"→"扩展"命令，添加立体效果。

【必备知识】

在 Photoshop 2020 中，文字属于一种特别的图像结构，它由像素组成，与当前图像具有相同的分辨率，字符被放大后不会有锯齿，其具有矢量边缘的轮廓，放大和缩小都不会模糊，

图 3-5-2 所示为在设计作品中应用文字。

图 3-5-2　在设计作品中应用文字

3.5.1　文字工具的操作

在 Photoshop 2020 中，使用文字工具组中的工具可以在图像的任意位置创建文本或文字选区，创建后会在"图层"面板中增加一个新的文字图层。

选择文字工具，系统会弹出相应选项栏，可以先设置文字的各种属性，然后输入文字，如图 3-5-3 所示。

图 3-5-3　文字工具选项栏

1. "横排文字工具"和"直排文字工具"

文字也称为文本，因此文字工具有时也称为文本工具。在工具箱中，用来创建文字的工具如图 3-5-4 所示。其中，"横排文字工具"和"直排文字工具"的使用方法是相同的，只不过一个创建的是横排文字，一个创建的是直排文字，在此以"横排文字工具"的使用方法为例进行讲述。

1) 创建点文字

使用"横排文字工具"创建文字的操作如下。

(1) 打开一幅图像，在工具箱中选择"横排文字工具"，然后在图像中单击，图像中会出现一个闪动光标，系统将自动创建一个缩略图显示为文字的图层，这就是创建的横排文字图层，如图 3-5-5 所示。

图 3-5-4　文字工具

图 3-5-5　创建横排文字图层

(2) 输入所需的文字内容，如图 3-5-6 所示。

(3) 选中创建的文字，单击文字工具选项栏中的"切换文字方向"按钮，可将文字方向切换为直排，如图 3-5-7 所示。

图 3-5-6 输入文字　　　　　　　　　图 3-5-7 直排文字

提示：当文字图层处于选中状态时，可以输入文字并对文字进行编辑。但是，若要执行其他操作，则必须结束对文字图层的编辑。

（4）选择"横排文字工具"，拖动鼠标选中全部文字，如图 3-5-8 所示。

（5）在文字工具选项栏中单击"设置文字颜色"色块，打开"拾色器（文本颜色）"对话框，设置文字颜色为红色，如图 3-5-9 所示。

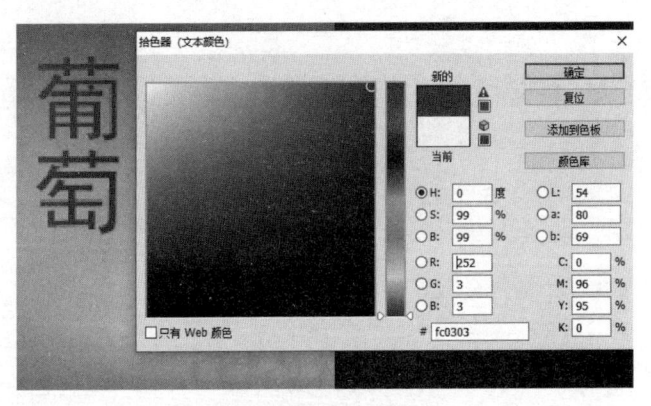

图 3-5-8 选中全部文字　　　　　　　图 3-5-9 设置文字颜色为红色

（6）移动鼠标指针到文字以外的图像区域，当鼠标指针变为"十"字形时单击并拖动，可移动文字的位置，如图 3-5-10 所示。

（7）完成文字的编辑后，在文字工具选项栏中单击"提交所有当前编辑"按钮，可完成编辑操作，如图 3-5-11 所示。

图 3-5-10 移动文字　　　　　　　　　图 3-5-11 完成文字的编辑

当需要重新编辑文字时,可在"图层"面板中双击文字图层,选中全部文字;或者使用"横排文字工具",在文字上单击激活文字,即可重新编辑。

2)创建段落文字

使用文字工具创建段落文字的操作如下。

(1)选择"横排文字工具",拖动鼠标创建一个文本框,如图 3-5-12 所示。

(2)在文本框中直接输入文字,并根据需要设置文字属性,如图 3-5-13 所示。

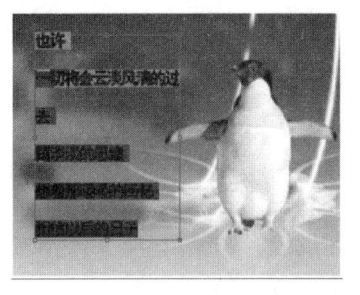

图 3-5-12　创建文本框　　　　图 3-5-13　输入文字并设置文字属性

(3)设置完毕单击"提交所有当前编辑"按钮,完成段落文字的输入,如图 3-5-14 所示。

提示:在输入文字时,按回车键可以换行。如果要结束文字输入,可以按 Ctrl+Enter 快捷键,或者按小键盘上的回车键,也可以直接单击工具箱中的其他按钮。

2."横排文字蒙版工具"和"直排文字蒙版工具"

使用"横排文字蒙版工具"和"直排文字蒙版工具"可以创建文字型的选区。

图 3-5-14　完成段落文字的输入

(1)选择文字工具中的"横排文字蒙版工具",并设置文字的各项属性,将鼠标指针移动到图像编辑窗口中单击,进入蒙版编辑模式,如图 3-5-15 所示。

(2)在其中输入文字,如图 3-5-16 所示。

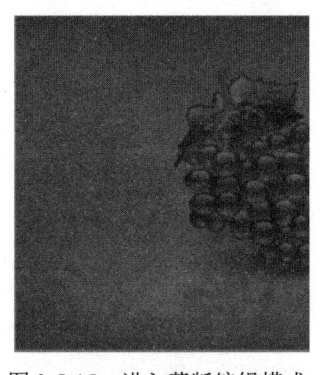

图 3-5-15　进入蒙版编辑模式　　　　图 3-5-16　输入文字

(3)完成文字编辑后,单击"提交所有当前编辑"按钮,文字蒙版区域将转换为文字的选区范围,为选区和其他部分填充颜色,即可得到如图 3-5-17 所示的效果。

图 3-5-17　完成编辑后为选区和其他部分填充颜色

3.5.2 "字符"面板

Photoshop 2020 提供了可扩充文字生成能力的面板,分别是"字符"面板和"段落"面板,在其中可以对文字进行更多的设定。

选择"窗口"→"字符"命令,可以打开或隐藏"字符"面板(见图 3-5-18),在该面板中可以精确地控制所选文字的字体、大小、颜色、行距、字距等属性。

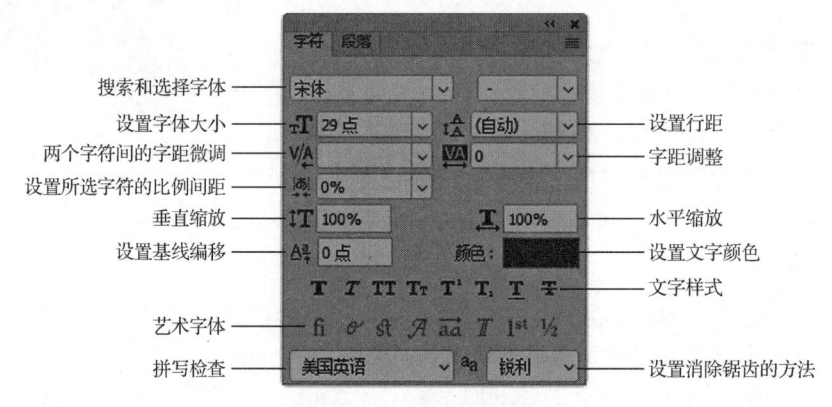

图 3-5-18　"字符"面板

提示:选中文字所在图层,使用 Ctrl+T 快捷键可改变字体大小;当文字处于编辑状态时,按 Ctrl+T 快捷键,可打开或隐藏"字符"面板。

"字符"面板的主要选项及按钮的含义如下。

(1)"搜索和选择字体"下拉列表框:用于选择所需的字体或字形。

(2)"设置字体大小"下拉列表框:用于设置字体大小。

(3)"设置行距"下拉列表框:行距是指文字行与行之间的距离。若设为"自动",则行距会随字号的改变而改变;若选择固定的数值,则行距不会随字号的改变而改变。因此,如果手动指定了行距,则更改字号后一般也要再次指定行距。如果行距设置过小,则可能造成行与行的重叠。图 3-5-19 所示为设置"自动"行距的文字效果。

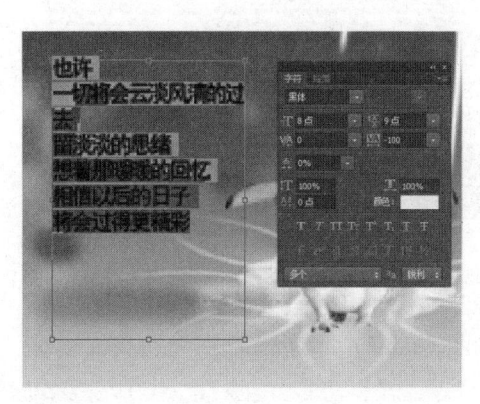

图 3-5-19　设置"自动"行距的文字效果

(4)"垂直缩放"文本框和"水平缩放"文本框：分别指定文字高度和宽度的比例，相当于将字体变高或变扁，数值小于 100%为缩小，数值大于 100%为放大。

(5)"两个字符间的字距微调"下拉列表框：设置文字与文字之间的距离。

(6)"设置所选字符的比例间距"下拉列表框：按指定的百分比值减少字符周围的空间，字符本身并不因此被伸展或挤压。当为字符添加比例间距时，字符两侧的间距按相同的百分比减小，百分比越大，字符间距越小。

(7)"设置文字颜色"色块：为创建的文字更换颜色，选中文字，单击色块，可通过弹出的"拾色器（文本颜色）"对话框选取所需颜色。

(8)"文字样式"按钮组：包含多个设置字体样式的按钮，如"仿粗体"按钮、"仿斜体"按钮、"全部大写字母"按钮等。

提示：选中输入的小写英文字母，单击"字符"面板中的"全部大写字母"按钮，可将字母全部调整为大写。

(9)"设置消除锯齿的方法"下拉列表框：包含 5 种消除锯齿的方法。其中，"锐利"可使文字边缘最为锐利；"犀利"可使文字边缘稍微锐利；"平滑"可使文字边缘更光滑；"浑厚"可使文字显得粗重；"无"不应用该设置。

3.5.3 "段落"面板

"段落"面板可对段落文字的属性进行细致的调整，还可使段落文字按照指定的方向对齐。选择"窗口"→"段落"命令，即可打开"段落"面板，如图 3-5-20 所示。

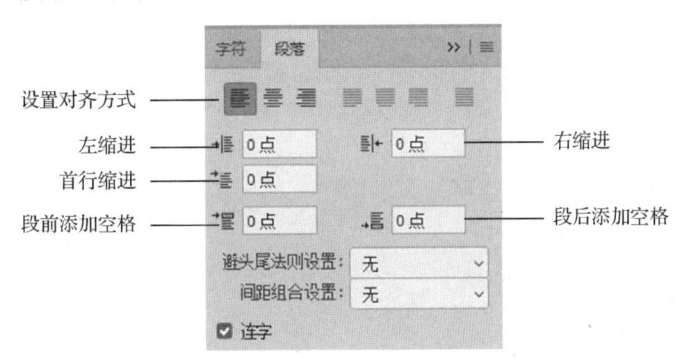

图 3-5-20 "段落"面板

(1)"设置对齐方式"按钮组：选中段落文字后，利用"段落"面板中的对齐按钮，可使选中的段落文字按不同方式对齐。下面对其中主要按钮进行介绍。

①"左对齐"按钮：文字左对齐，段落右端参差不齐。

②"居中对齐"按钮：文字居中对齐，段落两边参差不齐。

③"右对齐"按钮：文字右对齐，段落左边参差不齐。

④"最后一行左对齐"按钮：段落两边左右对齐，最后一行左对齐。

⑤"最后一行居中对齐"按钮：段落两边左右对齐，最后一行居中对齐。

⑥"最后一行右对齐"按钮：段落两边左右对齐，最后一行右对齐。

⑦"全部对齐"按钮：所有文字两端对齐。

(2)"左缩进"文本框：设置所选段落向右缩进，直排文字时控制段落向下的缩进量。

(3)"右缩进"文本框：设置所选段落向左缩进，直排文字时控制段落向上的缩进量。

(4)"首行缩进"文本框：设置首行缩进量，即段落的第一行向右或者直排文字时段落第一列向下的缩进量。

（5）"段前添加空格"文本框和"段后添加空格"文本框：设置段落与段落的间距。如果同时设置段前间距和段后间距，那么各个段落的间距就是段前间距和段后间距之和。

（6）"避头尾法则设置"下拉列表框：该列表框提供了基于标准 JIS 的宽松和严格的避头尾集，用于防止在一行的开始或结尾处出现不能使用的字母。

（7）"间距组合设置"下拉列表框：该列表框用于设置日文字符、罗马字符、标点和特殊字符在行开头、行结尾和数字之间时的编排方式。

（8）"连字"复选框：选中该复选框后，在输入英文单词时，如果段落文本框的宽度不够，英文单词将自动换行，并用连字符连接起来。

3.5.4 编辑文字

Photoshop 2020 中的滤镜、画笔、橡皮擦、渐变等工具及部分菜单命令，不能直接应用到文字图层中，如果想要应用，必须将文字图层栅格化。对于文字，可以使文字变形、转换为形状，以及创建沿路径绕排的文字。

1. 栅格化文字

选中文字图层，选择"文字"→"栅格化文字图层"命令，可将文字图层转换为普通图层。转换为普通图层的文字可作为一个图像来编辑，将不再拥有文字所具有的相关属性。

2. 文字的变形

文字的变形是文字图层的属性之一，可以利用其创建出不同样式的文字效果。选中文字图层后，在选项栏中单击"创建文字变形"按钮，打开"变形文字"对话框。该对话框中主要选项如下。

（1）"样式"下拉列表框（见图 3-5-21），包括各种变形的样式，选择不同的选项，文字的变形效果各不相同，如图 3-5-22 所示。

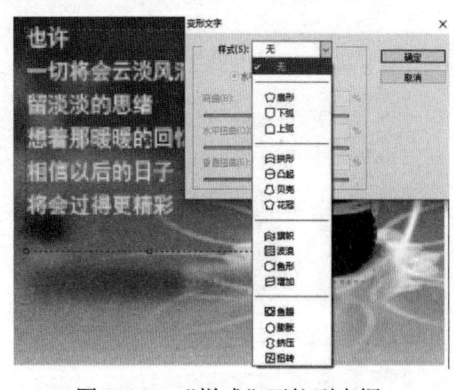

图 3-5-21 "样式"下拉列表框　　图 3-5-22 不同的文字变形效果

（2）"水平"单选按钮和"垂直"单选按钮：决定文字的变形是在水平方向上还是在垂直方向上。

（3）"弯曲"文本框：设置文字的弯曲方向和弯曲程度。当"弯曲"为 0 时不做任何弯曲变化。

（4）"水平扭曲"文本框：决定文字在水平方向上的扭曲程度。

（5）"垂直扭曲"文本框：决定文字在垂直方向上的扭曲程度。

3. 路径化文字

将路径与文字工具配合使用可对文字进行编辑，如将文字的选区载入并转换为路径，以添加更多的编辑方法，或者在路径段上创建沿路径绕排的文字等。

（1）将文字转换为工作路径。选中文本，选择"文字"→"创建工作路径"命令，即可沿轮廓创建文字路径，从而进行更多的编辑操作，如将路径转换为选区、为选区添加描边效果，如图 3-5-23 所示。

（2）创建文字绕排路径。先绘制一条路径，然后打开文字工具，将鼠标指针放置在路径上，当鼠标的形状发生改变时单击，在光标闪烁处输入文字，文字将沿着路径走向排列，如图 3-5-24 所示。

图 3-5-23　将文字转换为工作路径并编辑　　图 3-5-24　创建文字绕排路径

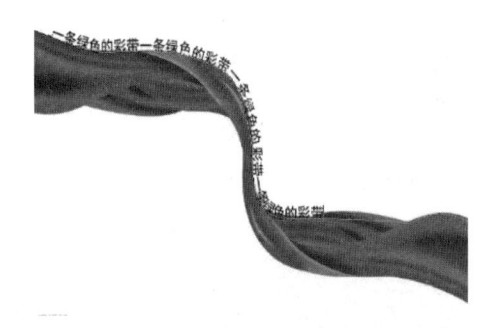

提示：在创建文字绕排路径时，路径的绘制方向决定了文字的放置位置。若从左向右绘制路径，则文字在路径上方布置；若从右向左绘制路径，则文字在路径下方镜像布置。

（3）创建区域路径文字。先绘制一个封闭路径，然后打开文字工具，当鼠标指针形状发生改变时单击，在光标闪烁处输入文字，创建的文字将在封闭路径内部，即路径的轮廓变为段落文字的文本框，限制文字的走向，如图 3-5-25 所示。

提示：对文字的工作路径可以像对其他路径一样进行存储、填充和描边等操作，但是不能将路径文字的字符作为文本来编辑。原来的文字图层仍然在图层中，可以进行编辑。

图 3-5-25　创建区域路径文字

【任务实施】

使用"横排文字蒙版工具"和"描边"命令、"扩展"命令、"渐变工具"等制作立体字效果。

（1）启动 Photoshop 2020，将背景色设为黑色，选择"文件"→"新建"命令，弹出"新建"对话框，将文件"名称"设为"通信技术"，"宽度"设为 18 厘米，"高度"设为 12 厘米，"分辨率"设为 160 像素/英寸，"颜色模式"设为 RGB 颜色，"背景内容"设为背景色，单击"确定"按钮。

（2）选择"横排文字蒙版工具"，在其选项栏中将字体设为"华文琥珀"，字号设为 120，在图像编辑窗口中输入文字"通信技术"，按回车键确认操作，在图像中生成文字选区，如图 3-5-26 所示。

（3）新建一个图层"图层1"，选择"编辑"→"描边"命令，弹出"描边"对话框，将"宽度"设为4，"颜色"设为白色，描边文字选区效果如图3-5-27所示。

图3-5-26　创建文字选区 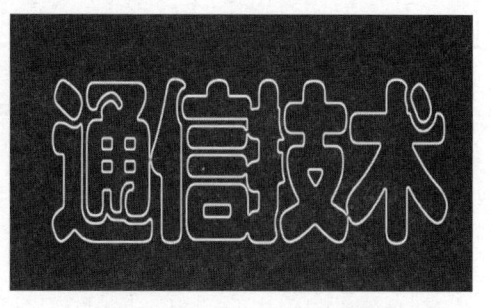　　　　　　　图3-5-27　描边文字选区效果

（4）复制"图层1"，生成"图层1副本"图层，选择"编辑"→"变换"→"扭曲"命令，文字四周出现控制手柄。将鼠标指针移到右上角的控制手柄上，按住Ctrl键的同时向内拖动鼠标，将图像扭曲到适当形状。使用同样的方法，将鼠标指针移至左上角的控制手柄上，按住Ctrl键的同时向内拖动鼠标，将图像扭曲到适当形状，然后按回车键确认操作，效果如图3-5-28所示。

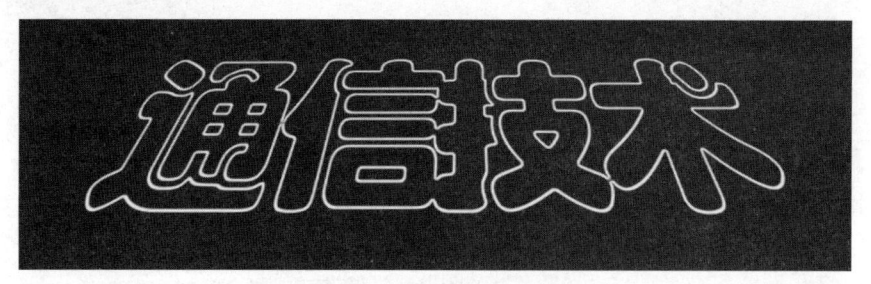

图3-5-28　扭曲文字后的效果

（5）隐藏"图层1"，将"图层1副本"拖到"创建新图层"按钮上，生成"图层1副本2"图层，将其"不透明度"设为5%。

（6）按住Alt键的同时，按240次向上的方向键，将"图层1副本2"中的图像进行复制并依次垂直向上移动1像素，在"图层"面板中生成"图层1"的240个副本图层，如图3-5-29所示。将最上面一个副本图层的"不透明度"设为100%，如图3-5-30所示。

图3-5-29　生成240个副本图层 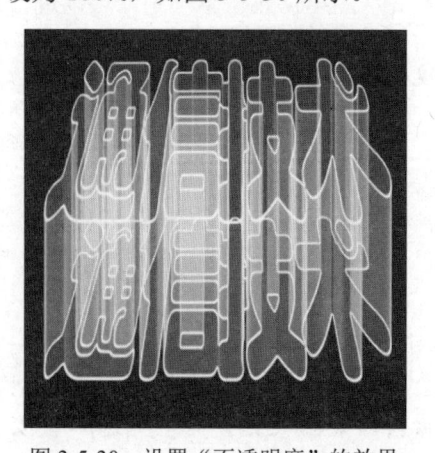　　　　　图3-5-30　设置"不透明度"的效果

（7）选择"魔棒工具"，在其选项栏中单击"添加到选区"按钮，在最上方的文字图层上单击，将其内部的图像全部选中，并创建为选区。

（8）选择"选择"→"修改"→"扩展"命令，弹出"扩展选区"对话框，将"扩展量"设为 5 像素，单击"确定"按钮。

（9）新建一个图层"图层 2"，选择"编辑"→"描边"命令，弹出"描边"对话框，将"宽度"设为 4 像素，"颜色"设为暗红色，在"位置"选项区中选中"内部"单选按钮，单击"确定"按钮，取消选区，效果如图 3-5-31 所示。

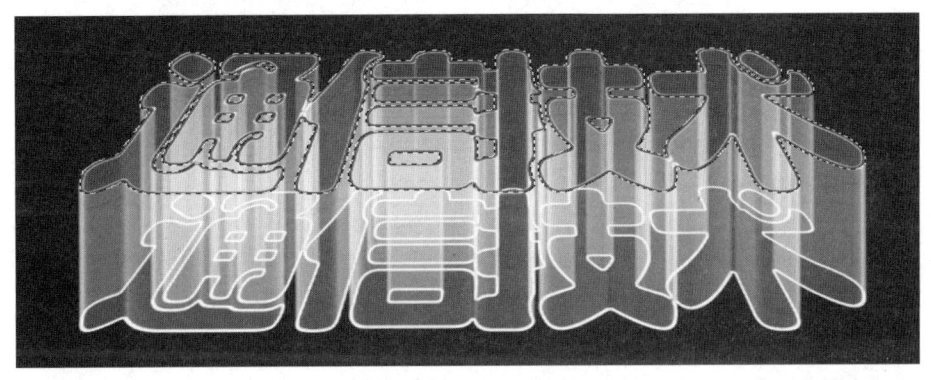

图 3-5-31　描边后的效果

（10）单击"图层"面板下方的"添加图层蒙版"按钮，为"图层 2"添加图层蒙版。选择"渐变工具"，单击其选项栏中的"编辑渐变"按钮，在弹出的"渐变编辑器"对话框中将渐变设为从白色到灰色，单击"确定"按钮。单击其选项栏中的"线性渐变"按钮，在图像编辑窗口中从上到下拖动鼠标，为图层蒙版填充渐变，如图 3-5-32 所示，填充后的效果如图 3-5-33 所示。

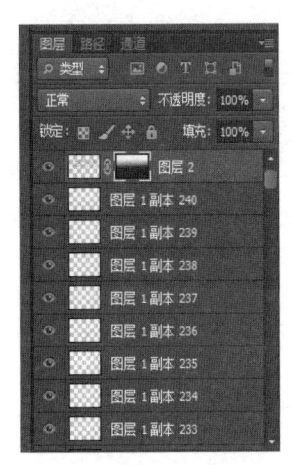

图 3-5-32　为图层蒙版填充渐变　　　　图 3-5-33　填充后的效果

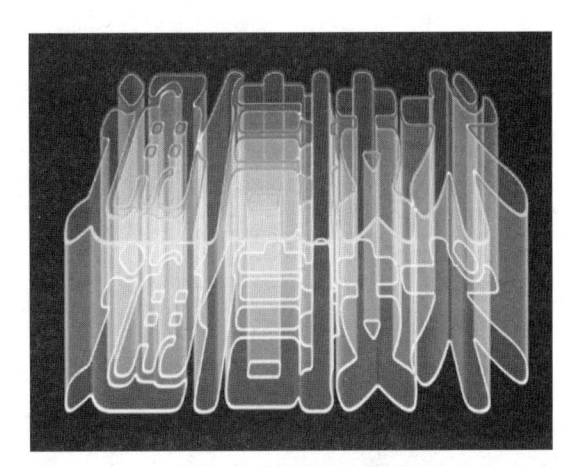

（11）使用同样的方法，选中"图层 1 副本"图层中文字内部的区域，然后新建一个图层"图层 3"，将选区扩展 5 像素，再描 4 像素宽的暗红色边。

（12）使用同样的方法，为"图层 3"添加图层蒙版，然后从上至下为图层蒙版填充白色到灰色的线性渐变，得到最终效果图，如图 3-5-34 所示。

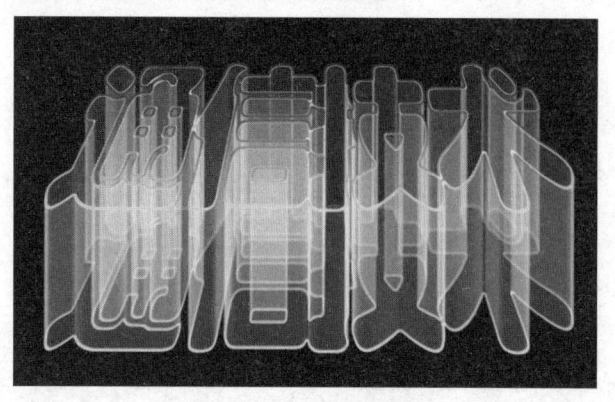

图 3-5-34　最终效果图

【案例总结】

文字是图像中不可缺少的要素之一，在版面设计中，文字是重要的组成部分。了解 Photoshop 2020 中关于文字的相关编辑操作，可以创作出更优秀的作品。

【技能实训】

（1）选择"文件"→"新建"命令，弹出"新建"对话框，如图 3-5-35 所示，设置完成后，单击"确定"按钮，新建一个图像文件。

（2）设置前景色为浅绿色（R：78，G：213，B：41），按 Alt+Delete 快捷键填充图像，效果如图 3-5-36 所示。

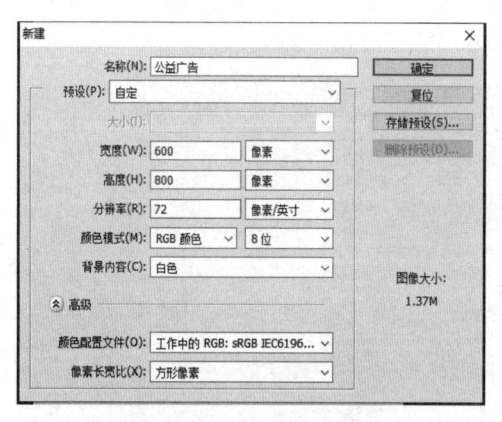

图 3-5-35　"新建"对话框　　　　　图 3-5-36　填充图像效果

（3）单击工具箱中的"椭圆选框工具"，按住 Shift 键，在图像中绘制一个圆形选区。

（4）新建"图层 1"，设置前景色为黄色（R：255，G：232，B：46），然后按 Alt+Delete 快捷键进行填充，如图 3-5-37 所示。

（5）选择"选择"→"变换选区"命令，将选区缩小。

（6）按回车键确认操作，新建"图层 2"，将前景色设为浅绿色（R：78，G：213，B：41），按 Alt+Delete 快捷键进行填充，效果如图 3-5-38 所示。

（7）按 Ctrl+D 快捷键取消选区，单击工具箱中的"直线工具"。

（8）新建"图层 3"，设置前景色为黄色（R：255，G：232，B：46），然后在图像中绘制一条直线，效果如图 3-5-39 所示。

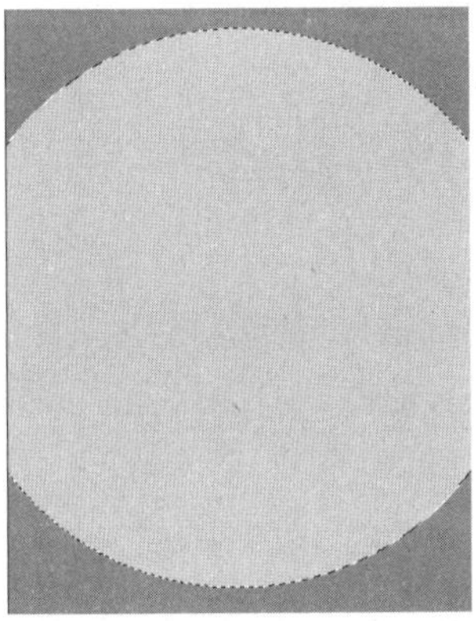

图 3-5-37　填充选区效果 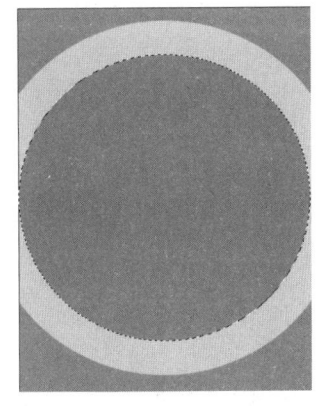　　　　图 3-5-38　填充选区效果

（9）按 Ctrl+T 快捷键执行"自由变换"命令。
（10）按回车键确认变换操作，效果如图 3-5-40 所示。

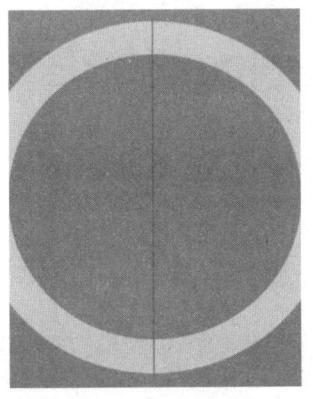

图 3-5-39　绘制直线 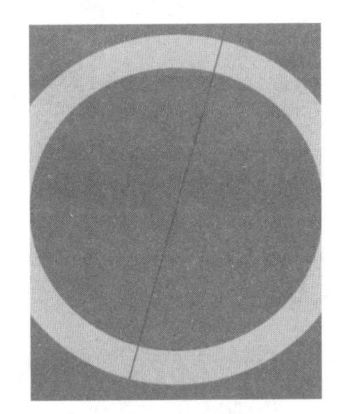　　　　图 3-5-40　变换效果

（11）按 Shift+Ctrl+Alt+T 快捷键对直线进行旋转复制，效果如图 3-5-41 所示。
（12）将复制的所有直线图层合并为"图层 3"，然后单击工具箱中的"橡皮擦工具"。
（13）设置完成后，将"图层 3"作为当前图层，利用"橡皮擦工具"进行擦除，如图 3-5-42 所示。

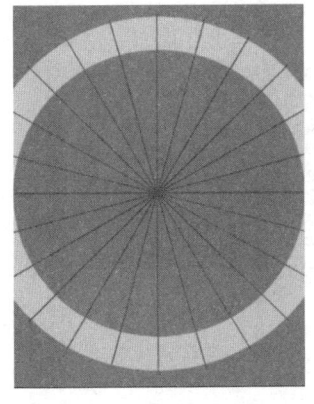

图 3-5-41　旋转复制直线效果 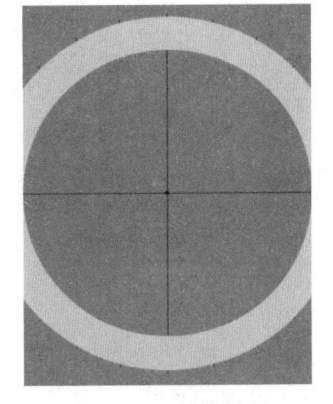　　　　图 3-5-42　擦除效果

（14）打开 4 幅素材图像，单击工具箱中的"移动工具"，将其拖拽到新建图像中，自动生成"图层 4""图层 5""图层 6""图层 7"，按 Ctrl+T 快捷键执行"自由变换"命令，调整图像的大小及位置，如图 3-5-43 所示。

（15）将"图层 4""图层 5""图层 6""图层 7"合并到"图层 3"中，并将该图层作为当前图层。

（16）按 Ctrl 键的同时单击"图层 2"，载入圆形选区。

（17）按 Ctrl+Shift+I 快捷键反选选区，按 Delete 键删除选区中的图像。按 Ctrl+D 快捷键取消选区，在"图层"面板中单击"图层 4"，将其拖拽到"图层 3"的下方，如图 3-5-44 所示。

图 3-5-43　复制图像并调整　　　　图 3-5-44　调整图层的位置

（18）设置完成后，隐藏"图层 4"。单击工具箱中的"钢笔工具"，其选项栏如图 3-5-45 所示，在图像中绘制一条路径。

图 3-5-45　"钢笔工具"选项栏

（19）单击工具箱中的文字工具，将字体的颜色设为红色。

（20）设置完成后，在图像中输入红色的文字，最终效果图如图 3-5-46 所示。

图 3-5-46　最终效果图

项目 6　使用图层工作

【任务导入】

"图层"面板上显示了图像中的所有图层、图层组和图层效果,可以使用"图层"面板上的各种功能来完成一些图像编辑任务,如创建、隐藏、复制和删除图层等。还可以使用图层样式改变图像的效果,如添加阴影、外发光和浮雕效果等。另外可以通过设置图层的光线、色相、透明度等参数来制作不同的效果。

【任务要求】

如图 3-6-1 所示为候车亭广告效果图,目的是展示卡通手表,让客户有更为直观的感受。

图 3-6-1　候车亭广告效果图

【任务计划】

本任务通过对图层样式的合理运用实现不同效果。在设计过程中,给手表的表带装饰图像赋予了特殊的效果,带有渐变背景。

【难点剖析】

(1) 使用"矩形选框工具"制作表带图像。
(2) 利用"渐变工具"达到填充效果。

【必备知识】

3.6.1 图层的概念

1．什么是图层

在图层上工作就像在一张看不见的透明画布上画画，很多透明图层叠在一起，就构成了丰富的图像效果。将每个图像都独立保存在一个图层上，改动某一个图层上的图像，不会影响其他图层上的图像。

2．图层的作用

"图层"面板用来管理和保存图层，其中收集了图像中的所有元素。在这些图层中，可以根据需要进行调整图层位置、删除图层、合并图层等操作。移动、调整图层上的内容，就像移动堆叠在一起的透明纸。

提示：从理论上讲，一幅图像可以有无限多个图层，但是图层的数量会影响计算机的性能。图层越多，占用的空间越大，操作的时间就会越长。

在默认状态下，"图层"面板处于显示状态，它是管理和操作图层的主要场所，可以进行图层的各种操作，如创建、删除、复制、移动、链接、合并图层等。如果用户在窗口中看不到"图层"面板，可以选择"窗口"→"图层"命令，或按 F7 键，打开"图层"面板，如图 3-6-2 所示。

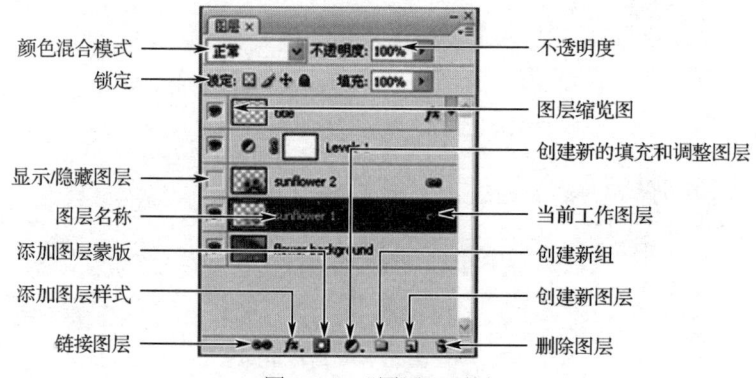

图 3-6-2 "图层"面板

"图层"面板中的主要选项或按钮的作用如下。

（1）"颜色混合模式"下拉列表框：设置当前图层的图像与下面图层图像之间的混合模式，一共包含 27 种模式。

（2）"不透明度"数值框：设置图层的总体不透明度。

（3）"锁定"按钮组：设置锁定图层的方式，单击可以锁定图层的透明像素和图像像素、位置，以及锁定全部图层属性，再次单击就可解锁。

（4）"显示/隐藏图层"图标：在"图层"面板中，每个图层的最左边都有一个眼睛图标。如果某图层的眼睛图标可见，表示此图层处于可见状态；单击该图标，眼睛图标消失，同时该图层上的图像也会被隐藏起来。

（5）图层名称：显示各图层的名称。双击图层名称，可以对其进行更改；选择"图层"→"重命名图层"命令，也可以修改图层名称。

（6）图层缩览图：图层缩览图的大小是可以调整的。单击"图层"面板右上角的菜单，在打开的下拉菜单中选择"面板选项"命令（见图 3-6-3），在弹出的"图层面板选项"对话框中可以调整图层缩览图的大小。

图 3-6-3 "面板选项"命令

3.6.2 图层的基本操作

1．创建新图层

1）通过"图层"面板菜单创建

单击"图层"面板右上角的菜单，在打开的下拉菜单中选择"新建图层"命令，系统会弹出"新建图层"对话框，在该对话框中可以设置新图层的名称、颜色、模式、不透明度等属性，如图 3-6-4 所示，单击"确定"按钮就可以创建一个新图层。

2）通过"创建新图层"按钮创建

单击"图层"面板底部的"创建新图层"按钮，可以直接在当前图层的上方创建一个图层，并自动按顺序命名，如图 3-6-5 所示。

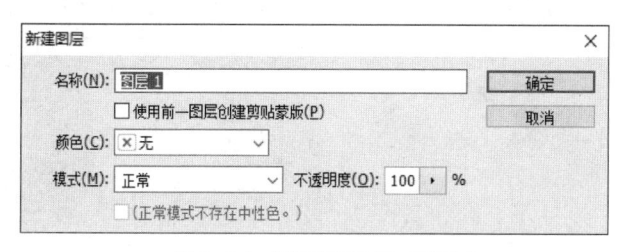

图 3-6-4 "新建图层"对话框

图 3-6-5 "创建新图层"按钮

3）通过"图层"命令创建

选择"图层"→"新建"→"图层"命令，系统会弹出"新建图层"对话框，它的操作方式和作用效果与单击"图层"面板中的"创建新图层"按钮完全相同。选择"图层"→"新建"→"通过拷贝的图层"命令（见图 3-6-6），系统将自动创建一个新图层，新图层是原选中图层的副本，图像在新图层中的位置与在原图层中的位置相同。

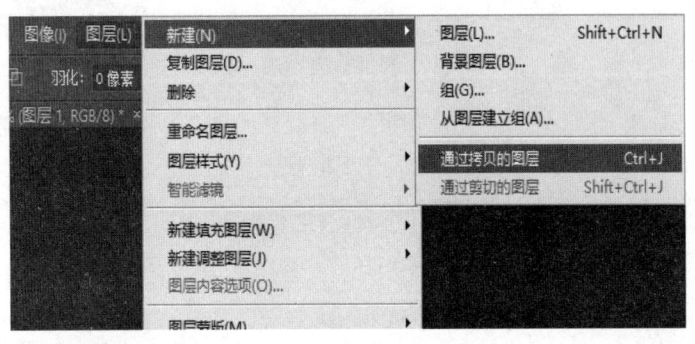

图 3-6-6 "通过拷贝的图层"命令

4）通过将图像从其他文档拖入创建

使用"移动工具"将图像由其他文档拖动到当前正在编辑的文档中，也可以创建新图层。

5）通过剪切的图层创建

当图像中存在选区时，选择"图层"→"新建"→"通过剪切的图层"命令，会将选区内的图像内容剪切后放置到一个新图层中，图像在新图层中的位置与在原图层中的位置相同。

（1）打开图像，创建选区，如图 3-6-7 所示。

（2）选择"图层"→"新建"→"通过剪切的图层"命令，将图像剪切下来，如图 3-6-8 所示。

提示：新建"图层"命令的快捷键为 Shift+Ctrl+N，"通过拷贝的图层"命令的快捷键为 Ctrl+J，"通过剪切的图层"命令的快捷键为 Shift+Ctrl+J。

2. 选择图层

在 Photoshop 2020 中可以选择一个或多个图层，但调整颜色和色调等操作只能在一个图层上进行。单个被选定的图层称为当前图层，移动、对齐、变换等操作可以在一次性选择的多个图层上进行。

1）在"图层"面板中选择图层

在"图层"面板中单击某图层，可将该图层选中，如图 3-6-9 所示，此时在图像文件标题栏中会显示当前图层的名称。

图 3-6-7 创建选区 　　图 3-6-8 剪切的图层 　　图 3-6-9 选择图层

2）利用菜单命令选择图层

选择"选择"→"所有图层"命令，可以选择除"背景"图层以外的所有图层。选择"选择"→"取消选择图层"命令，可以取消当前选择的图层。

3）通过"移动工具"选择图层

选择"移动工具"，选中其选项栏中的"自动选择"复选框，在其右面的下拉列表中选择"图层"选项，如图 3-6-10 所示。单击要选择的图像，则该图像所在的图层会被选中。

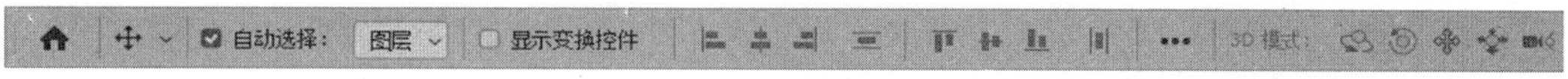

图 3-6-10　用"移动工具"选择图层

4）在图像编辑窗口中选择图层

在图像编辑窗口中右击，将弹出右击处含有的像素图层名称，单击图层名称即可选择该图层，如图 3-6-11 所示。此方法适用于图层数目较多的情况。

3．链接图层

链接图层可以使多个图层同时执行移动、变换等操作。当某图层名称的右侧出现链接标志时，表示该图层处于链接状态，如图 3-6-12 所示。

链接图层的方法很简单，只要同时选中两个或两个以上的图层，然后选择"图层"→"链接图层"命令，就可以将选中的图层进行链接。单击"图层"面板底部的"链接图层"按钮，也可以链接图层。

图 3-6-11　在图像编辑窗口中选择图层

若要取消链接，可先选择链接图层中的任意一个图层，然后单击"图层"面板底部的"链接图层"按钮，就可以将当前图层与其他图层的链接取消，如图 3-6-13 所示。

取消链接的图层，其名称右侧的链接标志消失，这只表示取消了当前图层与其他图层的链接，没有被取消链接的图层依然存在链接关系。

图 3-6-12　链接状态 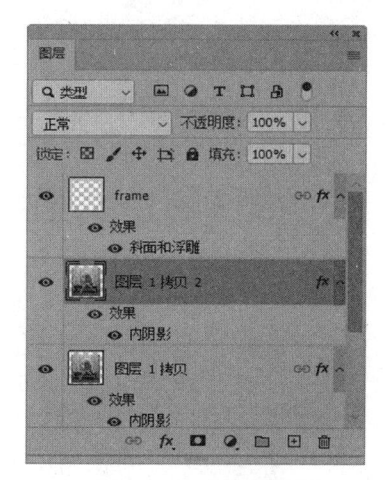　　　　图 3-6-13　取消链接

4．删除图层

对于不需要的图层可以将其删除。选中要删除的图层，选择"图层"→"删除"→"图

层"命令，系统会弹出一个提示框（见图3-6-14），单击"是"按钮，即可删除当前选中的图层。在"图层"面板中，将要删除的图层拖动到底部的"删除图层"按钮上，也可删除该图层。

5. 复制图层

1）通过"复制图层"命令复制图层

在"图层"面板中选中要复制的图层，选择"图层"→"复制图层"命令，系统会弹出"复制图层"对话框（见图3-6-15），在该对话框中可以更改图层名称，还可以在"文档"下拉列表框中选择复制到当前打开文档中的一个。

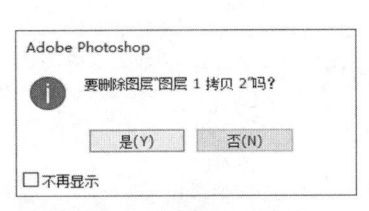

图 3-6-14　删除图层提示框　　　　图 3-6-15　"复制图层"对话框

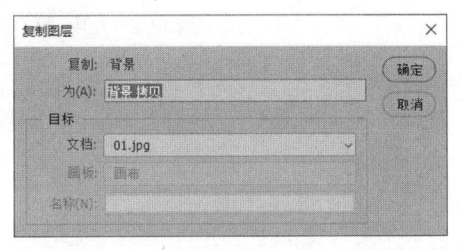

2）通过"创建新图层"按钮复制图层

拖动任意图层到"图层"面板底部的"创建新图层"按钮上，松开鼠标左键，可创建任意图层的副本图层，如图3-6-16所示。

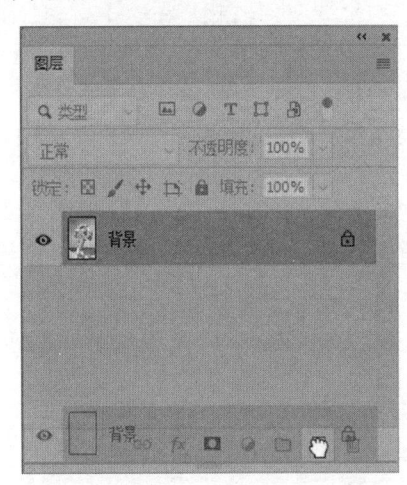

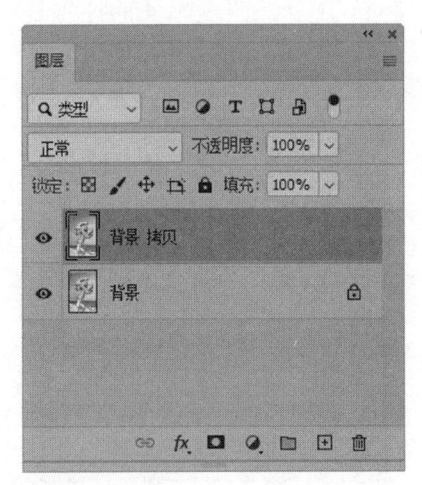

图 3-6-16　创建副本图层

3）通过"移动工具"复制图层

使用"移动工具"可直接将要复制的图层拖动到另一个PSD格式文件中，完成两幅图像之间的图层复制。如果两幅图像的尺寸完全相同，在拖动图像的同时按住 Shift 键，可以使复制的图像保持在同一个位置上。

6. 调整图层顺序

在 Photoshop 2020 中，大部分作品是由若干图层组成的，用户可根据需要对图层的顺序进行调整。

在"图层"面板中，将鼠标指针移到要调整顺序的图层上单击并拖动，当拖动到合适的位置后松开鼠标左键即可调整图层的顺序，如图3-6-17所示。

图 3-6-17　调整图层顺序

7．对齐图层与分布图层

1）对齐图层

要对齐图层必须选择两个或两个以上的图层，选中图层以后，"移动工具"选项栏中的对齐按钮将被激活，如图 3-6-18 所示。

图 3-6-18　对齐按钮

2）对齐按钮的作用

（1）"左对齐"按钮：将选定图层上的左端像素与所有选定图层最左端的像素对齐。

（2）"水平居中对齐"按钮：将选定图层上的水平中心像素与所有选定图层上的水平中心像素对齐。

（3）"右对齐"按钮：将选定图层上的右端像素与所有选定图层最右端的像素对齐。

（4）"顶对齐"按钮：将选定图层上的顶端像素与所有选定图层顶端的像素对齐，或与选区边缘对齐。

（5）"垂直居中对齐"按钮：将选定图层上的垂直中心像素与所有选定图层上的垂直中心像素对齐。

（6）"底对齐"按钮：将选定图层上的底端像素与所有选定图层上的底端像素对齐。

各种对齐方式如图 3-6-19 所示。

(a) 原图　　(b) 左对齐　　(c) 右对齐　　(d) 顶对齐　　(e) 底对齐

图 3-6-19　各种对齐方式

3）分布图层

分布图层是指调整多个图层之间的距离，控制多个图像在水平或垂直方向上按照相等的间距排列。同时选择三个或三个以上的图层，"移动工具"选项栏中的分布按钮就会被激活，如图3-6-20所示。

8．合并图层

合并图层是指根据创作设计的需要，合并两个或两个以上的图层、图层组。合并图层可以减少文件中的图层数量，减少文件所占用的磁盘空间，提高软件的运行速度。

在"图层"菜单中有三个命令可以实现合并图层，分别是"合并图层""合并可见图层""拼合图像"，如图3-6-21所示。

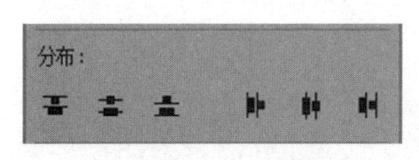

图3-6-20　分布按钮

图3-6-21　合并图层命令

（1）"合并图层"命令：可将当前图层合并到下方图层中，不会影响其他图层。只有在下方图层可见的情况下，才能执行该命令。

（2）"合并可见图层"命令：如果不想合并全部图层，只想合并个别图层，可以先将不需要合并的图层隐藏起来，然后执行"合并可见图层"命令，就可以将图像中显示的图层合并，隐藏的图层保持不变。

（3）"拼合图像"命令：将图像中的所有图层拼合到"背景"图层上成为一个图层，如果没有"背景"图层，将合并到底层上。如果在所合并的图层中有隐藏的图层，系统会弹出提示框，提示是否扔掉隐藏的图层。单击"确定"按钮，则扔掉隐藏的图层，将所有图层合并；单击"取消"按钮，则所有图层保持不变。

9．创建图层组

在Photoshop 2020中，为了方便管理图层，可以将多个图层放在一个图层组中进行管理。新建的图层组会在当前图层上方显示，系统默认图层组为打开状态，如果此时新建图层，则图层会自动新建在图层组里；如果关闭图层组，则图层会新建在图层组上方。创建图层组有以下两种方法。

1）通过"图层"菜单

选择"图层"→"新建"→"组"命令，系统会弹出"新建组"对话框，如图3-6-22所示。在该对话框中设置图层组信息，单击"确定"按钮，创建图层组。

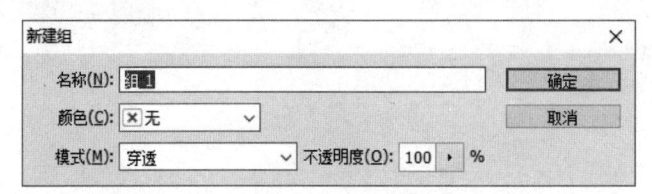

图3-6-22　新建图层组

选中要放在一组中的图层，选择"图层"→"新建"→"从图层建立组"命令，系统会弹出"从图层新建组"对话框，单击"确定"按钮，即可将选中的图层放入一个图层组中，如图 3-6-23 所示。

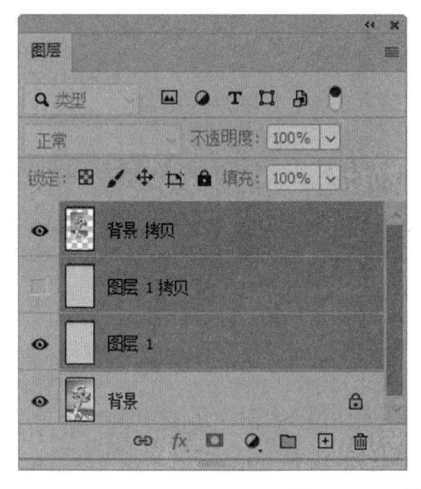

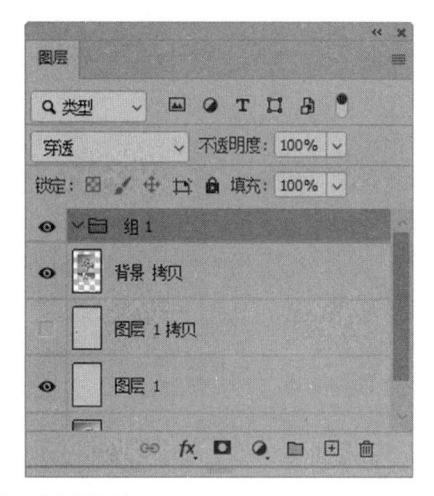

图 3-6-23　从图层建立图层组

2）使用"创建新组"按钮

单击"图层"面板底部的"创建新组"按钮，将直接创建图层组，组名默认为"组 1"，以此类推。创建图层组后，就可将图层拖动到图层组中。

提示：按住 Alt 键的同时单击"创建新组"按钮，系统会弹出"新建组"对话框。

10．编辑图层组

1）在图层组中添加图层

要想将图层添加到图层组中，可以使用"移动工具"拖动图层到图层组名称上，当图层组高亮显示时松开鼠标左键，图层即被添加到图层组中，并且置于图层组的最下方，如图 3-6-24 所示。

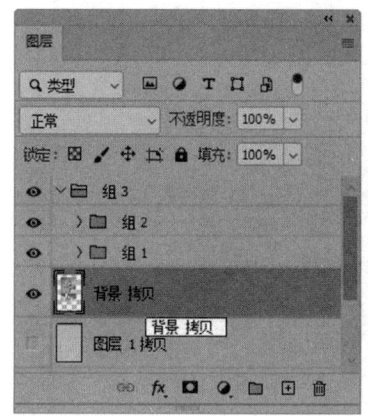

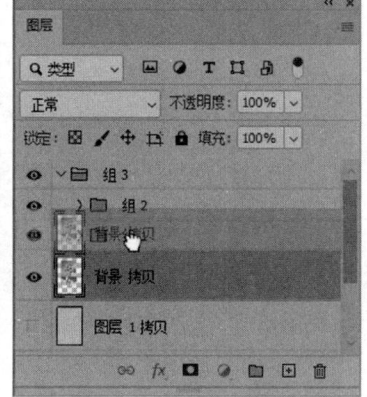

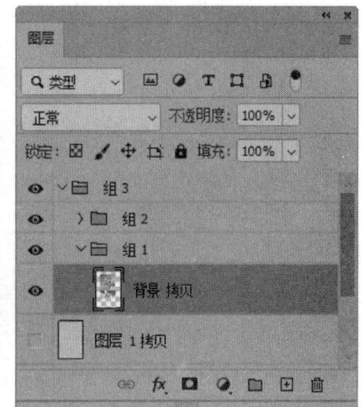

图 3-6-24　在图层组中添加图层

2）复制图层组

一种方法是选择"图层"→"复制组"命令，系统会弹出"复制组"对话框（见图 3-6-25），在该对话框中设置所需信息，即可复制图层组。另一种方法是在"图层"面板中，将要复制的图层组拖动到底部的"创建新图层"按钮上，即可复制图层组，此时不会弹出对话框，该图层组名称为系统默认名称。

3）删除图层组

如果不想用图层组来管理图层，可以选择"图层"→"删除"→"组"命令，系统会弹出提示框，删除相应选项即可，如图 3-6-26 所示。

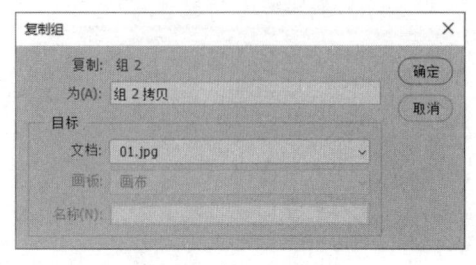

图 3-6-25　复制图层组

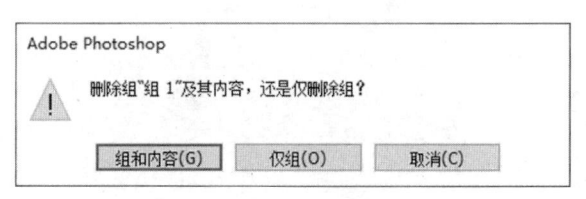

图 3-6-26　删除图层组

3.6.3　图层样式

使用"图层样式"命令可以为图层添加各种各样的样式，如投影、浮雕、发光等，丰富画面的视觉效果。

在 Photoshop 2020 中，除背景图层外，未被锁定的普通图层、文字图层、形状图层还有各种调整图层，都可以添加图层样式。选择"图层"→"图层样式"→"斜面和浮雕"命令，系统会弹出"图层样式"对话框，如图 3-6-27 所示。

在"图层样式"对话框中，左边一栏是各种图层样式列表，在中间设置各种样式的参数，右边为预览窗口。

除了 10 种默认的图层样式，"图层样式"对话框中还有系统预设的"样式"选项。在"图层样式"对话框中单击"样式"选项，会出现很多种预设的样式以供选择，直接单击其中的按钮，即可将样式应用于图像之中，如图 3-6-28 所示。

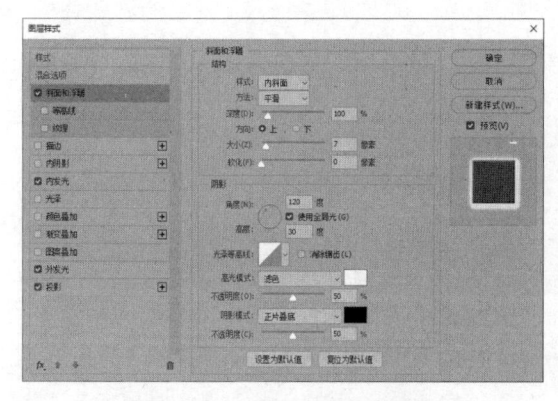

图 3-6-27　"图层样式"对话框

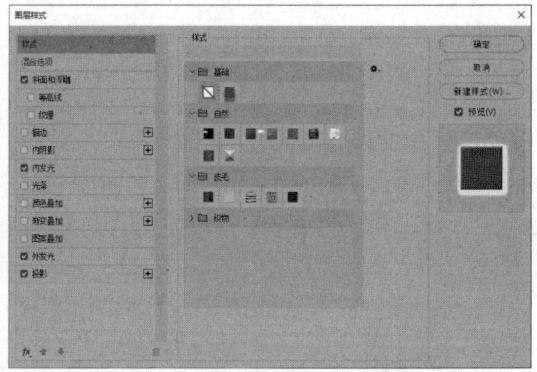

图 3-6-28　系统预设样式

各种图层样式能实现的效果如下。

（1）投影：顾名思义就是添加阴影效果，可根据需要在参数区进行设置，如图 3-6-29 所示。

（2）内阴影：为当前图层中的图像添加内阴影效果，使图像内部产生色彩变化，如图 3-6-30 所示。

图 3-6-29　投影 　　　　　　　　　　　图 3-6-30　内阴影

（3）外发光：使图像的外部产生发光效果，如图 3-6-31 所示。

（4）内发光：使图像边缘的内部产生发光效果，与外发光效果相似，如图 3-6-32 所示。

图 3-6-31　外发光 　　　　　　　　　　图 3-6-32　内发光

（5）斜面和浮雕：模拟产生浮雕效果，包括"外斜面""内斜面""浮雕效果""枕状浮雕"和"描边浮雕"5 种样式，选择不同的样式可产生不同的效果，如图 3-6-33 所示。在"斜面和浮雕"样式中还有两个子样式，其中"等高线"子样式可以为转折处添加更多明暗的变化，得到特殊的浮雕效果；"纹理"子样式可以为浮雕效果添加指定的图案。

图 3-6-33　斜面和浮雕

（6）光泽：对图层内部应用阴影，与形状互相作用，通常创建规则的波浪形状，产生光滑的磨光及金属效果，如图 3-6-34 所示。

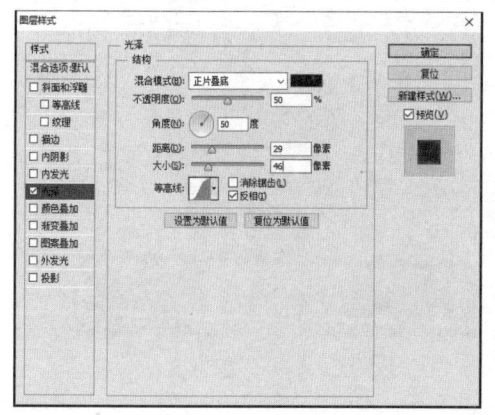

图 3-6-34 光泽

（7）颜色叠加：在当前图层上方覆盖一种颜色，并可设置不同的混合模式和不透明度，如图 3-6-35 所示。

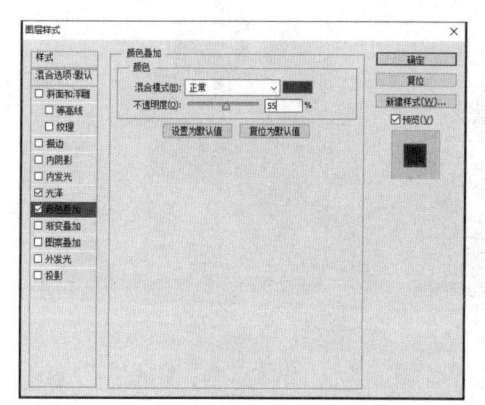

图 3-6-35 颜色叠加

（8）渐变叠加：在当前图层上方覆盖一种渐变色，使其产生渐变填充效果，如图 3-6-36 所示。在"渐变叠加"选项区中单击渐变条即可打开"渐变编辑器"对话框，在其中可对渐变颜色进行手动调整。

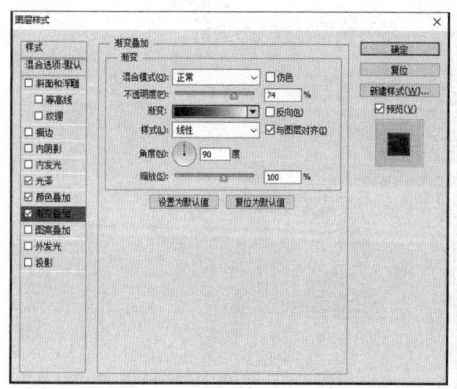

图 3-6-36 渐变叠加

（9）图案叠加：在当前图层上方覆盖不同的图案，如图 3-6-37 所示。

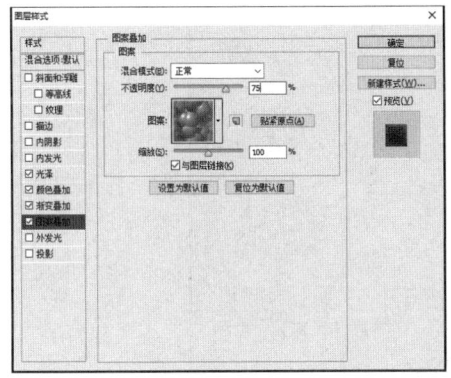

图 3-6-37 图案叠加

（10）描边：为当前图像添加描边，该描边可以是纯色，也可以是图像或渐变色，如图 3-6-38 所示。

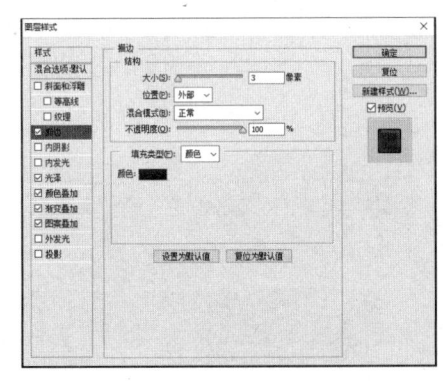

图 3-6-38 描边

各种图层样式参数的作用如下。

（1）"混合模式"：选择不同混合模式。

（2）"色彩样本"：可修改阴影、发光和斜面等的颜色。

（3）"不透明度"：当此数值为 0 时，添加透明效果；当此数值为 100 时，添加不透明效果。

（4）"角度"：控制光源的方向。

（5）"使用全局光"：可控制阴影、发光、浮雕等样式的光照效果是否保持一致。当选中该复选框时，添加的阴影、发光等效果使用相同的光照方向；当取消选中该复选框时，可单独调整该效果的光照方向，而不影响其他图层样式的效果。

（6）"距离"：确定图像和效果之间的距离。

（7）"扩展"：主要用于"投影"和"外发光"样式，产生从边缘向外扩展的效果。

（8）"大小"：确定效果影响的程度，以及从边缘收缩的程度。

【任务实施】

（1）新建一幅图像，"新建"对话框如图 3-6-39 所示，设置前景色为绿色，背景色为白色，选择工具箱中"渐变工具"中的"菱形渐变"，在其选项栏中进行设置，如图 3-6-40 所示。

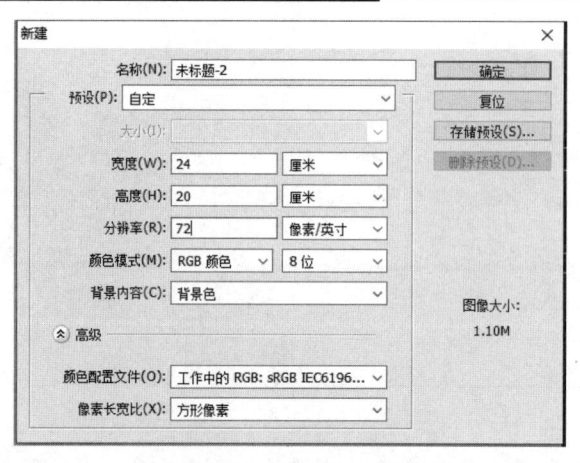

图 3-6-39 "新建"对话框

图 3-6-40 "渐变工具"选项栏

（2）设置完成后，在图像中从中心向右下角拖拽鼠标进行填充，按 Ctrl+R 快捷键显示标尺，再拖拽出几条参考线，如图 3-6-41 所示。

（3）单击工具箱中的"矩形选框工具"，在其选项栏中进行设置。

（4）设置完成后，在图像中绘制选区，如图 3-6-42 所示。

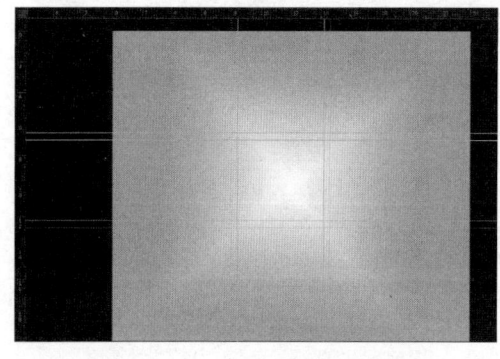

图 3-6-41 显示标尺和参考线　　　　图 3-6-42 绘制选区

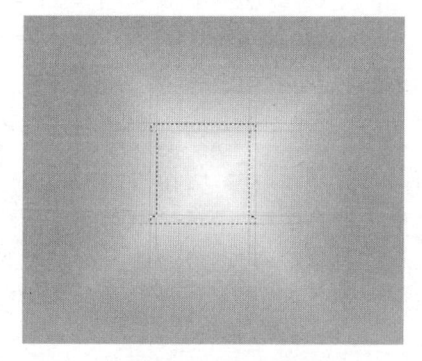

（5）新建图层，将前景色设置为黄色（R：254，G：221，B：28），背景色设置为白色，选择工具箱中"渐变工具"中的"线性渐变"，在其选项栏中进行设置。

（6）设置完成后，按住 Shift 键在选区中从左到右拖拽鼠标，进行渐变填充，效果如图 3-6-43 所示。

（7）按 Ctrl+D 快捷键取消选区，单击工具箱中的"椭圆选框工具"，在按住 Shift 键的同时单击鼠标并拖拽绘制如图 3-6-44 所示的正圆选区。

（8）用"渐变工具"对创建的选区进行填充，"渐变工具"的选项设置同步骤（5）中设置的一样，然后在正圆选区中从左上角到右下角拖拽鼠标进行填充，效果如图 3-6-45 所示。

（9）选择"选择"→"变换选区"命令，对正圆选区进行变换操作。

（10）按回车键确认变换操作，并将选区填充为白色，效果如图 3-6-46 所示。

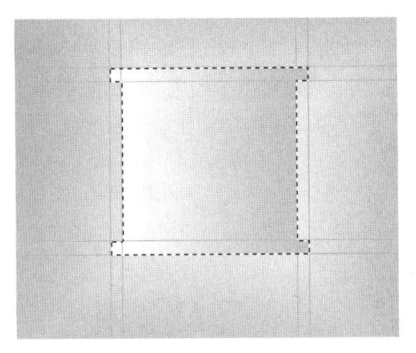

图 3-6-43　渐变填充效果 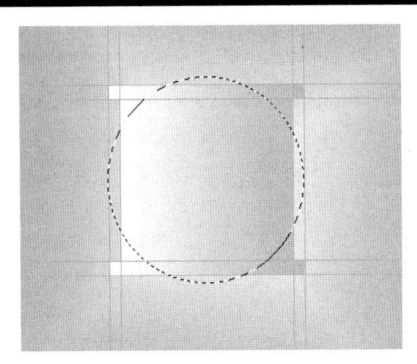　　　　图 3-6-44　绘制正圆选区

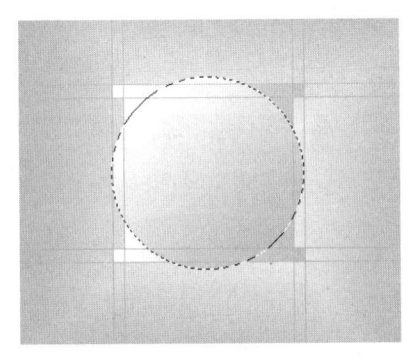

图 3-6-45　渐变填充效果 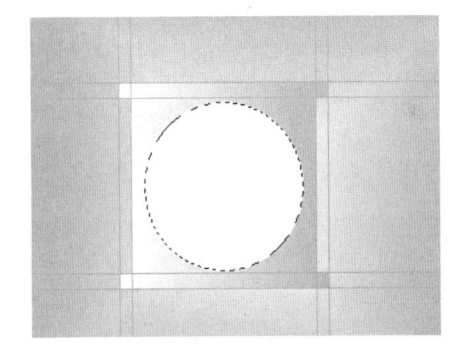　　　　图 3-6-46　填充选区效果

（11）取消选区，打开素材图像，利用工具箱中的"魔棒工具"在图像中白色背景处单击，然后按 Ctrl+Shift+I 快捷键反选选区。

（12）按 Ctrl+Alt+D 快捷键打开"羽化选区"对话框，设置参数，单击"确定"按钮，利用工具箱中的"移动工具"将选区中的图像拖拽到新建的图像中，然后按 Ctrl+T 快捷键执行"自由变换"命令，调整图像大小及位置，如图 3-6-47 所示。

（13）再利用"矩形选框工具"绘制矩形选区，并将其填充为红色，作为卡通手表的分针，取消选区，如图 3-6-48 所示。

图 3-6-47　复制并调整图像 　　　　图 3-6-48　填充并取消选区

（14）按 Ctrl+C 快捷键复制红色矩形，按 Ctrl+V 快捷键进行粘贴，然后按 Ctrl+T 快捷键执行"自由变换"命令，对其位置和大小进行调整，作为卡通手表的时针，如图 3-6-49 所示。

（15）新建图层，利用工具箱中的"矩形选框工具"和"椭圆选框工具"，绘制如图 3-6-50 所示的选区。

图 3-6-49　绘制时针　　　　　　　　图 3-6-50　绘制选区

（16）用"渐变工具"对创建的选区进行填充，"渐变工具"的选项栏设置与步骤（5）中的设置一样，然后在创建的选区中使用"菱形渐变"从中心向右下角拖拽鼠标进行填充，如图 3-6-51 所示。

（17）取消选区，再绘制一个椭圆选区，在"渐变工具"选项栏中取消选中"反向"复选框，然后使用与步骤（5）中相同的渐变设置对椭圆选区进行填充，效果如图 3-6-52 所示。

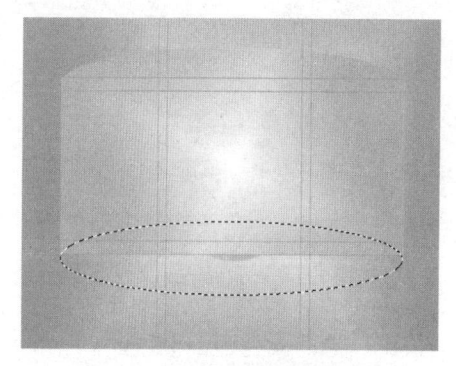

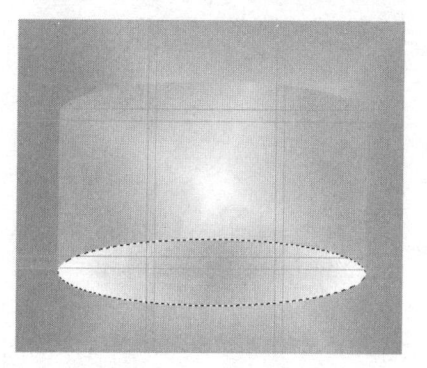

图 3-6-51　填充选区效果　　　　　　图 3-6-52　填充椭圆选区效果

（18）调整图层的位置，如图 3-6-53 所示。合并除背景图层以外的所有图层为"图层 1"，然后调整其大小及位置，如图 3-6-54 所示。

图 3-6-53　调整图层位置　　　　　　图 3-6-54　合并图层并调整图层大小及位置

（19）按 Ctrl+R 快捷键隐藏标尺，按 Ctrl+H 快捷键隐藏参考线，最终效果图如图 3-6-55 所示。

图 3-6-55　最终效果图

【案例总结】

使用图层，可以很方便地修改图像，简化图像编辑操作。图像的所有编辑操作几乎都依赖于图层，基于图层还能延伸出混合模式、图层样式与调整图层功能。利用图层及与之相关的功能，可以制作出艺术效果。

【技能实训】

利用剪切蒙版功能制作图像。先将画框中的白色区域复制出来，再将人物照片放入画框中，然后为人物照片和白色区域添加剪切蒙版，如图 3-6-56 所示为将人物照片和画框合成在一起的效果。

合成人物照片和画框的主要步骤如下。

（1）打开"人物"图像和"画框"图像，使用"魔棒工具"将"画框"中的白色区域选中。

（2）执行"拷贝"和"粘贴"命令，使白色区域作为单独的图层存在。

（3）将"人物"图像拖到"画框"图像中，添加剪切蒙版。

制作过程如图 3-6-57 所示。

图 3-6-56　将人物照片和画框合成在一起的效果

图 3-6-57　制作过程

项目7　蒙版的使用

【任务导入】

蒙版是指图像中被保护的区域，它可用来控制图层或图层组中不同区域的隐藏和显示方式。应用蒙版可以巧妙地将多幅图像合成在一起。蒙版具有保护被屏蔽的图像区域的功能。当给图像添加蒙版后，对图像的一切操作将只对透明的、未被屏蔽的区域有效。蒙版并非擦除或者修改图像，编辑蒙版不会实际影响到该图层上的图像，必要时可重新显示蒙版区域的图像。

【任务要求】

图3-7-1所示为利用图片制作的拉环图，要求制作圆环，并添加图层样式中的内阴影效果，准确表达图像的相关信息。

图3-7-1　利用图片制作的拉环图

【任务计划】

采用三张颜色相近的、较为柔和的矢量底纹图片，并添加混合模式中的内阴影效果，完成整个设计过程。

【难点剖析】

（1）新建文档，"宽度"和"高度"分别设置为1000像素。
（2）把三张图片依次放到新建的"立体拉环"文件里面，对图片大小进行调节，直至这三张图形大小一致。
（3）制作圆环，把三张图片制作成圆环的形状。
（4）选择"图层"→"图层样式"→"混合选项"，设置内阴影效果。

【必备知识】

3.7.1 图层蒙版

1. 添加图层蒙版

（1）什么是图层蒙版

图层蒙版可用来显示和隐藏图层的部分内容。利用图层蒙版可以生成淡入淡出的羽化效果，使图像的合成效果更加自然，如图 3-7-2 所示。

图 3-7-2　图层蒙版

（2）图层蒙版的具体操作

单击"图层"面板底部的"添加图层蒙版"按钮，可以为当前图层创建一个空白的图层蒙版，如图 3-7-3（a）所示。按住 Alt 键的同时单击"添加图层蒙版"按钮，可以为当前图层创建一个被黑色填充的图层蒙版，被黑色填充的图层蒙版遮住了当前图层中的所有内容。

在创建图层蒙版时，如果当前文件中存在选区，那么会在选区中创建图层蒙版，只显示选区中的图像，隐藏选区外的图像，如图 3-7-3（b）所示。

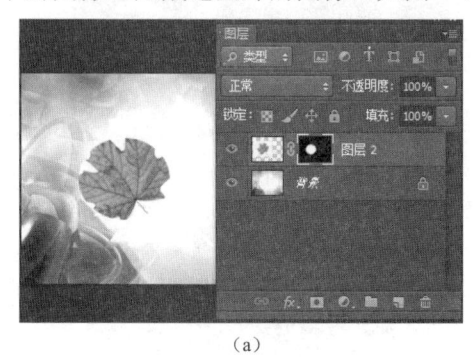

（a）　　　　　　　　　　　　　　（b）

图 3-7-3　创建图层蒙版

2. 编辑图层蒙版

1）使用"画笔工具"编辑图层蒙版

（1）打开本项目素材文件，参照图 3-7-4 所示将"插画"图像和"相框"图像拖入"纸板"图像文件中。

（2）在"图层"面板中，隐藏"图层 4"，选中"图层 3"，选择"编辑"→"自由变换"命令，在视图中右击，在弹出的快捷菜单中选择"顺时针旋转 90 度"命令，效果如图 3-7-5 所示。

图 3-7-4　添加素材文件 　　　　　　　图 3-7-5　顺时针旋转相框效果

（3）在"图层"面板中，取消隐藏"图层 4"，单击"图层 4"，使用"移动工具"调整"插画"图像的位置，如图 3-7-6 所示。

（4）在工具箱中选择"魔棒工具"，在"图层"面板中单击"图层 3"，然后在"相框"图像中心的白色区域单击，将其选中，如图 3-7-7 所示。

图 3-7-6　调整"插画"图像的位置 　　　　　图 3-7-7　创建选区

（5）在"图层"面板中选中"图层 4"，单击底部的"添加图层蒙版"按钮，为"图层 4"添加图层蒙版，如图 3-7-8 所示。

（6）在"图层"面板中先单击"背景"图层，再单击"创建新图层"按钮，新建"图层 5"，如图 3-7-9 所示。

图 3-7-8　添加图层蒙版 　　　　　　　图 3-7-9　创建新图层

（7）在工具箱中选择"前景色工具"，打开"拾色器（前景色）"对话框，如图 3-7-10 所示，设置前景色。

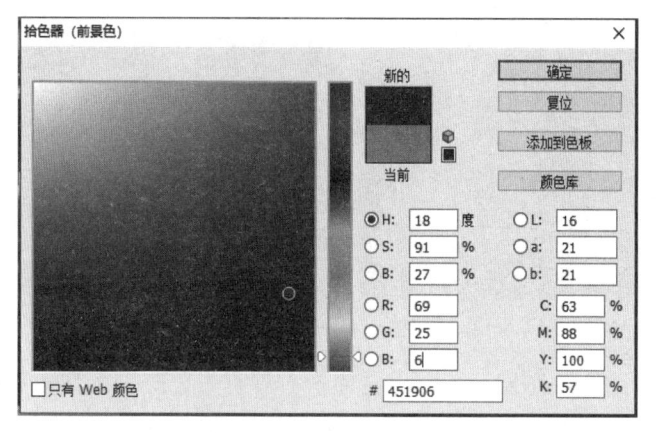

图 3-7-10　设置前景色

（8）按 Alt+Backspace 快捷键，使用前景色填充"图层 5"，如图 3-7-11 所示。
（9）在"图层"面板中，设置"图层 5"的混合模式为"正片叠底"，如图 3-7-12 所示。

图 3-7-11　填充图层 5　　　　图 3-7-12　设置"图层 5"的混合模式

（10）在"图层"面板底部单击"添加图层蒙版"按钮，为"图层 5"添加图层蒙版，选择工具箱中的"画笔工具"，设置画笔大小、不透明度为 50% 后进行绘制，编辑图层蒙版，最终效果图如图 3-7-13 所示。

2）使用"渐变工具"创建平滑过渡的图像合成效果。

（1）打开两张需要创建合成效果的图片，放入一个文件中，如图 3-7-14 所示。创建过渡效果时，注意将两个图像要融合的部分重叠在一起，这样创建过渡蒙版时会使两个图像自然地融合在一起。

图 3-7-13　最终效果图

图 3-7-14 打开两张需要创建合成效果的图片

（2）为"图层 1"添加图层蒙版，保持前景色和背景色分别为黑色和白色，使用"渐变工具"创建过渡效果，如图 3-7-15 所示。

图 3-7-15 使用"渐变工具"创建过渡效果

3. 应用图层蒙版

在"图层"面板中，若单击图层缩览图选中图层，则进入图像编辑状态；若单击图层蒙版缩览图，则进入图层蒙版编辑状态，选中的图层蒙版缩览图中会出现一个黑色矩形框，如图 3-7-16 所示。

图 3-7-16 选中图层缩览图与选中图层蒙版缩览图

使用图层蒙版会显示图层中所有的图像效果。选择"图层"→"图层蒙版"→"停用"命令，在图层蒙版缩览图上会出现一个"×"形，如图 3-7-17 所示。

选中图层蒙版后，单击"图层"面板底部的"删除图层"按钮，系统会弹出一个是否将蒙版应用到图层的提示框，如图 3-7-18 所示。

提示：选择"图层"→"图层蒙版"→"应用"（或"删除"）命令也可以删除图层蒙版。执行"应用"命令后，图层中的图像将和应用的蒙版结合，成为一个经过蒙版加工的图像，如图 3-7-19 所示。

选中图层蒙版，按住 Alt 键的同时将其拖至其他未加蒙版的图层，可复制蒙版到该图层中。若该图层中已包含蒙版，则会替换已有的蒙版。

图 3-7-17　停用图层蒙版

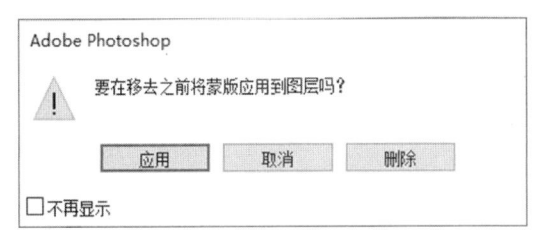

图 3-7-18　是否将蒙版应用到图层的提示框

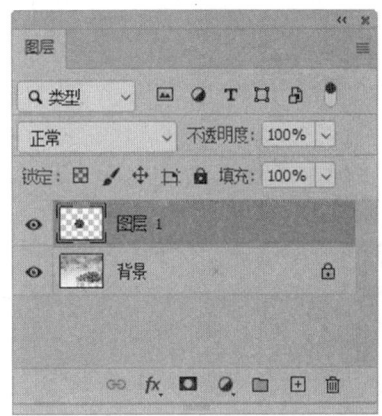

图 3-7-19　蒙版加工

3.7.2　快速蒙版

1．什么是快速蒙版

当想对选区稍做修改或进行预览而使用普通方法难以实现时，可以使用快速蒙版。利用快速蒙版可以改变选区的羽化效果、预览一个羽化了的选区、对一个选区使用滤镜、创建一个使用了"渐变工具"的选区、精确地用一种带柔边的绘图工具改变选区等。

2．快速蒙版的作用

快速蒙版可以看作一种编辑选区的环境，通过与绘制类工具相配合，创建具有不同外观的选区边缘；或者从现有的选区开始，添加或减少选区范围，以改变选区的外观。

创建一个带有一定背景及过渡效果的灯泡图像的过程如下。

（1）打开图像。

（2）在工具箱中单击"以快速蒙版模式编辑"，进入快速蒙版编辑模式，此时图像没有任何变化。

（3）选择工具箱中的"画笔工具"，设置默认的前景色和背景色，然后在窗口中进行绘制，如图 3-7-20 所示。受保护区域和未受保护区域以不同的颜色进行区分，其中红色部分为使用"画笔工具"绘制的图像，此部分为受保护的区域，即选区以外的内容。

（4）在工具箱中单击"以标准模式编辑"，退出快速蒙版编辑模式，得到所需的选区，此时即可将灯泡图像从背景中复制出来，如图 3-7-21 所示。

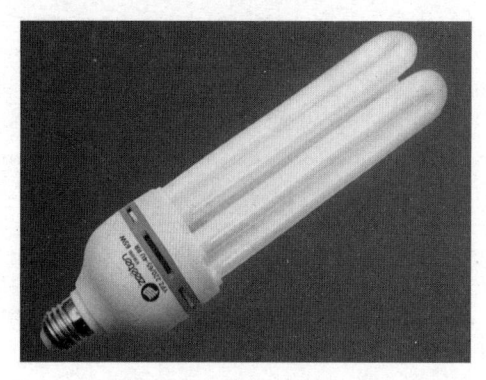

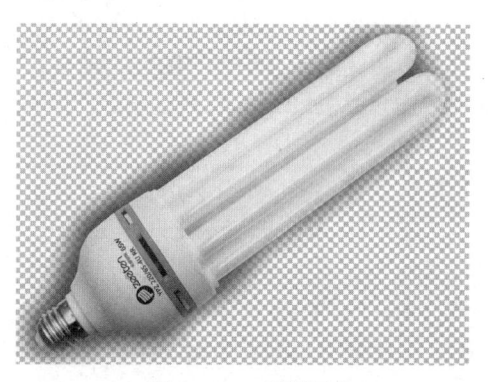

图 3-7-20　使用"画笔工具"

图 3-7-21　复制图像

提示：利用键盘上的 Q 键，可以在标准模式和快速蒙版编辑模式间进行切换。

3.7.3　剪贴蒙版

1. 什么是剪贴蒙版

剪贴蒙版可用来以下方图层的图像形状控制上方图层图像的显示区域。创建剪贴蒙版后，蒙版的下方图层中带有下画线，而被剪贴的图层将显示一个剪贴蒙版图标。

提示：剪贴蒙版可以有多个内容图层，这些图层必须是相邻的、连续的，可通过一个图层控制多个图层的显示区域。

2. 创建剪贴蒙版的具体操作

在创建剪贴蒙版时，先将剪贴的两个图层放在合适的位置，被剪贴的图层放在上面。按住 Alt 键，当鼠标指针在两个图层之间变为黑色小箭头时，单击即可创建剪贴蒙版，如图 3-7-22 所示。

图 3-7-22　创建剪贴蒙版

【任务实施】

（1）打开三张图片。

（2）选择"文件"→"新建"命令，新建一个文件，名称为"立体拉环"，"宽度"和"高度"分别设置为 1000 像素。

（3）把刚才打开的三张图片依次拉进新建的"立体拉环"文件里面，那么这三张图片在新建文件中就分别显示为三个图层，在这三个图层中选中一个图层为当前图层，按 Ctrl+T 组合键，对当前图层中的图片大小进行调节，调节至这三张图片大小一致。

（4）利用"椭圆选框工具"制作圆环，把三张图片制作成像光盘一样的形状，如图 3-7-23 所示。

图 3-7-23　光盘形状效果示意图

（5）在"图层"面板中选择其中一个圆环图层为当前图层，选择"图层"→"图层样式"→"混合选项"，设置图层样式"混合选项"，选择"内阴影"，"距离"设置为 0 像素，"阻塞"设置为 30%，"大小"设置为 30 像素，如图 3-7-24 所示。

（6）另外两张光盘形状图片按以上方法依次进行内阴影设置，即可完成圆环的内阴影特效，最终效果图如图 3-7-25 所示。

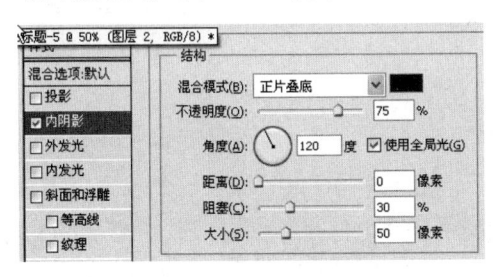

图 3-7-24　设置"内阴影" 　　　　　图 3-7-25　最终效果图

【案例总结】

蒙版用来保护被遮蔽的区域，具有高级选择功能，同时能够对图像局部的颜色进行调整，而使图像的其他部分不受影响。

在日常的设计工作中，使用蒙版是创作复杂图像效果必备的技能之一。

【技能实训】

下面通过一个例子介绍快速蒙版的使用方法，具体的操作步骤如下。

（1）打开一个图像，利用"矩形选框工具"在其中创建选区，如图 3-7-26 所示。

（2）单击工具箱中的"以快速蒙版模式编辑"，为创建的选区添加快速蒙版，如图 3-7-27 所示。

图 3-7-26　打开图像并创建选区 　　　　　　图 3-7-27　添加快速蒙版

（3）选择"滤镜"→"素描"→"影印"命令，弹出"影印"对话框，设置参数，如图 3-7-28 所示，然后单击"确定"按钮，效果如图 3-7-29 所示。

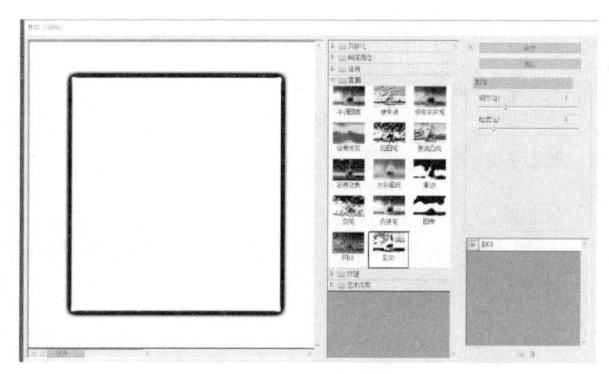

图 3-7-28　"影印"对话框 　　　　　　图 3-7-29　影印滤镜效果

（4）单击工具箱中的"以普通模式编辑"，转换到普通模式，如图 3-7-30 所示。
（5）按 Ctrl+Shift+I 快捷键反选选区，并用白色填充，如图 3-7-31 所示。
（6）按 Ctrl+D 快捷键取消选区，单击工具箱中的文字工具，在图像中输入白色文字"画中画"，最终效果图如图 3-7-32 所示。

图 3-7-30　转换到普通模式 　　　图 3-7-31　填充效果 　　　图 3-7-32　最终效果图

项目 8　通道的综合应用

【任务导入】

在 Photoshop 2020 中进行设计、创作时，除了可以使用色彩调整、图层堆叠来编辑图像，还可以使用通道来辅助编辑图像。使用通道可以存储和编辑选区，是编辑特殊选区外观的一种方法。

【任务要求】

本任务要求制作一个艺术相框模板，在 Photoshop 中运用 Alpha 通道创建选区并添加图层蒙版，如图 3-8-1 所示为艺术相框模板效果图。

图 3-8-1　艺术相框模板效果图

【任务计划】

本任务介绍制作艺术相框模板的方法，先通过绘制选区、添加描边、添加滤镜效果的方法处理 Alpha 通道，然后通过复制图像、运用 Alpha 通道创建选区和添加图层蒙版的方法制作出最终的艺术相框模板效果。

【难点剖析】

（1）在通道中应用滤镜效果，创建特殊选区外观。
（2）利用通道中生成的选区制作图层蒙版。

【必备知识】

3.8.1　"通道"面板

1. "通道"面板功能按钮

选择"窗口"→"通道"命令，打开"通道"面板，如图 3-8-2 所示。在"通道"面板中，第一个通道称为复合通道，复合通道代表所有单个颜色通道混合后的全彩效果。

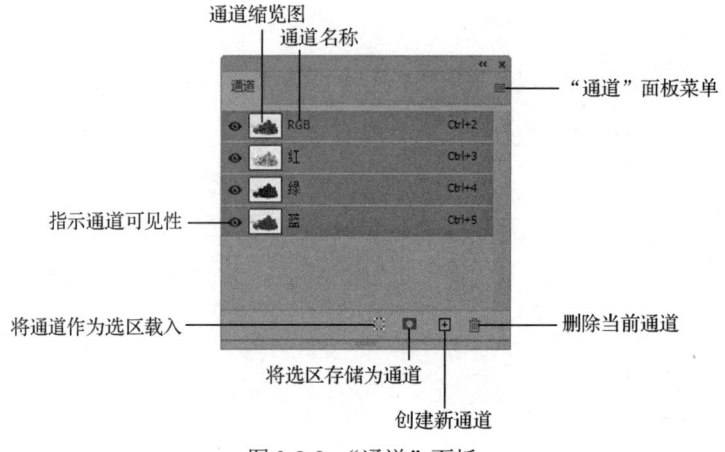

图 3-8-2 "通道"面板

"通道"面板中主要功能选项和按钮的作用如下。

（1）通道缩览图：用于显示通道中的内容，可以通过通道缩览图迅速辨别每个通道。

（2）通道名称：在创建新通道时可以双击通道名称进行更改，但是图像的主要通道和原色通道是不能改变名称的。

（3）"指示通道可见性"图标：单击眼睛图标可以显示或隐藏通道。

（4）"将通道作为选区载入"按钮：单击此按钮可将当前通道的内容转换为选区。通常白色部分在选区之内，黑色部分在选区之外，灰色部分则是半透明效果。

（5）"将选区存储为通道"按钮：创建选区后，单击该按钮可以将选区保存到"通道"面板中，方便以后的调用。如果要保存选区，还可以选择"选择"→"存储选区"命令，系统会弹出"存储选区"对话框（见图 3-8-3），单击"确定"按钮即可将选区保存为通道。

（6）"创建新通道"按钮：单击此按钮可以迅速创建一个空白 Alpha 通道，通道显示为全黑色。

（7）"删除当前通道"按钮：选中通道后，单击此按钮可以删除当前通道，也可以在通道上右击，在弹出的快捷菜单中选择"删除通道"命令进行删除。

2．"通道"面板菜单

单击"通道"面板右上角的菜单，可以打开"通道"面板菜单，如图 3-8-4 所示，在"通道"面板菜单中可以选择不同的命令来完成操作。

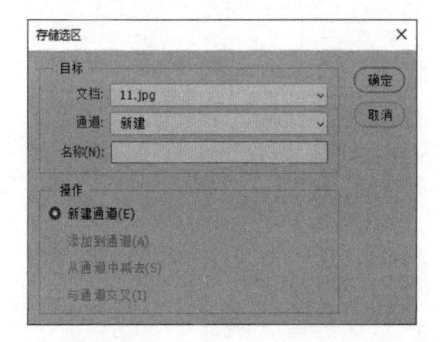

图 3-8-3 "存储选区"对话框 　　　　图 3-8-4 "通道"面板菜单

1）新建通道

选择"新建通道"命令，系统会弹出"新建通道"对话框（见图 3-8-5），设置好后单击"确定"按钮即可创建新通道。

"新建通道"对话框包含"名称""色彩指示""颜色"三部分内容。

（1）"名称"文本框：用于设置所建用户通道的名称，系统默认为 Alpha 1、Alpha 2 等，以此类推。

（2）"色彩指示"选项区：用于指定显示通道时颜色所标示的是选区还是非选区。

（3）"颜色"选项区：用来设定具体的颜色及不透明度。系统默认的颜色为红色，"不透明度"为 50%。

2）复制通道

当在"通道"面板中选定单个通道时，选择"复制通道"命令，系统会弹出"复制通道"对话框，如图 3-8-6 所示。

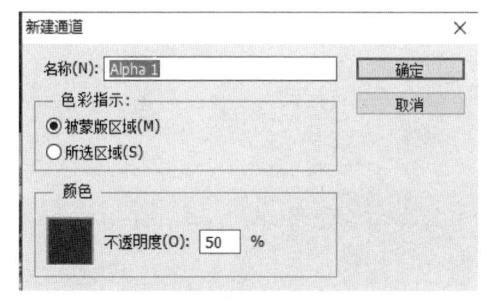

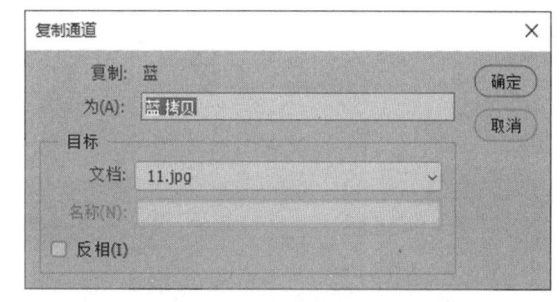

图 3-8-5 "新建通道"对话框

图 3-8-6 "复制通道"对话框

3）删除通道

对于那些不需要的专色通道或 Alpha 通道，在保存图像之前可将其删除，以节省空间。

4）新建专色通道

专色通道往往应用于图像的输出，除 CMYK 以外的颜色，需要创建一个单独的存储这个颜色的专色通道。选择"新建专色通道"命令，系统会弹出"新建专色通道"对话框，如图 3-8-7 所示。

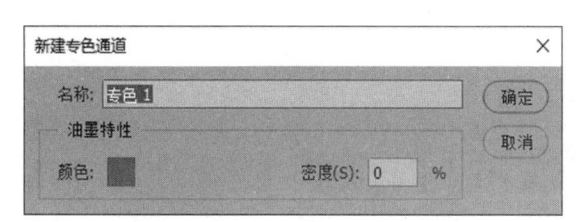

图 3-8-7 "新建专色通道"对话框

5）合并专色通道

选择"合并专色通道"命令，专色通道将被转换为颜色通道，并与颜色通道合并，"通道"面板中将删除专色通道。

6）分离/合并通道

选择"分离通道"命令，可以将图像中的各个通道分离出来，成为各个独立的灰度图像，如图 3-8-8 所示。编辑完毕，可以选择"合并通道"命令，将分离的通道重新合并成一个图像。

图 3-8-8 分离通道

3.8.2 通道的颜色

颜色模式不同表示描述颜色的方法不同。如果图像是 RGB 颜色模式,那么它就是由 3 个通道组成的,分别是红、绿、蓝;如果图像是 CMYK 颜色模式,那么它的默认通道就有青色、洋红、黄色、黑色 4 个,如图 3-8-9 所示。

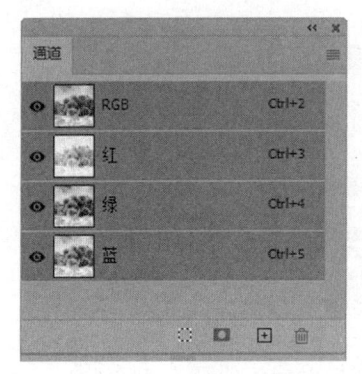

图 3-8-9 两种颜色模式的通道

对于 RGB 图像,颜色通道较亮的部分表示该原色用量多,较暗的部分表示该原色用量少。而对于 CMYK 图像,正好与 RGB 图像相反,删除任何一种通道,都会改变图像的色彩。如果删除"青色"通道,那么 CMYK 混合通道及"青色"通道均被删除,整个图像中也就没有了青色,如图 3-8-10 所示。

图 3-8-10 删除"青色"通道之后的效果

调整图像的整体色调的过程如下。
(1)打开图像,在"通道"面板中选中"红"通道,如图 3-8-11 所示。
(2)选择"图像"→"调整"→"曲线"命令,系统会弹出"曲线"对话框,参照图 3-8-12 进行设置,调整色调。

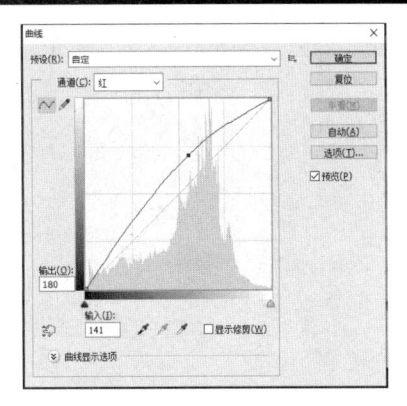

图 3-8-11　选中"红"通道　　　　图 3-8-12　"曲线"对话框

（3）调整完毕单击"确定"按钮，在"通道"面板中单击"RGB"复合通道。最终效果图如图 3-8-13 所示。

图 3-8-13　最终效果图

3.8.3　Alpha 通道和通道的运算

1．Alpha 通道

和颜色通道不同，Alpha 通道不是用来保存颜色的，而是用来保存和编辑选区的，即将选区以 8 位灰度图像的形式存储起来，相当于蒙版的功能，可以使用画笔或其他工具来编辑，也可以使用通道的运算功能来形成新的图像。

Alpha 通道可以看作保存和编辑选区的一个环境，将选区转换为 Alpha 通道后，就可以将选区保存到文档中，方便以后加载和编辑该通道。

当图像中存在选区时，选择"选择"→"存储选区"命令，会将已有的选区保存为 Alpha 通道，如图 3-8-14 所示。单击"通道"面板中的"创建新通道"按钮，创建 Alpha 通道。

2．通道的运算

Alpha 通道是存储起来的选区，当然也可以利用运算的方法制作出新的选区。

选择"图像"→"计算"命令，系统会弹出"计算"对话框，如图 3-8-15 所示。"计算"命令是一种比较复杂的命令，它直接对不同的 Alpha 选区通道进行计算，以生成一些新的选区通道，也就是新的选区。

图 3-8-14　将已有选区保存为 Alpha 通道　　　　图 3-8-15　"计算"对话框

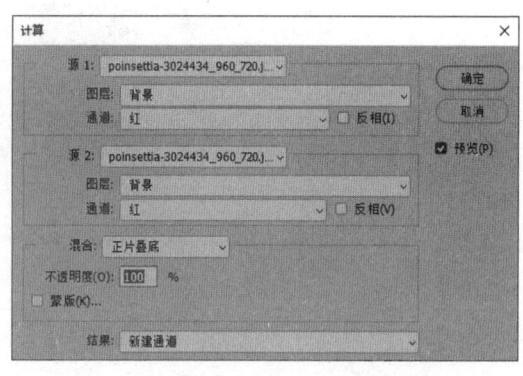

（1）打开素材图片，如图 3-8-16 所示。

（2）单击"通道"面板底部的"创建新通道"按钮，新建"Alpha 1"通道，如图 3-8-17 所示。

图 3-8-16　素材图片　　　　图 3-8-17　新建"Alpha 1"通道

（3）使用"矩形选框工具"绘制选区，如图 3-8-18 所示。

图 3-8-18　绘制选区

（4）设置前景色为白色。选择"编辑"→"描边"命令，在弹出的"描边"对话框中设置描边参数，如图 3-8-19 所示。

（5）描边后的效果如图 3-8-20 所示。

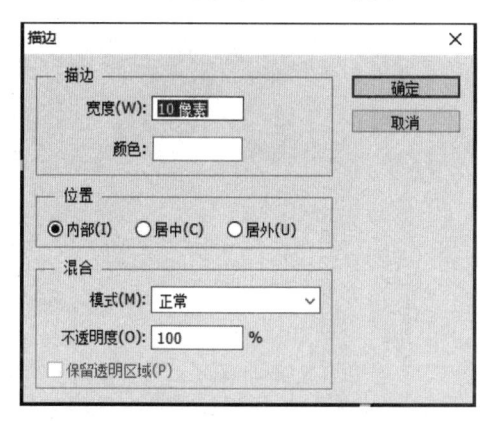

图 3-8-19　描边设置　　　　　　　图 3-8-20　描边后的效果

（6）选择"滤镜"→"模糊"→"高斯模糊"命令，在弹出的"高斯模糊"对话框中设置"半径"为 10 像素，单击"确定"按钮，为图像添加高斯模糊效果，如图 3-8-21 所示。

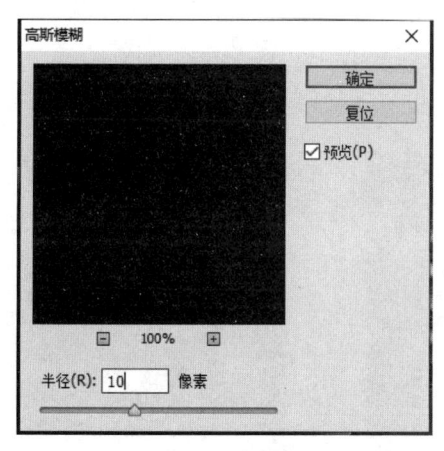

图 3-8-21　高斯模糊

（7）选择"滤镜"→"像素化"→"彩色半调"命令，在弹出的"彩色半调"对话框中设置参数，单击"确定"按钮，为图像添加滤镜效果，如图 3-8-22 所示。

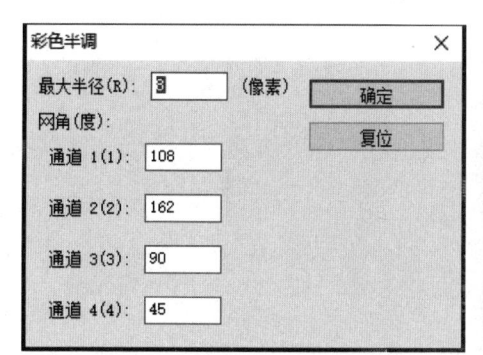

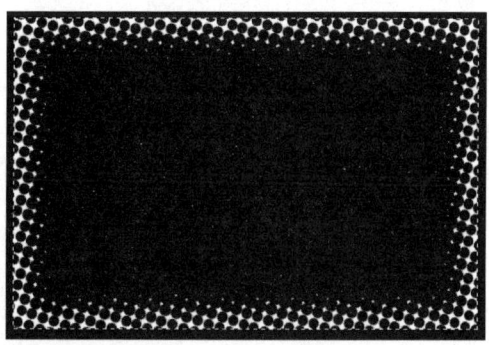

图 3-8-22　添加滤镜效果

（8）在"图层"面板中拖动"背景"图层到"创建新图层"按钮上，释放鼠标左键，复制图层为"背景 副本"，如图3-8-23所示。

（9）参照图3-8-24，使用"裁剪工具"扩大画布范围。

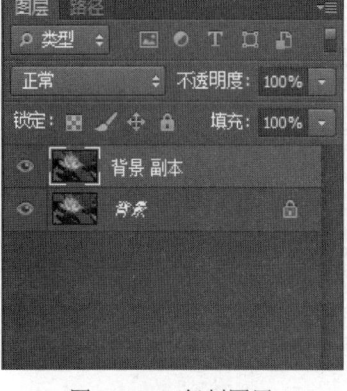

图3-8-23　复制图层

图3-8-24　扩大画布范围

（10）在"图层"面板中，选中"背景"图层，为该图层填充白色，如图3-8-25所示。

（11）选择"Alpha 1"通道，单击"将通道作为选区载入"按钮，将通道载入选区。按Ctrl+Shift+I快捷键，反转选区，如图3-8-26所示。

图3-8-25　为图层填充白色

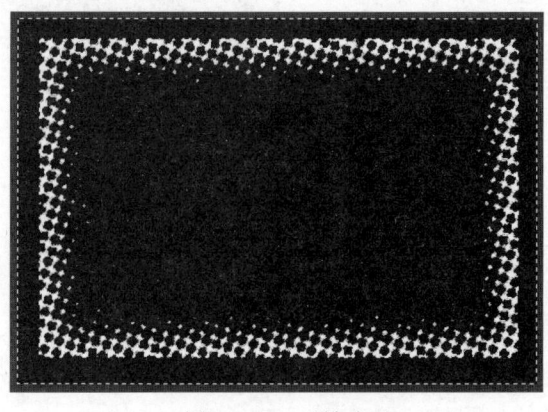

图3-8-26　反转选区

（12）在"图层"面板选中由"背景"图层填充得到的"图层0"图层，单击"添加图层蒙版"按钮，为该图层添加图层蒙版，完成制作。

【案例总结】

通道是Photoshop 2020的重要功能，其存储颜色信息和选区的功能非常强大。熟练掌握通道的使用方法，可以在设计创作中事半功倍。

【技能实训】

在通道中抠取图像的主要步骤如下。

（1）打开素材图片，如图3-8-27所示，在通道中选择一个颜色明暗对比强烈的通道，将其复制一份。

（2）使用"曲线"命令强化明暗对比。

（3）使用"画笔工具"将小猫图片中颜色浅的地方涂黑。

（4）载入复制通道的选区，回到"图层"面板，即可将所需的图像内容抠取下来，如图 3-8-28 所示。

图 3-8-27　素材图片　　　　　　　　图 3-8-28　抠图

项目 9 使用滤镜工作

【任务导入】

在 Photoshop 中进行设计、创作时，除了可以绘制色彩缤纷的图像，还可以为图像添加各种滤镜，使图像显现出不同的艺术效果。

本项目将学习关于滤镜应用的知识和技巧，希望可以对以后的设计、创作有所帮助。

【任务要求】

图 3-9-1 所示为地面立式 POP 广告设计效果图。该广告要突显其产品，在背景中制作了虚幻的图示效果。

图 3-9-1 地面立式 POP 广告设计效果图

【任务计划】

在制作过程中，先制作背景图像，然后创建人物与产品的结合，再添加文字说明，最后通过调整图像的曲线，使整个画面更加丰富。

【难点剖析】

（1）利用滤镜库制作模糊效果。
（2）为图像添加渐变效果。

【必备知识】

3.9.1 滤镜概述

使用滤镜可以使图像产生各种特殊的纹理效果，如浮雕、球面化、光照、模糊和风吹等，为作品增加更丰富的视觉展现，如图3-9-2所示。在Photoshop 2020中有专门的"滤镜"菜单，如图3-9-3所示。

图3-9-2 滤镜效果示例 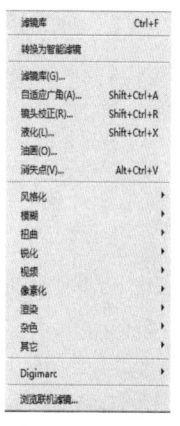　　　　图3-9-3 "滤镜"菜单

通过选择"滤镜"菜单中的某一种滤镜命令，可以打开相应的对话框，在其中对图像进行设置。对于大多数滤镜来说，其使用方法是相同的，执行相应的命令后打开对应的对话框，然后根据需要设置参数，达到理想的效果后关闭对话框，应用滤镜效果，如图3-9-4所示。

"滤镜"菜单中的第一项，是最近一次使用的滤镜名称，如果需要重复使用该滤镜，直接单击（或者按Ctrl+F快捷键）即可；如果想更改参数设置，按Ctrl+Alt+F快捷键，即可打开相应的对话框，重新设置参数。执行了一次滤镜命令后，如果对效果不满意，可以按Ctrl+Shift+F快捷键，打开"渐隐"对话框，可通过将滤镜效果渐隐或更改混合模式来改变滤镜效果，如图3-9-5所示。

图3-9-4 滤镜应用示例 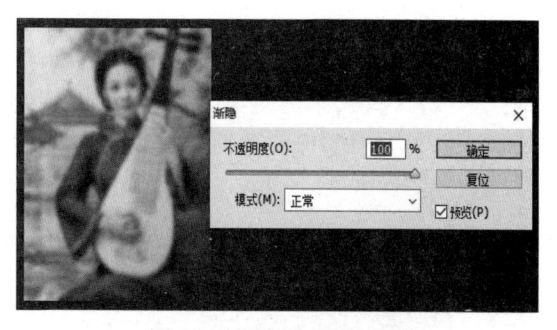　　　　图3-9-5 "渐隐"对话框

3.9.2 液化

"液化"滤镜可以用来对图像进行变形操作，如收缩、推拉、扭曲等。选择"滤镜"→"液化"命令，系统会弹出"液化"对话框，如图3-9-6所示。

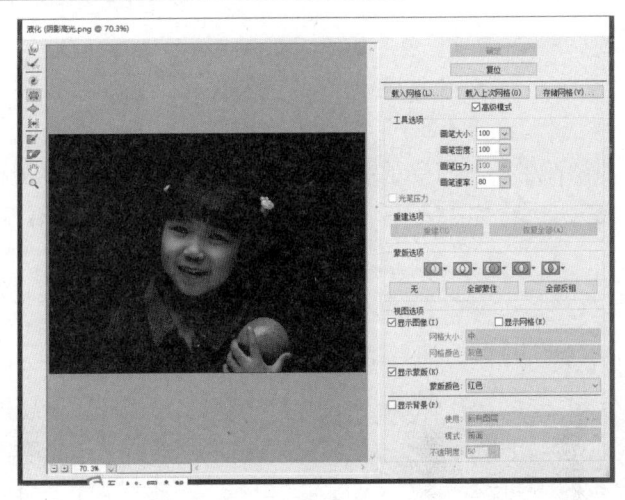

图 3-9-6 "液化"对话框

提示：按 Shift+Ctrl+X 快捷键，也可快速打开"液化"对话框。

"液化"对话框的工具箱中包含 12 种应用工具。

（1）"向前变形工具"：该工具可用来移动图像中的像素，得到向前变形的效果，如图 3-9-7 所示。

图 3-9-7 向前变形效果

（2）"重建工具"：使用该工具在变形区域中单击或拖动进行涂抹，可以使变形区域中的图像恢复到原始状态。

（3）"平滑工具"：使用该工具可逐步恢复添加的变形效果。

（4）"顺时针旋转扭曲工具"：使用该工具在图像中单击或移动鼠标时，图像会被顺时针旋转扭曲，如图 3-9-8 所示；按住 Alt 键的同时单击，图像会被逆时针旋转扭曲。

（5）"褶皱工具"：使用该工具在图像中单击或移动鼠标时，可以使像素向画笔中间区域的中心移动，使图像产生收缩的效果，如图 3-9-9 所示。

图 3-9-8 顺时针旋转扭曲效果　　　　图 3-9-9 收缩效果

提示：按住鼠标左键不动，图像会呈现顺时针漩涡状态。按住 Alt 键再按住鼠标左键不动，图像会呈现逆时针漩涡状态。

（6）"膨胀工具"：使用该工具在图像中单击或移动鼠标时，可以使像素向画笔中心区域以外的方向移动，使图像产生膨胀的效果，如图 3-9-10 所示。

（7）"左推工具"：使用该工具可以使图像产生挤压变形的效果，如图 3-9-11 所示。使用该工具垂直向上拖动时，像素向左移动；垂直向下拖动时，像素向右移动。

图 3-9-10　膨胀效果 　　　　　图 3-9-11　挤压变形

（8）"冻结蒙版工具"：使用该工具可以在预览窗口中绘制冻结区域，对图像进行调整时，冻结区域内的图像不会受到变形工具的影响，如图 3-9-12 所示。如果添加了蒙版，使用"褶皱工具"可将人物面部缩小，但被蒙版保护的区域不受影响。

（9）"解冻蒙版工具"：使用该工具涂抹冻结区域能够解除对该区域的冻结。

（10）"脸部工具"：使用该工具可以单独对鼻子、眼睛、嘴唇等区域进行调整。

（11）"抓手工具"：放大图像的显示比例后，可使用该工具移动图像，以观察图像的不同区域。

图 3-9-12　冻结蒙版工具

（12）"缩放工具"：使用该工具在预览区域中单击，可放大图像的显示比例；按住 Alt 键在预览区域中单击，可缩小图像的显示比例。

3.9.3　模糊滤镜组

在 Photoshop 2020 中，使用"路径"菜单下的"模糊"子菜单和"模糊画廊"子菜单中的命令，可以使图像中过于清晰或对比度过于强烈的区域产生不同的模糊效果。通过平衡图像中已定义的线条和遮蔽区域清晰边缘旁边的像素，使变化显得柔和。选择"滤镜"→"模糊"，在弹出的"模糊"子菜单中列出了多种滤镜效果，如图 3-9-13 所示。各种模糊滤镜会产生不同的效果，接下来介绍一些常用的模糊滤镜的应用方法。

1. 表面模糊

"表面模糊"滤镜可在保留边缘的同时模糊图像。该滤镜用于创建特殊效果并消除杂色或粒度，如图 3-9-14 所示。

2. 动感模糊

"动感模糊"滤镜可以产生动态模糊的效果，此滤镜的效果类似于以固定的曝光时间给一个移动的对象拍照。可在"动感模糊"对话框的"角度"框中设置模糊方向。实际运用中往往不需要全画面模糊，可先用"套索工具"选择需要模糊的范围，然后执行"动感模糊"命令，其效果如图 3-9-15 所示。

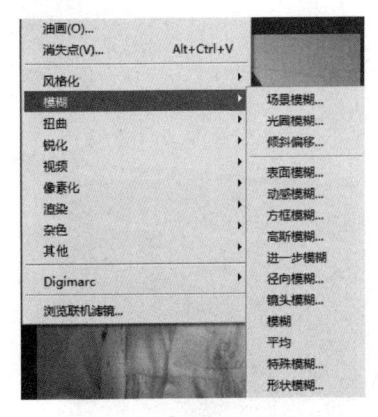

图 3-9-13 "模糊"子菜单 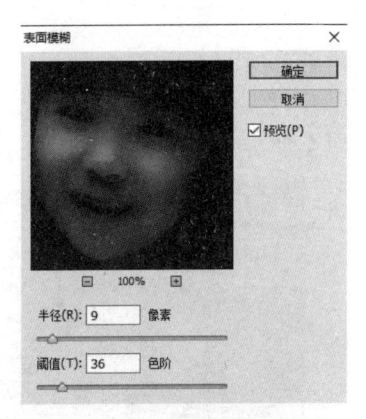　　　　　　图 3-9-14 表面模糊效果

图 3-9-15 动感模糊效果

3．进一步模糊

"进一步模糊"滤镜可以用来消除图像中有显著颜色变化地方的杂色，通过平衡已定义的线条和遮蔽区域清晰边缘旁边的像素，使变化显得柔和。

4．高斯模糊

利用高斯曲线的分布模式，可快速模糊选区。"高斯模糊"对话框中的"半径"框用于设置模糊度，范围为 0.1～1000 像素，其值越大图像越模糊，如图 3-9-16 所示。

图 3-9-16 高斯模糊效果

5．径向模糊

"径向模糊"滤镜可模拟出前后移动照相机或者旋转照相机拍摄物体产生的效果，得到旋转状的模糊效果或放射状的模糊效果。在"径向模糊"对话框中，若选中"旋转"单选按钮，则图像沿同心圆环线模糊；若选中"缩放"单选按钮，则图像沿径向线模糊。在"数量"框中可以指定 1~100 的模糊值，如图 3-9-17 所示。

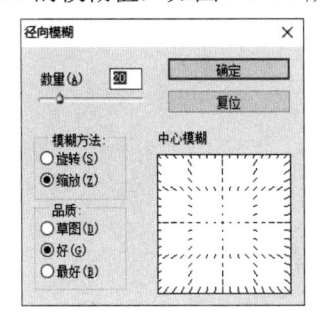

图 3-9-17　径向模糊效果

6．特殊模糊

"特殊模糊"滤镜用于精确地模糊图像，在"特殊模糊"对话框中，可指定"半径""阈值"和模糊"品质"。其中，"半径"决定了内核的大小，内核越大，模糊的效果越好，如图 3-9-18 所示。

图 3-9-18　特殊模糊效果

7．场景模糊和光圈模糊

使用"场景模糊"滤镜和"光圈模糊"滤镜可以模糊图像，并可以创建出景深效果，如图 3-9-19 所示。

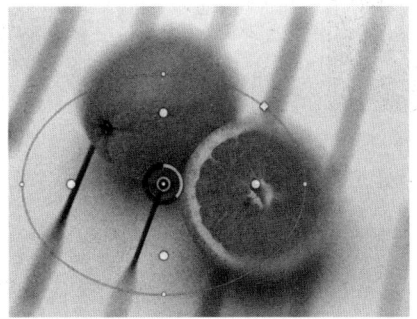

图 3-9-19　光圈模糊效果

3.9.4 艺术效果、像素化和扭曲滤镜组

1. 艺术效果滤镜组

艺术效果滤镜组可用来模仿传统绘画手法，使图像产生传统、自然的艺术效果，包括"壁画""彩色铅笔""粗糙蜡笔"等 15 种滤镜，如图 3-9-20 所示。"滤镜库"是一个集成了常用滤镜的对话框，在其中可以直接选中所需的滤镜，并可直观地查看添加滤镜后的图像效果。

图 3-9-20　艺术效果滤镜组

2. 像素化滤镜组

像素化滤镜组包括 7 种滤镜，可通过将具有相似颜色值的像素转换成单元格的方法，使图像分块或平面化。图 3-9-21 所示为常用像素化滤镜的图像效果。

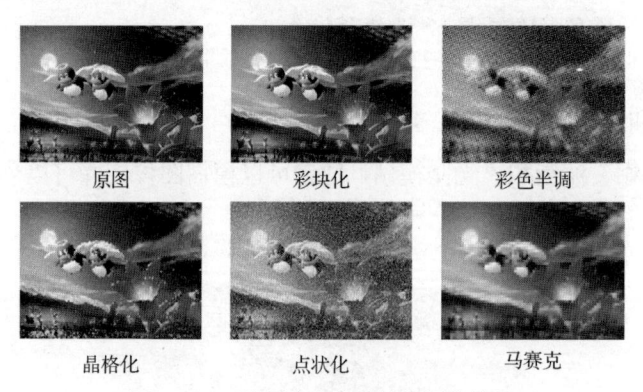

图 3-9-21　常用像素化滤镜的图像效果

3. 扭曲滤镜组

扭曲滤镜组包含 9 种滤镜，可通过对当前图层或选区内的图层进行各种扭曲变形，使图像产生不同的艺术效果。图 3-9-22 所示为常用扭曲滤镜的图像效果。

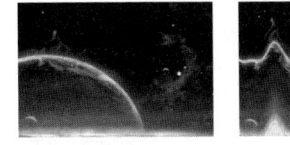

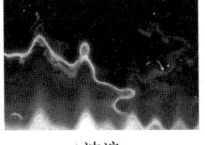

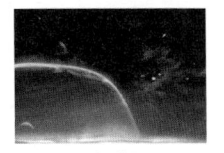

模块 3 **Photoshop** 图形图像处理

| 原图 | 波浪 | 切变 |

图 3-9-22 常用扭曲滤镜的图像效果

【任务实施】

设计地面立式 POP 广告，效果如图 3-9-1 所示。

（1）选择"文件"→"新建"命令，弹出"新建"对话框，如图 3-9-23 所示，设置完成后，单击"确定"按钮，即可新建一个图像文件。

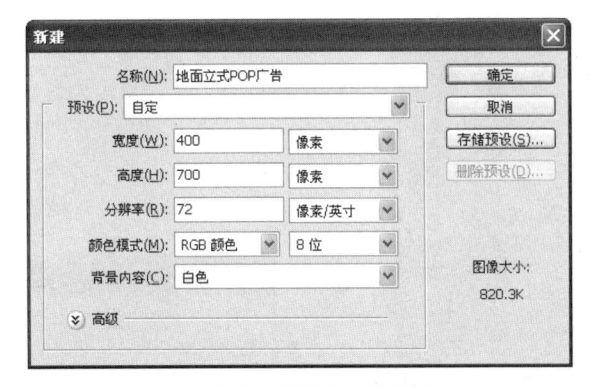

图 3-9-23 "新建"对话框

（2）打开素材图片，如图 3-9-24 所示，单击工具箱中的"移动工具"，将图像中的花拖动到新建的图像中，自动生成"图层 1"，按 Ctrl+T 快捷键执行"自由变换"命令，调整其大小及位置，效果如图 3-9-25 所示。

图 3-9-24 素材图片    图 3-9-25 复制并调整图像

（3）选择"滤镜"→"模糊"→"径向模糊"命令，弹出"径向模糊"对话框，如图 3-9-26 所示。

（4）设置完成后，单击"确定"按钮，效果如图 3-9-27 所示。

（5）单击工具箱中的"磁性套索工具"，在图像中绘制如图 3-9-28 所示的选区。

（6）按 Ctrl+Alt+D 快捷键执行"羽化"命令，弹出"羽化选区"对话框，如图 3-9-29 所示，进行羽化设置。

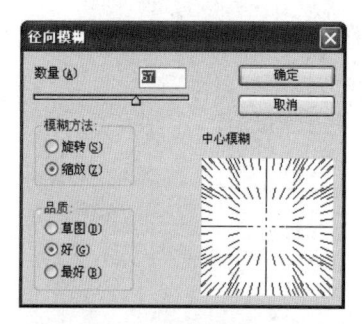

图 3-9-26 "径向模糊"对话框   图 3-9-27 径向模糊效果

图 3-9-28 绘制选区   图 3-9-29 "羽化选区"对话框

（7）按 Ctrl+C 快捷键复制选区中的图像，再按 Ctrl+V 快捷键粘贴图像，自动生成"图层 2"，选择"编辑"→"变换"→"水平翻转"命令，水平翻转图像，并调整其位置，如图 3-9-30 所示。

图 3-9-30 复制并调整图像

（8）再打开一幅素材图片，如图 3-9-31 所示。利用工具箱中的"移动工具"，将图像中的人物拖动到新建的图像中，自动生成"图层 3"，按 Ctrl+T 快捷键执行"自由变换"命令，调整其大小及位置，如图 3-9-32 所示。

（9）单击工具箱中的"钢笔工具"，其选项栏如图 3-9-33 所示。

图 3-9-31　素材图片　　　　　　　图 3-9-32　复制并调整图像

图 3-9-33　"钢笔工具"选项栏

（10）在图像中单击鼠标，绘制如图 3-9-34 所示的路径。单击"路径"面板底部的"将路径作为选区载入"按钮，可将路径转换为选区，如图 3-9-35 所示。

图 3-9-34　绘制路径　　　　　　图 3-9-35　将路径转换为选区

（11）新建"图层 4"，选择"编辑"→"描边"命令，弹出"描边"对话框，如图 3-9-36 所示。

图 3-9-36　"描边"对话框

（12）设置完成后，单击"确定"按钮，再将前景色设为白色，背景色设为绿色（R：109，G：168，B：26），单击工具箱中的"渐变工具"，其选项栏如图3-9-37所示。

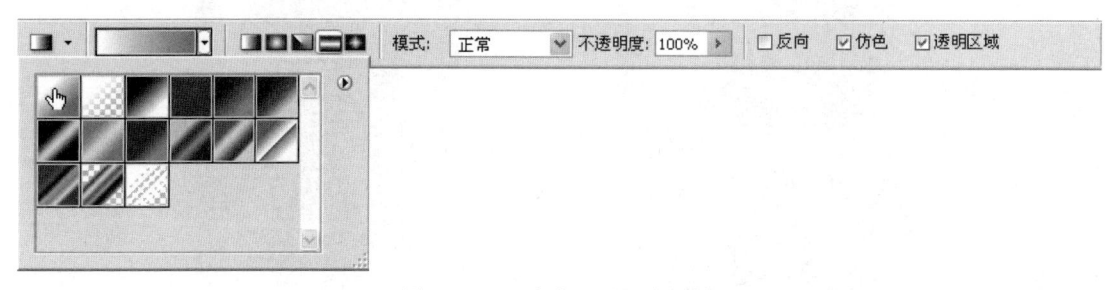

图3-9-37 "渐变工具"选项栏

（13）设置完成后，新建"图层5"，然后在图像中从左向右拖拽鼠标，为选区填充渐变效果，如图3-9-38所示。

（14）选择"选择"→"变换选区"命令，对选区进行变换，如图3-9-39所示。

（15）按回车键确认变换操作，新建"图层6"，将前景色设为绿色（R：98，G：155，B：12），按Alt+Delete键填充选区，效果如图3-9-40所示。

图3-9-38 填充渐变效果 　　图3-9-39 变换选区 　　图3-9-40 填充选区效果

（16）打开一幅手机素材图片，如图3-9-41所示。利用工具箱中的"移动工具"，将图像中的人物拖动到新建的图像中，自动生成"图层6"，按Ctrl+T快捷键执行"自由变换"命令，调整其大小及位置，如图3-9-42所示。

图3-9-41 手机素材图片 　　图3-9-42 复制并调整图像

（17）输入文字"OPPO Find X6 超光影三主摄 I 超光感潜望长焦"，并调整其大小及位置，

如图 3-9-43 所示。

（18）单击工具箱中的"矩形选框工具"，在图像中绘制矩形。

（19）设置矩形前景色为深绿色（R：65，G：97，B：26），新建"图层 7"，按 Alt+Delete 快捷键进行填充。

（20）按 Ctrl+D 快捷键取消选区，输入文字"CPU 型号：天现 9200　充电功率：80-119W　机身色系：黑色系　特征特质：屏幕指纹，屏幕高刷新"。

（21）此时广告画设计完成，将全部图层合并到"背景"图层中，然后保存。

（22）设计地面立式 POP 广告预览效果。先打开一幅立式展架图像，如图 3-9-44 所示。

图 3-9-43　输入文字 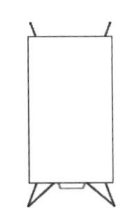　　　　　图 3-9-44　立式展架图像

（23）单击工具箱中的"魔棒工具"，其选项栏如图 3-9-45 所示。

图 3-9-45　"魔棒工具"选项栏

（24）设置完成后，在打开的立式展架中单击，创建如图 3-9-46 所示的选区。

（25）激活广告画图像，按 Ctrl+A 快捷键，将其全部选取，再选择"编辑"→"拷贝"命令，将广告画图像复制到剪贴板中。

（26）激活立式展架图像文件，选择"编辑"→"贴入"命令，将剪贴板中的广告画图像粘贴到选区中。

（27）按 Ctrl+T 快捷键执行"自由变换"命令，调整图像大小，最终效果图如图 3-9-47 右图所示。

图 3-9-46　创建选区 　　　　　图 3-9-47　最终效果图

【案例总结】

使用滤镜可以自动为一幅图像添加效果。滤镜大致分为三类：校正性滤镜、破坏性滤镜和效果性滤镜。虽然三类滤镜得到的效果各不相同，但是它们的使用方法与操作技巧相似。

【技能实训】

制作曲线特效，如图 3-9-48 所示，主要制作步骤如下。

（1）新建一个图像文件，在"动作"面板中新建"图层 1"。

（2）单击工具箱中的"画笔工具"，在其选项栏中设置画笔的直径为 1 像素。

（3）单击工具箱中的"钢笔工具"，绘制如图 3-9-49 所示的路径。

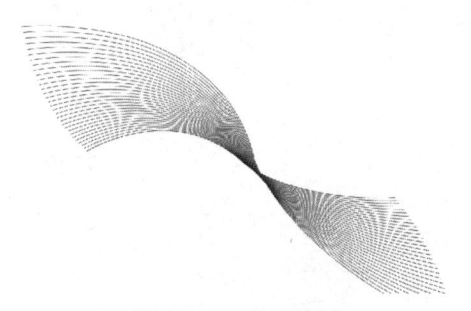

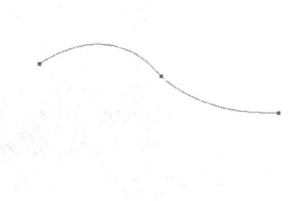

图 3-9-48　曲线特效　　　　　　　　图 3-9-49　绘制路径

（4）单击工具箱中的"路径选择工具"，选择路径，然后单击工具箱中的"画笔工具"，按 F9 键打开"动作"面板，在其底部单击"创建新动作"按钮，可在"动作"面板中新建"动作 1"，单击"开始记录"按钮开始记录。

（5）按 Ctrl+T 键可为路径添加变换框，此时可显示出相应的选项栏，在其中设置长、宽比例为 102%，设置旋转为 1°，如图 3-9-50 所示。

（6）按回车键确认变换操作，在"路径"面板底部单击"用画笔描边路径"按钮，然后在"动作"面板底部单击"停止/播放记录"按钮，可停止记录。

（7）在"动作"面板底部单击"播放选定的动作"按钮多次，可执行已记录的动作，从而形成曲线特效，效果如图 3-9-48 所示。

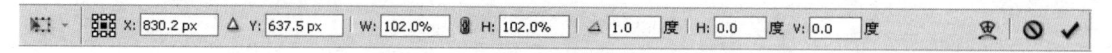

图 3-9-50　"自由变换路径"选项栏

项目 10　自动功能的应用

【任务导入】

在 Photoshop 中进行设计、创作时,除了可以编辑、绘制色彩缤纷的图像,还可以利用自动功能来提高工作效率。自动功能指的是动作、批处理及合成全景照片等。

【任务要求】

图 3-10-1 所示为一则旅行社户外广告,该作品要体现国际旅游这一主题,将一些标志性旅游景点的照片放到醒目的位置,起到宣传的作用,吸引旅游者的目光。

图 3-10-1　旅行社户外广告

【任务计划】

旅行社户外广告设计的重点是突出旅游目的地的风景名胜,首先选择部分具有代表性的建筑物图片,将其放置于视图右下方合适的位置,然后将其他的图像以照片的形式来表现,放置于视图左下方适当的位置,增加了画面的层次感,最后添加广告语。

【难点剖析】

(1) 熟悉动作的定义方法。
(2) 掌握使用定义动作来调整图像的方法。

【必备知识】

在 Photoshop 中可以利用动作和"动作"面板,以及一些自动命令来提高作图效率,下面介绍其具体的使用方法。

3.10.1 动作和"动作"面板

1．动作

使用动作功能可以将一系列的操作命令组成一个动作，执行这个动作就相当于执行这一系列的操作命令，而且可以反复使用，使任务执行自动化。

2．"动作"面板

使用"动作"面板可以完成 Photoshop 中对动作的各种操作。选择"窗口"→"动作"命令，即可打开"动作"面板，如图 3-10-2 所示。

提示：按 Alt+F9 快捷键也可打开"动作"面板。

"动作"面板中的主要按钮的作用如下。

（1）"切换项目开/关"按钮：暂时屏蔽动作中的某个命令。

（2）"切换对话开/关"按钮：当动作文件名称前面出现该按钮，且按钮颜色为红色时，表示该动作文件中的部分命令包含了暂时操作。

（3）"停止/播放记录"按钮：只有当前录制动作按钮处于活动状态时，该按钮才可用。单击它可以停止当前的录制操作。

（4）"开始记录"按钮：为选定动作录制命令。处于录制状态时，该按钮为红色。

（5）"播放选定的动作"按钮：执行当前选定的动作或者当前动作中自选定命令开始的后续命令。

图 3-10-2 "动作"面板

（6）"创建新组"按钮：创建新动作文件夹。

（7）"创建新动作"按钮：创建新动作。

（8）"删除"按钮：删除选定的动作文件、动作或者动作中的命令。

3．"动作"菜单

单击"动作"面板右上角的菜单按钮，会打开"动作"菜单，如图 3-10-3 所示。通过"动作"菜单中的命令可以进行载入动作、复位动作、替换动作、存储动作等操作。如果选择"按钮模式"命令，则每个动作将以按钮形式显示，这样可以在有限的空间中列出更多的动作，如图 3-10-4 所示。

4．创建动作

完成动作的记录、修改之后，就可以对多个图像重复同样的操作。即使重新启动 Photoshop 2020，记录的动作仍然保留在"动作"面板内。当需要使用动作时，选择要处理的图像，展开"动作"面板，选中要使用的动作，单击"播放选定的动作"按钮即可执行。

如果在记录动作的过程中发生错误，并不需要重新记录，可以在"动作"面板中重新排列动作中的命令，或者在动作中添加命令来编辑该动作；也可以利用"再次记录"命令重新记录"动作"面板内的特定选项。

当对动作的效果不满意而需要返回到原来的状态时，可以通过"历史记录"面板还原动作的播放，恢复图像到原来的状态。

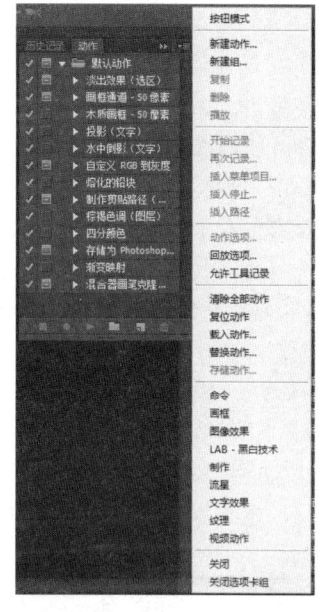

图 3-10-3 "动作"菜单　　　　图 3-10-4 按钮模式

3.10.2 批处理和其他自动处理

1. 批处理

使用"批处理"命令可以对一个文件夹中的图片应用选定的动作。在执行自动处理之前将要处理的图片存放在一个文件夹内。

动作在被记录和保存之后，选择"文件"→"自动"→"批处理"命令，系统会弹出"批处理"对话框，如图 3-10-5 所示。在该对话框中可以对多个图像文件执行相同的动作，且不需要单独将图片打开，系统会自动一张一张打开，执行相同的操作后自动保存并关闭，从而实现图像的自动处理操作。

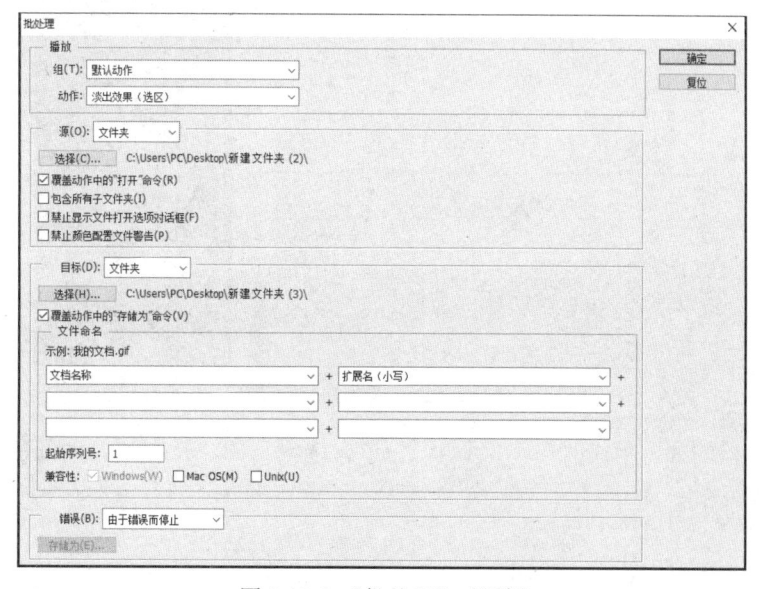

图 3-10-5 "批处理"对话框

"批处理"对话框中主要选项的含义如下。

（1）"组"下拉列表框：显示"动作"面板中的所有动作组。

（2）"动作"下拉列表框：显示在"组"下拉列表框选定动作组中的所有动作。

（3）"源"下拉列表框：选择图片的来源，即在执行动作时是从文件夹中选取还是导入对象。

（4）"目标"下拉列表框：设置执行动作后文件保存的位置。

（5）"文件命名"选项区：指定文件命名规范并选择处理文件的兼容性选项。

（6）"错误"下拉列表框：指定批处理出现错误后的操作。选择"由于错误而停止"选项，则批处理出现错误时提示信息，并终止往下执行；若选择"将错误记录到文件"选项，则批处理中出现的错误信息将被记录下来，并保存到文件夹中，不会终止程序往下执行。

提示：若要批处理多个动作，则需要创建一个新动作，并在这个批次中对想要处理的每个动作都进行记录，接着使用最新创建的动作进行一次批处理。

（1）选择"窗口"→"动作"命令，打开素材图片，选择"动作"面板中的"木质画框"，单击"播放"按钮，加入画框，如图 3-10-6 所示。

图 3-10-6 添加木质画框

（2）单击"创建新动作"按钮，命名为"动作 1"，如图 3-10-7 所示。

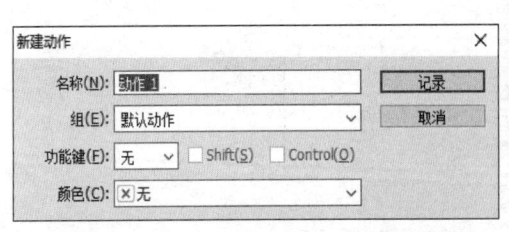

图 3-10-7 创建新动作

（3）打开素材图片，单击"自定义形状工具"，选猫爪印，设置颜色为红色，在素材图片上绘制猫爪形状，输入文字"百度图片"，调整文字的大小和位置，保存图片，如图 3-10-8 所示。

（4）选择保存图片的路径，单击"确定"按钮后保存。

（5）查看要批处理的文件夹中的图片位置，打开已处理好的文件，选择"文件"→"自动"→"批处理"命令（见图 3-10-9），在弹出的"批处理"对话框中选择"动作 1"，选择文件的路径，选中"覆盖动作中的'打开'命令"复选框和"覆盖动作中的'存储为'命令"复选框，最终效果图如图 3-10-10 所示。

图 3-10-8　绘制形状 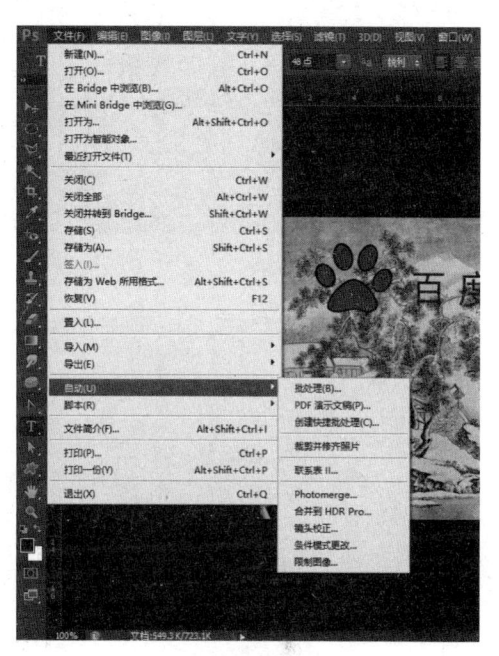　　　　　　　　　　图 3-10-9　批处理

雪景图1　　雪景图2　　雪景图3　　雪景图4　　雪景图5　　雪景图6

图 3-10-10　最终效果图

2．其他自动处理

1）创建快捷批处理

选择"文件"→"自动"→"创建快捷批处理"命令，系统会弹出"创建快捷批处理"对话框，该对话框和"批处理"对话框相似。

2）裁剪并修齐照片

利用裁剪并修齐照片功能，能够在扫描图像的过程中识别出各个图片，并通过旋转使它们在水平方向和垂直方向上对齐，然后将它们复制到新文档中，并保持原始文档不变，具体操作过程如下。

（1）打开素材文件，如图 3-10-11 所示。

（2）选择"文件"→"自动"→"裁剪并修齐照片"命令，可将各个图像单独裁切下来，作为单独的文件，如图 3-10-12 所示。

3）Photomerge

使用"Photomerge"命令可以将拍摄的多张照片合成为一张全景照，具体操作过程如下。

（1）打开"鸟巢"素材文件，如图 3-10-13 所示。

图 3-10-11　素材文件

图 3-10-12　裁剪并修齐后的图像

图 3-10-13　素材文件

（2）选择"文件"→"自动"→"Photomerge"命令，系统会弹出"Photomerge"对话框，如图 3-10-14 所示。

（3）在"Photomerge"对话框中，单击"添加打开的文件"按钮，将打开的图像文件添加到对话框中，如图 3-10-15 所示。

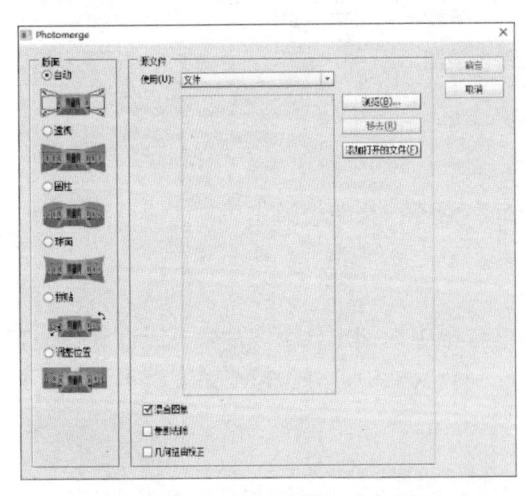

图 3-10-14　"Photomerge"对话框

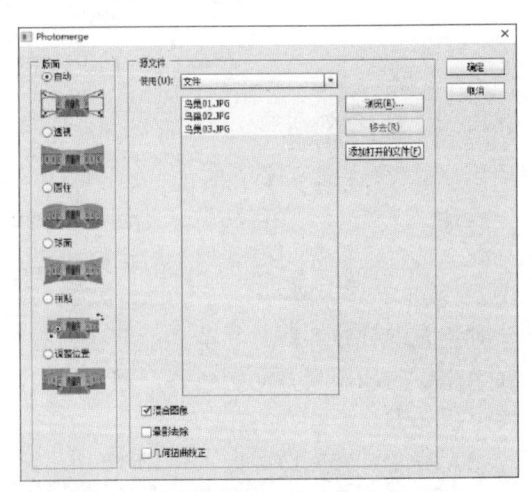

图 3-10-15　添加打开的文件

（4）单击"确定"按钮，系统会自动将这三张图像拼合在一起，组成一个新的图像，如图 3-10-16 所示。

（5）使用"裁剪工具"对图像的构图进行裁剪，完成全景照的拼合工作，最终效果图如图 3-10-17 所示。

图 3-10-16　自动拼合图像

图 3-10-17　最终效果图

4）镜头校正

使用镜头校正功能可以自动校正镜头的扭曲、色差和晕影。选择"文件"→"自动"→"镜头校正"命令，系统会弹出"镜头校正"对话框，如图 3-10-18 所示。

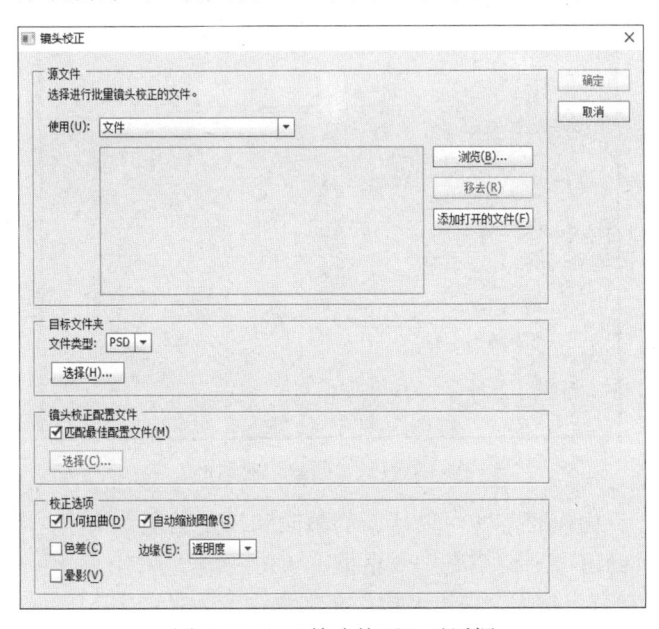

图 3-10-18　"镜头校正"对话框

"镜头校正"对话框中主要选项的含义如下。

（1）"几何扭曲"复选框：可以校正几何扭曲的效果。

（2）"自动缩放图像"复选框：自动调整图像大小。

（3）"色差"复选框：调整图像交界处的颜色。

（4）"边缘"下拉列表框：指定图像空白部分的透明区域或使用其他颜色填充。

（5）"晕影"复选框：调整照相机镜头使图像四周出现晕影。

3.10.3 获取原稿

获取原稿的办法有三种，分别是由电子文件获取原稿、由非电子文件获取原稿、由其他软件获取原稿。

1. 由电子文件获取原稿

电子文件是指可以直接在计算机中使用的文件。

2. 由非电子文件获取原稿

非电子文件主要包括底片、照片、印刷品，这类原稿通常需要通过扫描等方法转换为电子文件后再进行调整处理。

3. 由其他软件获取原稿

通过其他软件（如 Illustrator、Word 等软件）获取图像原稿。

【任务实施】

1. 新建文件并创建背景图像

（1）选择"文件"→"新建"命令，在打开的"新建"对话框中进行设置（见图3-10-19），创建一个新文件。

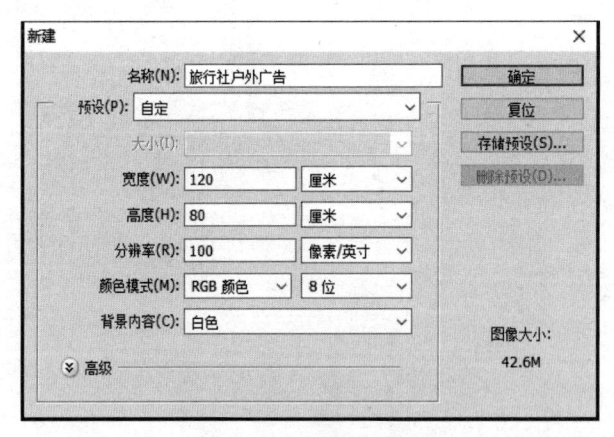

图 3-10-19 "新建"对话框

（2）单击"图层"面板底部的"创建新的填充和调整图层"按钮，在弹出的快捷菜单中选择"渐变"命令，弹出"渐变填充"对话框，单击"渐变"右侧的色块，打开"渐变编辑器"对话框，单击"新建"按钮，在"名称"文本框中输入"自定"，单击编辑渐变条的下方，在编辑渐变条中添加色标（颜色分别为#8cc5ff、#5685ca 和#204595），在"位置"框中输入"0"，单击"确定"按钮，返回"渐变填充"对话框，设置"样式"为"径向"，在"角度"框中输入"130"，单击"确定"按钮。得到的渐变填充效果如图3-10-20所示。

（3）新建"组 1"图层组，选择工具箱中的"椭圆工具"，参照图 3-10-21，在右下方绘制椭圆。

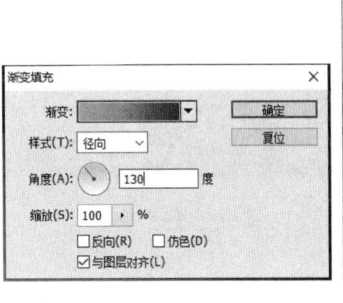

图 3-10-20　渐变填充效果

（4）使用 Ctrl+J 快捷键复制椭圆，并配合 Shift 键，使用"自由变换"命令缩小椭圆，然后双击"椭圆 1 拷贝"图层缩览图，在弹出的"拾色器（纯色）"对话框中调整其颜色为黄色（R：248，G：180，B：6），效果如图 3-10-22 所示。

图 3-10-21　绘制椭圆　　　　　　　图 3-10-22　填充颜色效果

（5）使用前面介绍的方法，继续复制并缩小椭圆，分别调整其颜色为深蓝色（R：0，G：78，B：161）和浅蓝色（R：0，G：143，B：224），如图 3-10-23 所示。

图 3-10-23　绘制不同颜色椭圆

（6）选择"文件"→"打开"命令，打开"云南风情"素材文件，如图 3-10-24 所示。
（7）选中所有图层，使用"移动工具"拖动素材图像到正在编辑的文档中，并使用 Ctrl+G 快捷键将素材图像编组到"组 2"图层组中，如图 3-10-25 所示。

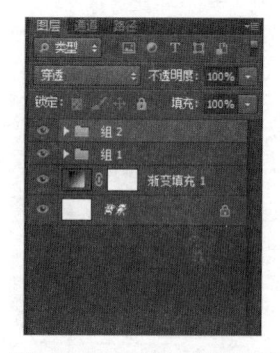

图 3-10-24　素材文件　　　　　　　图 3-10-25　"组 2"图层组

2．创建动作

（1）打开素材文件，如图 3-10-26 所示。

（2）单击"动作"面板底部的"创建新组"按钮，在弹出的"新建组"对话框中单击"确定"按钮，创建新动作组。

（3）单击"动作"面板底部的"创建新动作"按钮，在弹出的"新建动作"对话框中设置功能键 F2，然后单击"记录"按钮，开始记录动作，如图 3-10-27 所示。

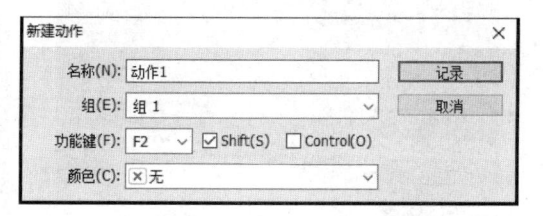

图 3-10-26　素材文件　　　　　　　图 3-10-27　"新建动作"对话框

（4）选择"图像"→"调整"→"亮度/对比度"命令，在弹出的"亮度/对比度"对话框（见图 3-10-28）中进行设置，单击"确定"按钮，调整图像的亮度和对比度。

（5）选择"图像"→"调整"→"曲线"命令，在弹出的"曲线"对话框（见图 3-10-29）中进行设置，单击"确定"按钮，提亮图像。

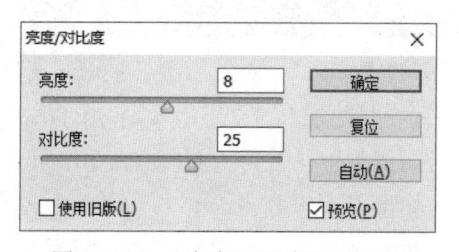

图 3-10-28　"亮度/对比度"对话框　　　　　　　图 3-10-29　"曲线"对话框

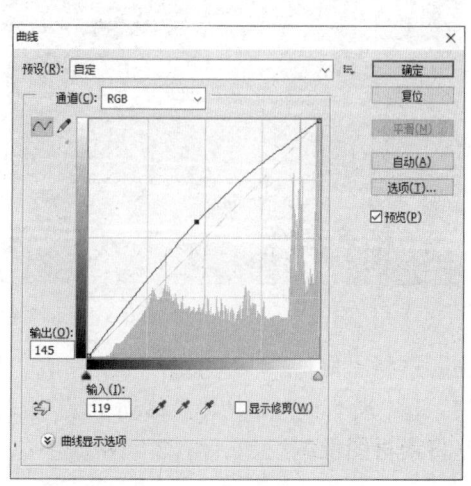

（6）选择"图像"→"调整"→"色阶"命令，在弹出的"色阶"对话框（见图 3-10-30）中进行设置，单击"确定"按钮，调整图像的颜色。

（7）执行完上述操作后，单击"动作"面板底部的"停止/播放记录"按钮，停止记录动作，完成"动作 1"，如图 3-10-31 所示。

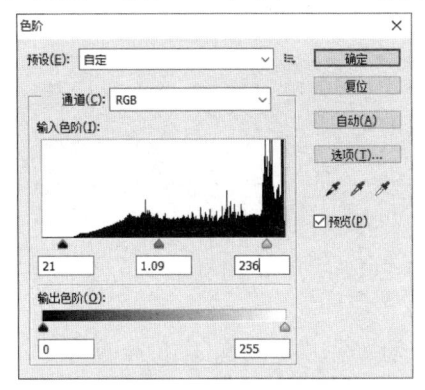

图 3-10-30 "色阶"对话框 　　　　　　　　图 3-10-31 完成"动作 1"

（8）单击"动作"面板底部的"创建新动作"按钮，在弹出的"新建动作"对话框（见图 3-10-32）中设置功能键 F3，单击"记录"按钮，开始记录动作。

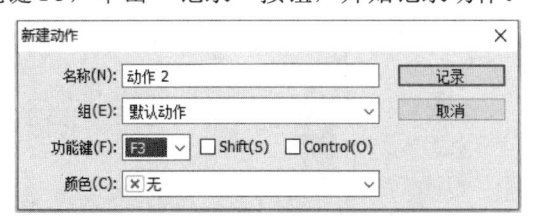

图 3-10-32 创建"动作 2"

（9）选择"图像"→"调整"→"色彩平衡"命令，在弹出的"色彩平衡"对话框（见图 3-10-33）中进行设置，单击"确定"按钮，调整图像的色彩平衡。

（10）选择"图像"→"调整"→"照片滤镜"命令，在弹出的"照片滤镜"对话框（见图 3-10-34）中进行设置，单击"确定"按钮，为图像添加照片滤镜效果。

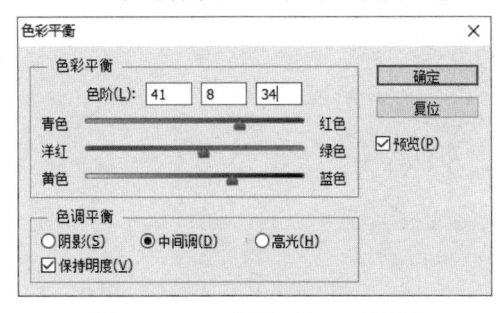

图 3-10-33 "色彩平衡"对话框 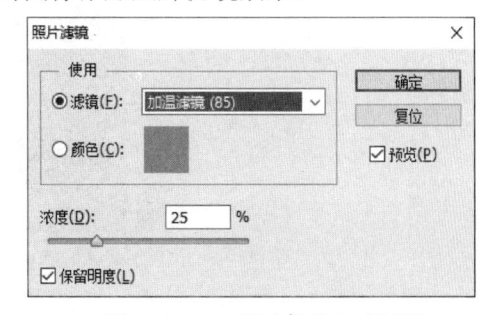　　　　　　图 3-10-34 "照片滤镜"对话框

（11）执行完上述操作后，单击"动作"面板底部的"停止/播放记录"按钮，停止记录动作，完成"动作 2"，如图 3-10-35 所示。

（12）单击"动作"面板底部的"创建新动作"按钮，在弹出的"新建动作"对话框中设置功能键 F4，如图 3-10-36 所示，单击"记录"按钮，开始记录动作。

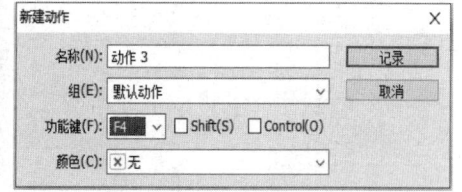

图 3-10-35　完成"动作 2"　　　　　　　　图 3-10-36　创建"动作 3"

（13）选择"图像"→"画布大小"命令，在弹出的"画布大小"对话框（见图 3-10-37）中进行设置。

（14）在"画布大小"对话框中单击"确定"按钮，裁切图像，如图 3-10-38 所示。

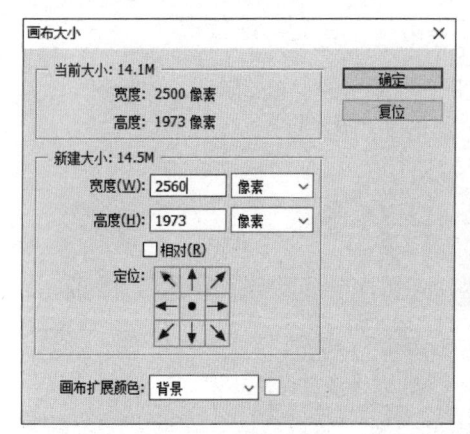

图 3-10-37　"画布大小"对话框　　　　　　　图 3-10-38　裁切图像

（15）执行完上述操作后，单击"动作"面板底部的"停止/播放记录"按钮，停止记录动作，完成"动作 3"，如图 3-10-39 所示。

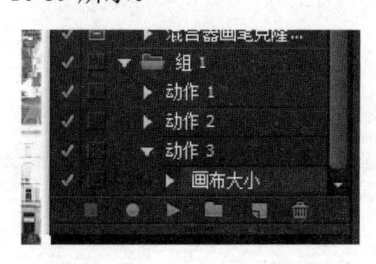

图 3-10-39　完成"动作 3"

3．使用定义好的动作处理图像

（1）打开素材文件，使用设置好的快捷键 F2、F3、F4 处理图像，如图 3-10-40 所示。

（2）使用"移动工具"将调整好的图像拖至当前正在编辑的文档中，调整图像的位置和旋转角度，如图 3-10-41 所示。

（3）参照图 3-10-42 所示，分别为图像添加"投影"效果。

图 3-10-40　打开素材文件并进行处理

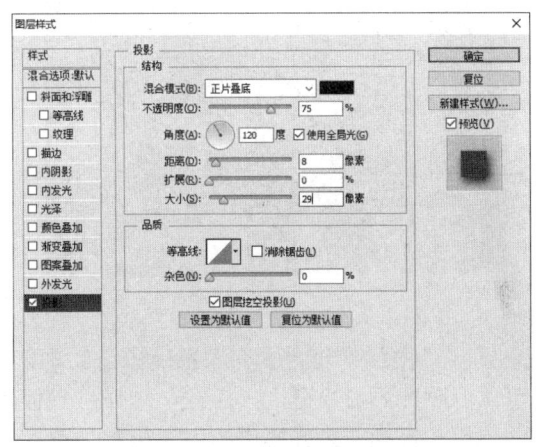

图 3-10-41　调整图像　　　　　　　　图 3-10-42　添加"投影"效果

（4）设置前景色为白色，单击"横排文字工具"，输入文字"云南旅游向导"并进行设置，如图 3-10-43 所示。

（5）在所创建的文字图层右侧空白处双击，参照图 3-10-44 所示为文字添加"投影"效果。

图 3-10-43　添加横排文字　　　　　　图 3-10-44　添加"投影"效果

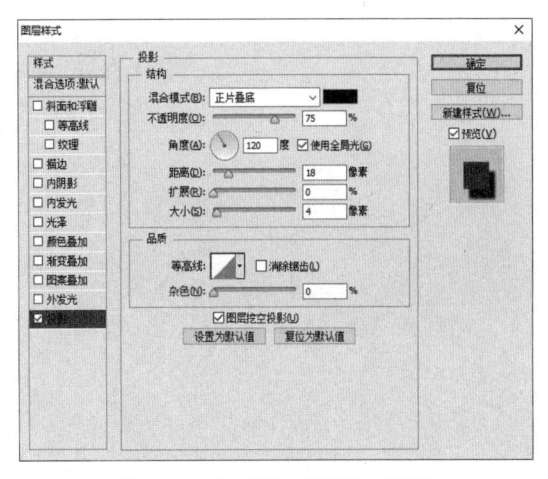

(6) 继续使用"横排文字工具"添加相关文字信息，完成该广告的制作。

【案例总结】

自动功能将烦琐的操作步骤集合在一个命令中，只要执行该命令，系统就会自动操作来完成工作，这样可以节省时间，提高工作效率。这些功能和在 Photoshop 中使用快捷键的道理是相同的。

【技能实训】

除了可以将工作中常用的一系列操作录制到"动作"面板中，还可以在"动作"面板中使用系统预设的动作来编辑图片，如图 3-10-45 所示。

图 3-10-45　编辑图片

"动作"面板中包含了许多系统预设的动作，这些动作可以为文字添加投影、倒影等效果，还可以为照片添加相框，只需在"动作"面板中将所需的预设动作载入。

使用预设动作进行操作的主要步骤如下。

（1）打开需要编辑的图片，单击"动作"面板右上角的菜单按钮，在弹出的"动作"菜单中选择"木质画框"，将预设动作载入。

（2）在所载入的动作中选择所需的"木质画框"动作，然后单击"播放选定的动作"按钮。

模块 4　微课设计与制作

项目 1　微课开发与制作

【任务导入】

本项目以微课开发与制作为载体，讲授短视频制作的相关知识，采用项目式教学法，在完成任务的同时，学习微课的相关理论知识，介绍微课制作的相关工具，从而培养学生制作短视频的能力。

【任务要求】

使用 PowerPoint 软件，完成"C 语言程序设计"课程中"for 语句"部分微课制作，要求如下。

（1）教学目标清晰，定位准确，重难点突出，启发性、引导性强，能有效支撑学生的自主学习。

（2）微课时长控制在 7 分钟以内，教学内容完整，组织结构合理。

（3）教学方法选用得当，教学过程主线清晰，深入浅出，精彩有趣，有利于提升学生学习积极性和主动性。

【任务计划】

（1）明确目标和受众，选定教学内容。在开始制作微课之前，首先要明确目标和受众，以及目标、受众的背景知识水平，以此确定要制作微课的教学内容及难度级别。

（2）准备素材。根据授课内容有针对性地搜集数字化的教学资源，包括代码示例、图形、文字说明等。资源要尽可能丰富，以确保能支撑微课的制作。

（3）制订教学计划，撰写脚本。根据教学内容制订教学计划，包含微课中所要讲授的所有主题，明确重难点、讲授方法。以此撰写一份详细的脚本，脚本可以包括讲解内容、示范代码、解释和互动元素。

（4）制作幻灯片。根据教学计划制作微课所适用的演示文稿录制视频。在录制时，注意语速、清晰度和表达力。

（5）编辑和改进。在录制完成后，编辑视频，确保音频和视频质量都达到最佳。

（6）发布和分享。编辑完毕后将其发布到合适的平台上，以便学习者访问。

【难点剖析】

微课是面向公众的，观看微课的学习者众多，学习习惯各不相同，有些学生喜欢听讲解，有些学生则更喜欢阅读文档。教师需要设计多种形式的教学素材，以适应不同的学习习惯，确保学生能够更好地理解和掌握知识内容。

【必备知识】

4.1.1 微课相关知识

1. 微课的特点

（1）微课具有知识点少、授课时间短的特点。微课只围绕一个小的知识点进行讲解，一个微课只解决一个核心问题，没有过多的铺垫和渲染，使得重点突出、短小精悍。

（2）微课本质是教学活动。微课是以教学视频为主要载体的教学活动，因此它不但要包含教学视频和教学设计，还应提供教学课件、讲义、教学案例素材，以及课后微练习等资源。

（3）微课以"在线学习"和"移动学习"为主要学习方式。在线学习是一种通过互联网来进行学习或训练的方式。移动学习是一种跨越地域限制，利用现代通信终端，如手机、平板等设备，进行远程学习的方式。

（4）微课要系列化。微课不是单独孤立存在的，而是要成为系列化课程，即根据统一的课程标准，将微课构建成为"微课程"。为了达到学习目的，还要围绕每个知识点和其相关知识点设计微练习，进行微评价。再根据评价与反馈，为学习者提供进一步的学习建议，方便学习者自主选择学习途径，达到自主学习的目的。

2. 微课的分类

依据课堂的具体教学方式，微课可分为 11 种，如图 4-1-1 所示。

图 4-1-1 依据课堂具体教学方式分类

依据课堂教学主要环节，微课可分为 5 种，如图 4-1-2 所示。

图 4-1-2 依据课堂教学主要环节分类

3. 微课的开发流程

微课的形式不同，开发流程也不尽相同，但总体而言，应包含选题、教学设计、获取信息化的教学资源、课件制作、拍摄、后期编辑输出等环节。

（1）选题

微课开发的第一步就是选题，选择一个好的题目对设计好一个微课至关重要。微课选题应该遵循以下几个原则。完整原则：在有限的时间内能完成知识点或解决方案的教学。一个微课里面要把相关的知识点或者概念讲完整，如果想要讲述的知识点或者概念过于复杂，就应该拆解为更多小的知识点。聚焦原则：聚焦学习者、聚焦场景、聚焦问题。一个微课只针对一个或者几个知识点或者概念进行讲解。有效原则：即学即用，站在目标学员角度，帮助他们解决问题或完成任务。

（2）教学设计

微课开发路线不同，脚本撰写方法也不同，但无论什么类型的微课，在教学设计方面都必须遵循以下几个原则。

① 微原则。微课教学，在形式上追求"微"，在内容上追求"精"，在效果上追求"妙"。由于微视频时间较短，因此，微视频所讲授的课题一定要有针对性。内容的设计，要充分展示教学内容的精华部分。

② "以学生为中心"主体性原则。微课归根到底还是为学习者服务的，课程的效果是以学习者的学习体验作为评价标准的。因此，在教学设计过程中应该充分考虑学生的主体地位，教学目标的制定、教学活动的组织、教学资料的选取都应该围绕学习者这个中心来开展。

③ 实用性原则。微课是为学习者提供帮助的，微课的内容应该是对学生有用的，是值得他付出时间去学习、能帮助他解决在实际生活中所遇到问题的。因此，在选取素材、讲解的角度时要从学习者的实际出发，以真实情境引出要讨论的问题，能够激发学习者的学习兴趣。

（3）获取信息化的教学资源

获取信息化的教学资源是完成教学设计、制作微视频的前提。信息化的教学资源是经过选取、组织，使之有序化、适合学习者自身发展的有用信息的集合。

目前常见的信息化教学资源主要包括 9 类：媒体素材（包括文本、图形/图像、音频、视频和动画）、试题库、试卷、课件、案例、文献资料、常见问题解答、资源目录索引、网络课程。另外，还可根据实际需求，增加其他类型的资源，如电子图书、工具软件和影片等。

（4）课件制作

对于部分类型的微课而言，课件制作是不可缺少的一环，课件的好坏会直接影响微课的整体效果，因此在制作微课之前应该根据课程设计准备教学素材与练习，结合微课知识点，充分运用图、形、声、像、动画等多媒体元素制作相应的课件，辅助教师现场讲授。

（5）拍摄

根据微课类型不同，其拍摄方式有以下 3 种。

① 现场拍摄。在真实的教学情境中教学，能给人更直观的感受。可通过专业摄像机、智能手机、数码相机等带有摄像功能的设备进行现场拍摄，对教学过程进行全程记录，通过镜头语言将教学内容表现出来，拍摄的效果直接决定了微课的效果，因此在拍摄之前就必须明确镜头需要表达的内容，镜头和镜头之间的逻辑关系必须清晰，镜头和镜头衔接紧密，不要

出现空镜头。

② 用录屏软件录制。利用计算机上安装的带有录屏功能的软件录制，结合 PPT 和其他软件工具呈现教学过程。

③ 混合录制。将以上两种拍摄方式进行整合，这种方式形式多元、教学主线清晰、信息量大、质量高，具有很强的交互性、学习性，但制作成本高、花费大。

（6）后期编辑输出

后期编辑输出即根据教学设计将视频进行整合处理输出，主要有以下 4 步。

① 镜头组接。按照教学策略将录制的镜头按照一定逻辑组合在一起，从而提升教学效果。

② 特效制作。加入转场、淡入、淡出、动画等效果使整个微课更加自然，重难点更加突出。

③ 声音处理。对声音进行制作。

④ 视频输出。编辑完成后按照需求将视频输出。

4.1.2 微课开发常用软件——PowerPoint

1. PowerPoint 软件的基础知识

PowerPoint 是微软公司推出的制作演示文稿的软件，它在传统的课堂教学当中应用较为广泛，使用 PowerPoint 演示文稿可以图文并茂、生动形象地展示教学内容，具有极强的表现力和感染力。

1）PowerPoint 演示文稿基础知识

（1）PowerPoint 2010 界面介绍

双击电脑桌面上 PowerPoint 2010 图标，或选择"开始"→"所有程序"→"Microsoft Office 2010"→"Microsoft PowerPoint 2010"命令，打开 PowerPoint 2010 窗口，如图 4-1-3 所示。

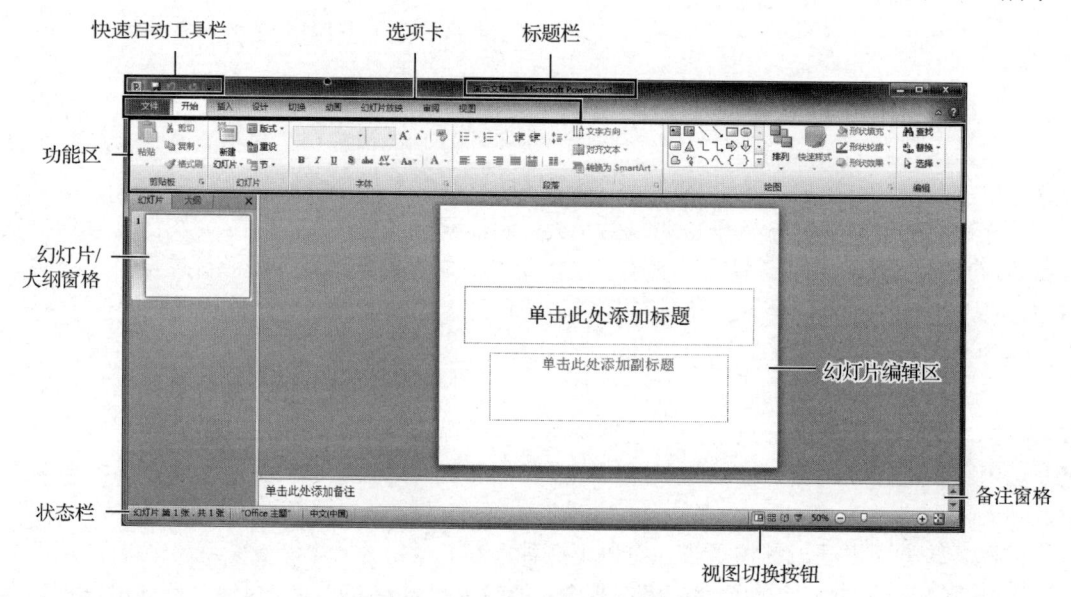

图 4-1-3　PowerPoint 2010 窗口

（2）创建演示文稿

演示文稿是 PowerPoint 中的文件，默认情况下，打开 PowerPoint 会自动生成临时的演示文稿，可以直接保存再进行编辑，也可以通过以下两种方式创建。

① 创建空白的演示文稿。

选择"文件"→"新建"→"空白演示文稿"命令，即可创建一个空白演示文稿。

② 根据模板新建演示文稿。

PowerPoint 自带了很多演示文稿模板，利用这些模板可以快速创建演示文稿，具体操作如下。

选择"文件"→"新建"→"样本模板"命令，会弹出所有已安装的模板，选择所需要的模板，单击"创建"按钮，即可根据当前选定的模板创建演示文稿。

2）对幻灯片的基本操作

演示文稿的所有内容都需要在幻灯片中体现，一般来说，可以进行选择、插入、复制、移动、删除幻灯片和更改幻灯片版式等操作。

（1）选择幻灯片

选择一张幻灯片：在"普通"视图中单击幻灯片，即可选中该幻灯片。

选中连续多张幻灯片：先单击第 1 张幻灯片，按住 Shift 键的同时单击最后一张幻灯片。

选中不连续的多张幻灯片：先单击第 1 张幻灯片，按住 Ctrl 键的同时单击所要选定的幻灯片。

全选幻灯片：在"普通"视图或"幻灯片浏览"视图中，按 Ctrl+A 快捷键，可以选中当前演示文稿中的全部幻灯片。

（2）插入幻灯片

在"幻灯片浏览"视图中，单击某张幻灯片，或在"大纲"/"幻灯片浏览"视图中单击要插入幻灯片的位置，出现闪动光标后，按回车键；或选择"开始"→"新建幻灯片"命令，单击所需版式，即可在指定位置插入一张新的幻灯片。

（3）复制幻灯片

在"幻灯片浏览"视图或"普通"视图中，选中要复制的幻灯片。在选中状态下，选择"开始"→"剪贴板"→"复制"命令，单击需要粘贴幻灯片的位置，选择"开始"→"剪贴板"→"粘贴"命令，即可将选中的幻灯片复制到目标位置。

（4）移动幻灯片

在演示文稿中移动幻灯片有两种方法。

一种是通过"剪贴板"来移动幻灯片。在"幻灯片浏览"视图或"普通"视图中，选中要移动的幻灯片。在选中状态下，选择"开始"→"剪贴板"→"剪切"命令，单击需要粘贴幻灯片的位置，选择"开始"→"剪贴板"→"粘贴"命令，即可将选中的幻灯片移动到目标位置。

二是通过拖动方式来移动幻灯片。在"幻灯片浏览"视图或"普通"视图中，选中要移动的幻灯片。在选中状态下，按住鼠标左键并拖动，到达指定位置后松开鼠标，即可将选中的幻灯片移动到目标位置。

（5）删除幻灯片

选中要删除的幻灯片，按 Delete 键，即可删除幻灯片，后面的幻灯片则向前移。

（6）更改幻灯片的版式

选中要更改版式的幻灯片，选择"开始"→"幻灯片"→"版式"命令，从弹出的下拉列表中选择要替换的版式即可快速更改当前幻灯片的版式。

3）添加和格式化文本

（1）添加文本

在演示文稿中添加文本，需要将文本输入到幻灯片的占位符中，若没有符合用户需求的幻灯片版式，也可以通过在幻灯片中插入文本框的方式添加文本。

（2）格式化文本

文本的格式化是指对文本的字体和段落的设置。PowerPoint 提供了许多格式化文本按钮，能够快速设置文本的字体、颜色、字符间距、段落行间距等。

4）插入多媒体元素

多媒体元素包括表格、图表、图片、音频文件、视频文件、形状等，在幻灯片中插入合适的多媒体元素，可以让幻灯片看起来更加活泼，效果也更佳。

PowerPoint 2010 自带了很多内容版式，新建幻灯片时，只要选择含有内容的版式，就会在占位符上出现内容类型选择按钮。单击其中的某个按钮，即可在该占位符中添加对应的多媒体元素。除此之外还可以通过以下方式插入多媒体元素。

（1）插入表格

选择"插入"→"表格"命令，选择列数和行数，即可将表格插入到幻灯片中。

创建表格后，默认情况下插入点位于表格左上角的第 1 个单元格。此时，可在其中输入文本，当一个单元格中的文本输入完毕，用鼠标单击或按 Tab 键可进入下一个单元格。如果希望返回到上一个单元格，可按快捷键 Shift+Tab。

（2）使用图表

选择"插入"→"插图"→"图表"命令，打开"插入图表"对话框，选择图表类型。确定图表类型后，自动启动 Excel，用户可以在工作表的单元格中直接输入数据，也可以打开事先已有的工作簿选择所需要的数据，PowerPoint 中的图表会根据所输入的数据自动更新。数据输入结束后，单击 Excel 窗口中的"关闭"按钮，并单击 PowerPoint 窗口中的"最大化"按钮。

（3）插入图片

插入电脑硬盘上的图片：若要向幻灯片中插入图片，只需要选择"插入"→"图像"→"图片"命令，即可打开"插入图片"对话框；选定含有图片的文件，单击"打开"按钮，即可将图片插入到幻灯片中。

插入屏幕截图：若要向幻灯片中插入屏幕截图，首先要保证所要截的屏幕在所有窗口的最上方，选择"插入"→"图像"→"屏幕截图"命令，当前演示文稿会隐藏，鼠标会变为"十"字形光标，单击鼠标左键并拖动即可选择要截图的区域，松开鼠标，截图即出现在幻灯片所要插入的位置。

（4）插入音频文件

选择"插入"→"媒体"→"音频"→"PC 上的音频"命令，在打开的"插入音频"对话框中，选择所需要的音频文件即可。

（5）插入视频文件

选择"插入"→"媒体"→"视频"→"PC 上的视频"命令，在打开的"插入视频文件"对话框中，选择所要插入的视频文件即可。

（6）绘制形状

选择"插入"→"插图"→"形状"命令，单击所需要插入的形状，鼠标变为"十"字形光标，拖动鼠标即可将形状插入到指定位置，可通过"绘图工具"对当前形状样式进行调整。

5）设置动画效果与切换方式

（1）添加动画

在演示文稿中，可以给一个对象添加一个动画也可以添加多个动画，具体操作如下。

① 给一个对象添加一个动画：选中要添加动画的对象，单击"动画"选项卡，在动画样式列表中选择所需动画，即可为当前对象添加一个动画，单击动画样式列表右侧"效果选项"下拉列表可对当前动画进行调整。

② 给一个对象添加多个动画：选中要添加动画的对象，单击"动画"选项卡，选择"高级动画"→"添加动画"命令，选择所需动画，即可为当前对象添加多个动画。

（2）删除动画效果

如果当前动画效果满足不了用户需求，就需要将其删除并重新设置，可以在选定要删除动画的对象后，切换到"动画"选项卡，通过下列两种方法来完成。

方法一：在动画样式列表中选择"无"。

方法二：选择"高级动画"→"动画窗格"命令，打开动画窗格，在列表区域中右击要删除的动画，从弹出的快捷菜单中选择"删除"命令。

（3）调整动画的播放顺序

当在一张幻灯片中添加多个动画时，可根据整体效果对播放顺序进行微调，选中需要调整播放顺序的动画，切换到"动画"选项卡，通过下列两种方法来完成。

方法一：在"计时"选项组中，单击"向前移动"按钮向前调整，或单击"向后移动"按钮向后调整。

方法二：选择"高级动画"→"动画窗格"命令，打开动画窗格，单击向上或者向下箭头，将动画向前或向后移动。

（4）设置动画开始的方式

在演示文稿的放映过程中，有些动画是需要自动播放的，有些动画是需要用户控制的，这就需要设置动画的开始方式。选中需要设置的动画，切换到"动画"选项卡，可通过下列两种方法来完成。

方法一：在"计时"选项组的"开始"下拉列表中进行设置。

方法二：选择"高级动画"→"动画窗格"命令，打开动画窗格，选择需要设置的动画，单击鼠标右键进行设置。

动画的开始方式一般有3种：单击时、与上一动画同时、上一动画之后。

（5）动画声音设置

切换到"动画"选项卡，选择"高级动画"→"动画窗格"命令，打开动画窗格，选择要添加声音的动画，单击鼠标右键，在弹出的快捷菜单中选择"效果选项"命令，在弹出的对话框的"效果"选项卡的"声音"下拉列表中选择要增强的声音。

（6）设置幻灯片切换效果

添加幻灯片切换效果：单击某个幻灯片缩略图，切换至"切换"选项卡，在"切换到此幻灯片"选项组的切换方案列表中选择一种切换效果。

设置幻灯片切换速度：可在"切换"选项卡"计时"选项组的"设置自动换片时间"框中输入切换时间，时间越短，切换速度越快；时间越长，切换速度越慢。

设置幻灯片切换声音：可在"切换"选项卡"计时"选项组的"声音"下拉列表中选择幻灯片切换时的声音。

设置幻灯片切换方式：可对"切换"选项卡"计时"选项组的切换方式进行设置。幻灯片切换方式有两种：单击鼠标时、设置自动换片时间，具体采用哪一种可根据用户具体需求设置。

6）美化幻灯片

在 PowerPoint 中可以通过设置幻灯片模板、主题、背景来美化演示文档。

（1）幻灯片母版设置

幻灯片母版是一种特殊的幻灯片，在演示文稿中，所有幻灯片都基于该幻灯片母版而创建。首先进入幻灯片母版视图，具体操作如下：打开演示文稿，切换至"视图"选项卡，在"母版视图"选项组中选择"幻灯片母版"即可进入，如图 4-1-4 所示。

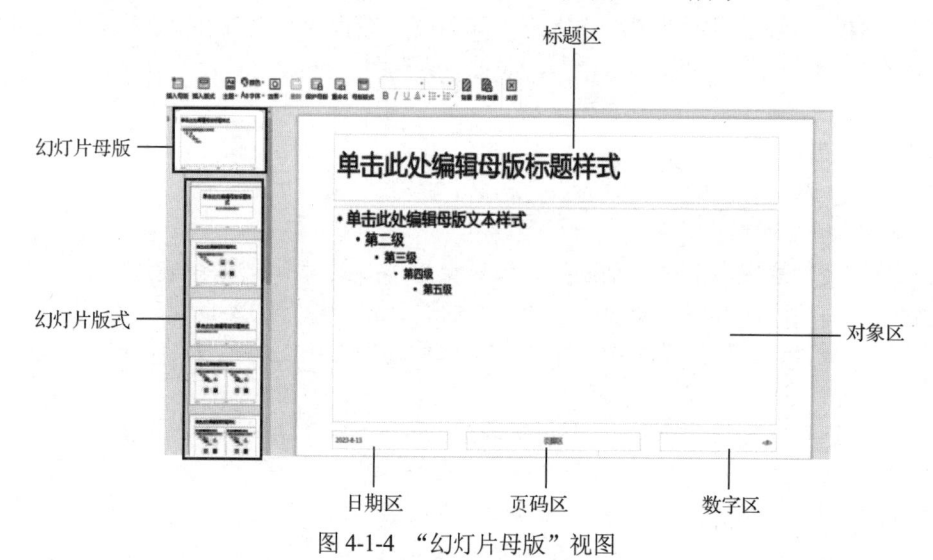

图 4-1-4 "幻灯片母版"视图

在 PowerPoint 中，默认的情况下，每个幻灯片母版都包含一个或多个标准或自定义的版式集。每个幻灯片母版由 5 个带标注的占位符组成，分别为标题区、对象区、日期区、页码区和数字区。对幻灯片母版有以下几种常用操作。

添加幻灯片母版或版式：先进入"幻灯片母版"视图，在"编辑母版"选项组中选择"插入幻灯片母版"按钮或"插入版式"按钮，即可添加幻灯片母版或幻灯片版式。

修改幻灯片母版或版式：可通过删除母版或版式中的占位符、增加母版或版式中的占位符来对幻灯片母版或版式进行微调。选择需要删除的幻灯片母版或版式中的占位符，按下 Delete 键，即可删除该占位符。选择需要添加占位符的母版或版式，选择"母版版式"选项组中"插入占位符"命令，在下拉列表中有内容、文本、图片、剪贴画、图表、表格、SmartArt 和媒体 8 种占位符，选择其中一种占位符，鼠标变为"十"字形光标，即可拖动绘制占位符。

编辑幻灯片母版：进入"幻灯片母版"视图，选择需要编辑的幻灯片母版，单击需要编辑的占位符，选择其中的文字，使用文字编辑工具，即可修改选中区域文字的样式。选择"幻灯片母版"选项卡中"关闭母版视图"按钮，返回"普通"视图，与选中区域相关的文字格式将发生变化。除此之外，在"幻灯片母版"视图中，可以插入图片、形状等元素，统一修改幻灯片的样式。

删除幻灯片母版或版式：进入"幻灯片母版"视图后，选择要删除的幻灯片母版或版式，单击鼠标右键，在弹出的快捷菜单中选择"删除幻灯片母版"或"删除版式"命令即可。

（2）演示文稿主题设置

演示文稿主题是一组预定义的设计风格和颜色方案，是主题颜色、主题字体和主题效果的集合。用户可以根据需要选择合适的主题来快速设置演示文稿，从而提高演示文稿的专业性和视觉效果。

打开需要应用主题的演示文稿，切换至"设计"选项卡，在"主题"选项组中可以看到不同的预设主题。选择所需要的主题，系统会自动将演示文稿的样式更改为所选主题样式。如果希望只对选中的幻灯片设置主题，可右击"主题"列表框中所选主题，从弹出的快捷菜单中选择"应用于所选幻灯片"命令即可。

（3）幻灯片背景设置

单击要添加背景样式的幻灯片，选择"设计"→"自定义"→"设置背景格式"命令，在打开的"设置背景格式"面板中进行相关的设置，完成后单击"关闭"按钮。

（4）幻灯片放映

演示文稿编辑完毕，需要通过放映的方式向观众展示，放映方式有三种。

① 从头开始放映。按下快捷键 F5 或切换至"幻灯片放映"选项卡，在"开始放映幻灯片"选项组中单击"从头开始"按钮，即可从头开始放映幻灯片。

② 从当前幻灯片放映。按下快捷键 Ctrl+F5 或切换至"幻灯片放映"选项卡，在"开始放映幻灯片"选项组中单击"从当前幻灯片开始"按钮，即可从当前幻灯片开始放映。

③ 自定义幻灯片放映。可根据需要设置放映内容，在"开始放映幻灯片"选项组中选择"自定义幻灯片放映"→"自定义放映"命令，弹出如图 4-1-5 所示对话框。

在"自定义放映"对话框中单击放映幻灯片标题，单击"放映"按钮即可放映该标题里面所有幻灯片。如果没有设置放映内容，可单击"新建"按钮，在弹出的如图 4-1-6 所示对话框中，定义幻灯片放映名称，选择所要放映的幻灯片，设置完毕，单击"确定"按钮。

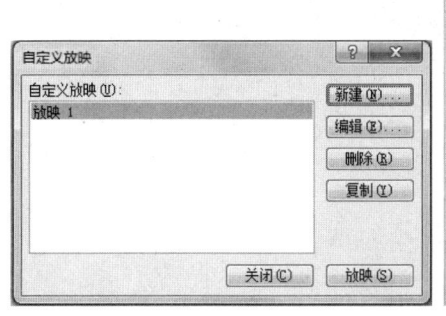

图 4-1-5 "自定义放映"对话框　　　　图 4-1-6 定义幻灯片放映名称

2．对教学课件的要求

（1）演示文稿模板与背景要合适

教学课件要突出展示内容，美观固然重要，但不能影响教学效果，教学课件的模板和背景不宜过于花哨，整体色彩搭配在视频播放过程中要显得自然、和谐。

（2）文字的设置

在微课教学当中，幻灯片里面文字内容不宜过多，要精简。字体要直观好认，不要使用生僻字体，幻灯片内字体、文字颜色不宜过多，且整个课件要保持统一。

（3）图片处理

图片要清晰，版面不宜过大，且图片内容要与文字内容相关。

（4）动画设置

适当的动画可以突出重难点内容，激发学生学习的兴趣，增强教学效果，但动画不要设置过多，注意播放时间与触发方式。

3．教学实例

（1）案例描述

人工智能学院刘老师接到任务，要为学院学生做一次关于 ChatGPT 的讲座，现需要以 ChatGPT 为主题制作演示文稿，完成后的演示文稿如图 4-1-7 所示。

图 4-1-7　完成后的演示文稿

（2）制作过程

① 制作封面页。

启动 PowerPoint 软件，新建一个空白演示文稿，选择"设计"→"页面设置"命令，在打开的"页面设置"对话框中选择"幻灯片大小"下拉列表框，选择"全屏显示（16∶9）"，如图 4-1-8 所示。

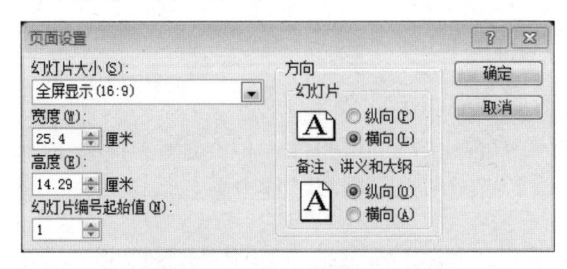

图 4-1-8　"页面设置"对话框

插入图片，将图片宽度设为 14.29cm，高度设为 25.4cm。在图片上插入文本框，在文本框内输入主标题："ChatGPT　人工智能交互助手"（字体：宋体，字号：44）。换行输入副标题，内容为："——人工智能学院：刘老师"（字体：宋体，字号：28）。

选中文本框，单击"动画"选项卡，在动画样式列表中选择"擦除"，单击"动画"选项组中"效果选项"，设置为"自顶部"。

② 制作目录页。

在幻灯片中插入一个平行四边形，在"格式"选项卡中，将高度设为1.58cm，选择"编辑形状"→"编辑顶点"命令，将平行四边形调整为倒直角梯形，并将它移至幻灯片的左上角，右键单击，在弹出的快捷菜单中选择"设置形状格式"命令，弹出如图4-1-9所示对话框。

在"填充"选项组中设置"纯色填充"，颜色：蓝色，透明度：0%。在"线条颜色"选项组中，设置无线条。右击该倒直角梯形，在弹出的快捷菜单中选择"编辑文字"命令，输入阿拉伯数字"1"（字体：宋体，字号：40）。

沿着该形状的下边绘制4.5cm长的水平直线，颜色设为蓝色，在直线上方、倒直角梯形右侧绘制文本框，输入文字"提纲"（字体：宋体，字号：20），选择"提纲"，选择"格式"→"艺术字样式"→"填充-无，轮廓-强调字体2"。

在该直线下方绘制宽度为7.27cm、高度为1.57cm的矩形，右键单击该矩形，在弹出的快捷菜单中选择"编辑文字"命令，在矩形中输入文字"目录"（字体：宋体，字号：32）。

在矩形左下方绘制一个直角三角形，选择直角三角形，选择"格式"→"排列"→"旋转"，先选择"垂直翻转"命令，再选择"水平翻转"命令。

将直角三角形、矩形组合成为一个图形，右键单击该图形，在弹出的快捷菜单中选择"设置形状格式"命令，在弹出的对话框内选择"纯色填充"，颜色：蓝色，透明度：0%；线条：无线条。将该幻灯片复制3次，分别为"复制1页""复制2页""复制3页"，如图4-1-10所示。

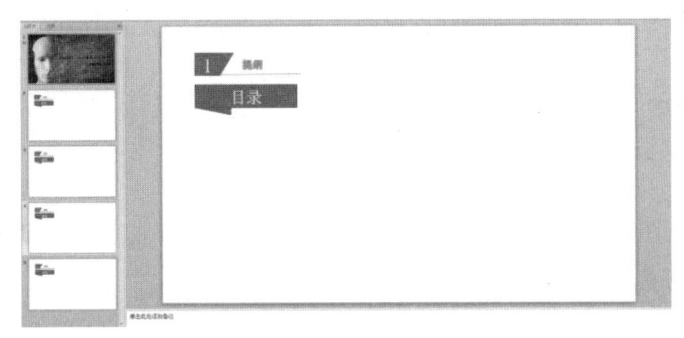

图 4-1-9　设置形状格式　　　　图 4-1-10　复制幻灯片

在幻灯片右侧空白处，绘制一个高度为1.57cm、宽度为10.94cm的矩形，并将它复制两次，幻灯片中将出现三个长、宽相同的矩形。选中这三个矩形，选择"格式"→"排列"→"对齐"，依次选择"对齐所选对象""左对齐""纵向分布"命令。

依次选择这三个矩形，分别输入"介绍ChatGPT""探索ChatGPT的应用领域""展示ChatGPT的优势和潜力"（字体：宋体，字号：24，加粗）。

依次选择这三个矩形，在"动画"选项卡中将动画效果设为"浮入"，在"计时"选项组中将第一个矩形动画开始方式设为"单击时"，之后两个矩形开始方式设为"上一动画之后"。目录页效果如图4-1-11所示。

③ 制作 ChatGPT 概念页。

单击"复制 1 页"幻灯片，将左上方文字由"1"改为"2"，将右侧文本框中内容由"提纲"改为"理论讲解"，将直线下面矩形里的内容由"目录"改为"介绍 ChatGPT"。

插入图片，选择该图片，在"格式"选项卡中，将图片的大小调整为高度 10.64cm、宽度 7.78cm，并移到到幻灯片下方靠左的位置。

在图片右边插入文本框，输入文字"ChatGPT（全名：Chat Generative Pre-trained Transformer），是 OpenAI 研发的一款聊天机器人程序，该程序于 2022 年 11 月 30 日发布。ChatGPT 是人工智能技术驱动的自然语言处理工具，它能够基于在预训练阶段所见的模式和统计规律来生成回答，还能根据聊天的上下文进行互动，真正像人类一样来聊天交流，甚至能完成撰写邮件、视频脚本、文案、翻译、代码，写论文等任务。"（字体：宋体，字号：20，行间距：固定值 30 磅）。ChatGPT 概念页效果如图 4-1-12 所示。

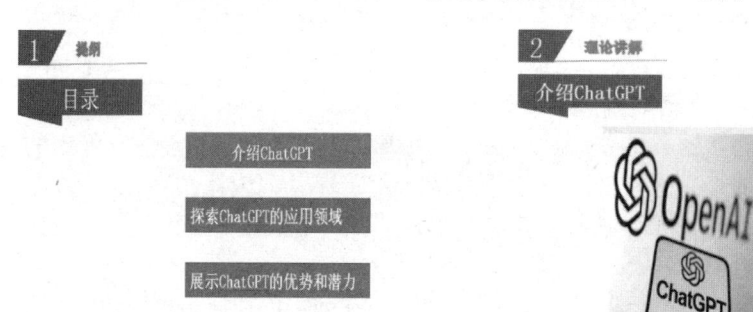

图 4-1-11 目录页效果　　　　　图 4-1-12 ChatGPT 概念页效果

④ 制作应用领域页。

单击"复制 2 页"幻灯片，将左上方文字由"1"改为"3"，在右侧文本框中将内容由"提纲"改为"理论讲解"，将直线下面矩形里的内容由"目录"改为"应用领域"。

在下方空白处依次插入"自动问答系统""教育辅助""自动生成""虚拟助手""医疗保健"图片，选中这 5 张图片，在"格式"选项卡中，将图片大小统一设为高度 10.05cm、宽度 5cm。

将"自动问答系统"图片放至幻灯片左侧，"医疗保健"图片放置幻灯片右侧，选中这五张图片，选择"格式"→"排列"→"对齐"，依次选择"对齐所选对象""顶端对齐""横向分布"命令。

分别在图片下方插入文本框，依次输入文字"自动问答系统""教育辅助""自动生成""虚拟助手""医疗保健"（字体：宋体，字号：18），选中这 5 个文本框，选择"格式"→"排列"→"对齐"，依次选择"对齐所选对象""顶端对齐"命令。

分别将图片与对应的文本框组合，在"动画"选项卡中将动画效果设为"劈入"，在"计时"选项组中将第一个组合的动画开始方式设为"单击时"，之后 4 个组合的动画开始方式设为"上一动画之后"。应用领域页效果如图 4-1-13 所示。

⑤ 制作优势和潜力页。

单击"复制 3 页"幻灯片，将左上方文字由"1"改为"4"，在右侧文本框中将内容由"提纲"改为"理论讲解"，将直线下面矩形里的内容由"目录"改为"优势和潜力"。

在下侧空白处分别绘制宽度和高度均为 1.63cm 的正方形，和宽度为 7.06cm、高度为

1.63cm 的矩形，选中这两个图形，选择"格式"→"排列"→"对齐"，依次选择"对齐所选对象""顶端对齐"命令。

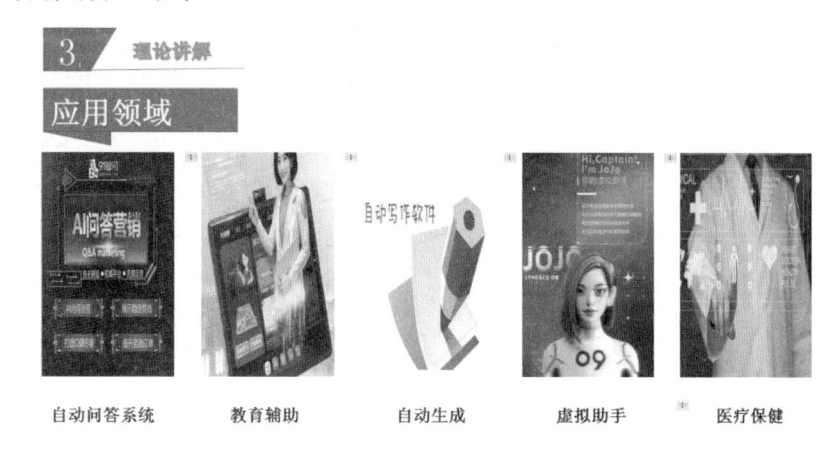

图 4-1-13　应用领域页效果

对齐后，将它们组合成为一个图形，并将它们移动到居中靠上的位置。复制 3 次，形成 4 个组合图形，移动一个组合图形到下方靠后的位置，选中这 4 个图形，选择"格式"→"排列"→"对齐"，依次选择"对齐所选对象""左对齐""纵向分布"命令。

在正方形中依次输入数字"1""2""3""4"（字体：宋体，字号：32），在矩形中依次输入"多语言支持""自动化处理""个性化交互""持续学习"（字体：宋体，字号：32）。

依次选中这 4 个组合图形，在"动画"选项卡中将动画效果设为"浮入"，在"计时"选项组中将第一个组合图形的动画开始方式设为"单击时"，之后 3 个组合图形的动画开始方式设为"上一动画之后"。优势和潜力页效果如图 4-1-14 所示。

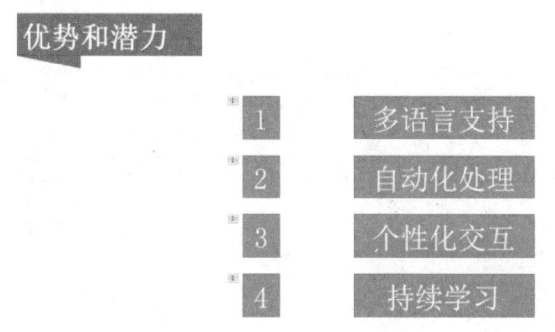

图 4-1-14　优势和潜力页效果

⑥ 结束页。

插入图片，在"格式"选项卡中，将图片大小设为高度 10.05cm、宽度 5cm，并把它移动至页面居中靠左的位置。

在左侧插入文本框，输入"谢谢聆听！"（字体：宋体，字号：66），选中该文本框，在"动画"选项卡中将动画效果设为"擦除"，并将"效果选项"设为"自左侧"，在"计时"选项组中将文本框的动画开始方式设为"单击时"。结束页效果如图 4-1-15 所示。

图 4-1-15　结束页效果

4.1.3　微课开发常用软件——会声会影

微课视频是微课教学的载体，是微课开发的核心，微课视频质量决定了学习者的学习兴趣与学习效率，目前，视频编辑工具有很多，本节重点介绍会声会影的使用。

1. 会声会影软件介绍

会声会影（Corel VideoStudio）是加拿大 Corel 公司制作的一款功能强大的视频编辑软件，它具有图像抓取和编辑功能，可以抓取、转换 MV、DV、V8、TV 格式文件，并提供了丰富的编辑功能与效果，可导出多种常见的视频格式。会声会影软件的主要特点为操作简单，不仅符合家庭和个人所需的影片剪辑功能，甚至可以挑战专业级的影片剪辑软件。如图 4-1-16 所示为会声会影软件窗口。

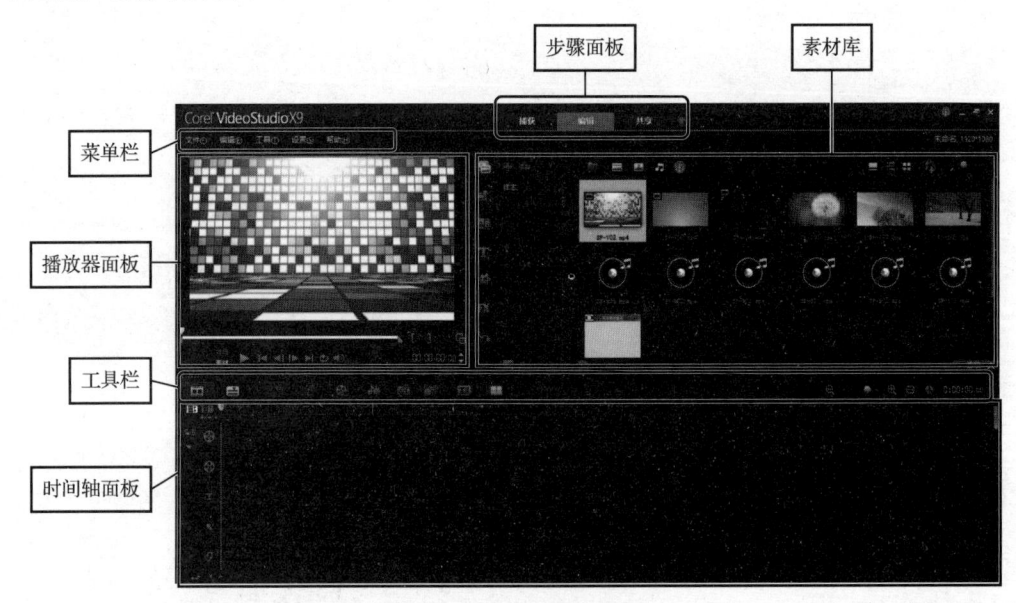

图 4-1-16　会声会影软件窗口

打开会声会影 X9，其组成部分如下。

步骤面板：包括"捕获""编辑"和"分享"面板，用于导入、导出视频和编辑操作。

菜单栏：包含"文件""编辑""工具""设置""帮助"菜单，每个菜单内集成了不同的命令。

播放器面板：包含预览窗口和导览面板，主要功能是预览和编辑项目所用的素材。使用导览面板可以移动所选的素材或者项目。

素材库：包含媒体库、媒体滤镜和选项面板。选项面板会随着程序的模式和正在执行的步骤或者轨道发生变化，其可能包括一个或者多个选项卡，每个选项卡中的控制和选项都不同，取决于所选的素材。

工具栏：通过工具栏，用户可以方便快捷地使用工具按钮，还可以在项目时间轴上放大和缩小项目视图，以及启用不同的工具进行有效的编辑。

时间轴面板：任何素材的编辑都要在时间轴上完成。

2．使用会声会影软件制作影片

使用会声会影软件将影片简化分为三个步骤：捕获、编辑、共享，单击步骤面板上的按钮，即可实现切换。

1）捕获

单击"捕获"面板，进入捕获界面，捕获的视频素材质量将直接影响最终影片的效果，优秀的影片离不开高质量的素材，采用合理的捕获方法是捕获高质量视频素材的有效途径。捕获视频的方法如图 4-1-17 所示。

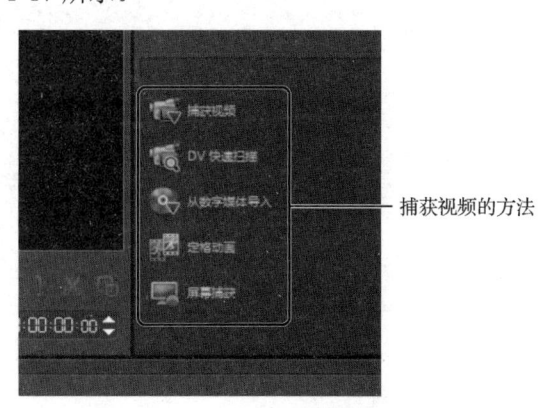

图 4-1-17　捕获视频的方法

（1）捕获视频：单击"捕获视频"，会自动开启摄像头，将摄像头前面的内容拍摄下来并保存在"编辑"面板的素材库中。

（2）DV 快速扫描：将数据线和 DV 摄像机连接起来，即可直接预览 DV 摄像机所捕获的视频，选择所需要的视频即可扫描至"编辑"面板的素材库中。

（3）从数字媒体导入：可以通过多种设备导入，除了 DV 摄像机，还可以通过本地磁盘、光盘、手机等设备捕获视频，只要将外部设备与计算机连接在一起。

（4）屏幕捕获：可对屏幕上的内容、麦克风前的声音、系统声音、鼠标轨迹等进行录制。

选择"屏幕捕获"，单击"设置"按钮，可对录制视频名称、保存路径、视频格式、帧频率进行设置，同时也可选择是否开启声音、鼠标轨迹等，设置完毕，选择需要录制的区域，单击"开始"按钮就可开始录制，录制结束后单击"停止"按钮，录制的视频会自动保存至素材库及之前所设置的文件夹中。如图 4-1-18 所示为"屏幕捕获"对话框。

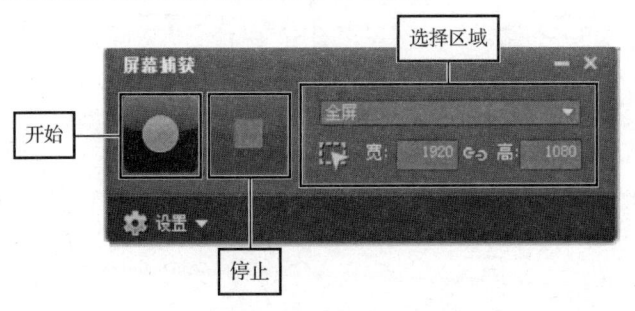

图 4-1-18 "屏幕捕获"对话框

2）编辑

"编辑"面板是会声会影软件的核心，在这个面板上，可以对视频进行整理、编辑、修改，还可以添加各种效果放在视频素材当中。

（1）"编辑"面板中的轨道

视频编辑软件都有时间轴面板，时间轴面板必然涉及轨道，轨道就是处理指定素材的位置，会声会影轨道分为视频轨道、覆叠轨道、标题轨道、声音轨道、音乐轨道，如图 4-1-19 所示。会声会影软件最多可同时编辑 1 条视频轨道、1 条声音轨道、2 条标题轨道、20 条覆叠轨道、8 条音乐轨道，其具体作用如下。

图 4-1-19 会声会影轨道

视频轨道：处理视频、图片文件的地方，可以根据需要对视频素材和图片素材的属性进行调整，也可以对素材的顺序进行调整。

声音轨道和音乐轨道：既可以处理视频中分离出来的声音和音乐，也可以处理导入的声音，在处理声音文件时要注意多轨道素材的协同问题。

标题轨道：处理文字素材的地方，在这条轨道上，可以进行添加文字、修改文字等操作。

覆叠轨道：主要用于制作画中画视频，将视频导入到视频轨道上，调整大小、位置，添加一些特效就可以形成画中画了。

（2）素材库的使用

需要编辑处理的素材都需要导入到素材库中，启动会声会影软件进入"编辑"面板，视频预览窗口右侧显示的便是素材库，如图 4-1-20 所示。

可以在素材库中进行加载素材、显示文件、重命名素材、删除素材、设置素材显示方式等操作。

① 加载素材：加载素材的方式有两种，方式一为单击"导入媒体文件"按钮，进入浏览媒体文件界面，打开要导入的媒体文件；方式二为在媒体库空白区域单击鼠标右键，在弹出的快捷菜单中选择插入媒体文件命令，进入浏览媒体文件界面，打开要导入的媒体文件。

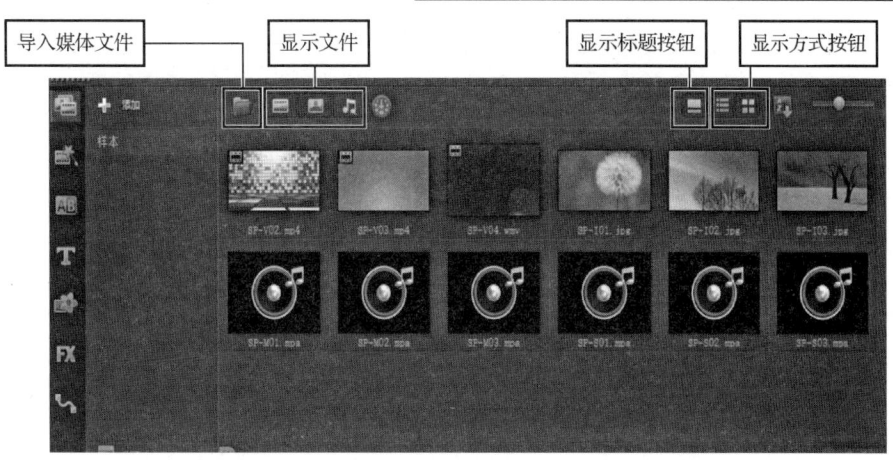

图 4-1-20 素材库

② 显示文件：显示文件按钮有三个，从左到右依次为视频、图片、音频，在默认的情况下，显示文件的按钮呈现亮黄色，代表所有文件都处于显示状态，当需要隐藏某一类文件时，只需要单击对应的按钮，按钮由亮黄色变为灰色，对应的文件隐藏。

③ 重命名素材：在素材库中选中需要重命名的素材，单击素材文件名，即可修改素材名称。

④ 删除素材：在素材库中选中需要删除的素材，单击鼠标右键，在弹出的快捷菜单中选择删除素材命令，即可删除对应的素材。

⑤ 设置素材显示方式：在素材库的右上方有显示方式按钮，默认的情况下以缩略图的方式显示。若想了解素材的详细信息，单击列表视图按钮，列表视图按钮变为橙黄色，缩略图显示按钮变为灰色，素材库中的视图则以列表视图的方式显示。

（3）添加项目

添加项目中提供的模板非常丰富，包括开始、当中、结尾、完成、自定义、常规，根据需要选择，可满足不同的编辑要求。添加项目模板简化了手动编辑操作步骤，使用时，只需要将对应项目模板拖入时间轴即可。如图 4-1-21 所示为添加项目模板。

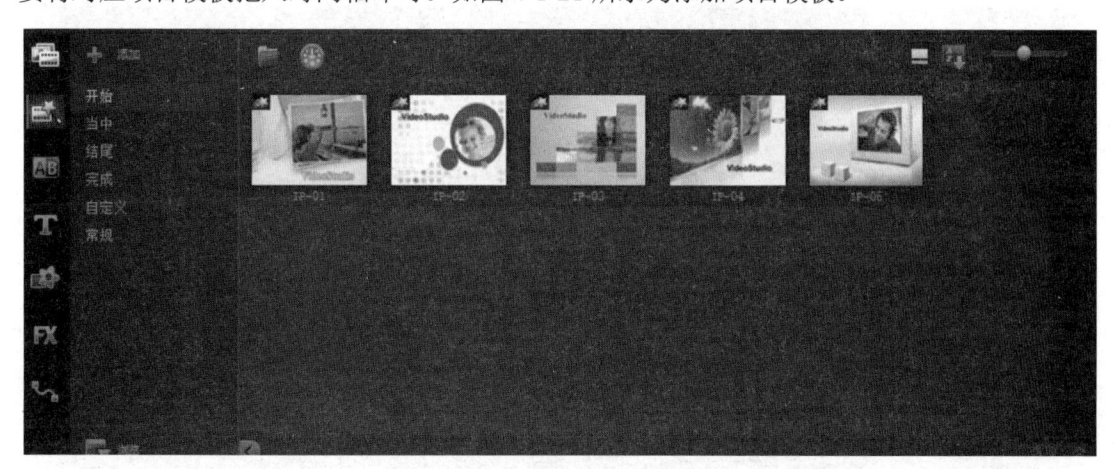

图 4-1-21 添加项目模板

（4）转场段的设置

若转场运用得当，可增加影片的观赏性和流畅性，从而提高影片的整体质量；相反，若转场运用不当则会画蛇添足，使观众产生错觉，大大降低影片的观赏价值。可以设置"自动添加转场"或"手动添加转场"两种方式。

自动添加转场：选择"设置"→"参数选择"命令，出现"参数选择"对话框。在"编辑"选项卡中选中"自动添加转场效果"复选框，单击"确定"按钮，如图 4-1-22 所示。

图 4-1-22　自动添加转场

手动添加转场：首先插入多幅素材文件，单击"转场"按钮，切换至"转场"选项卡。在转场素材库中选择所需要的转场效果，单击鼠标左键将其拖拽至素材之中。将"时间线"移至素材的开始位置，接下来在导览面板中即可预览对应的转场效果，如图 4-1-23 所示。

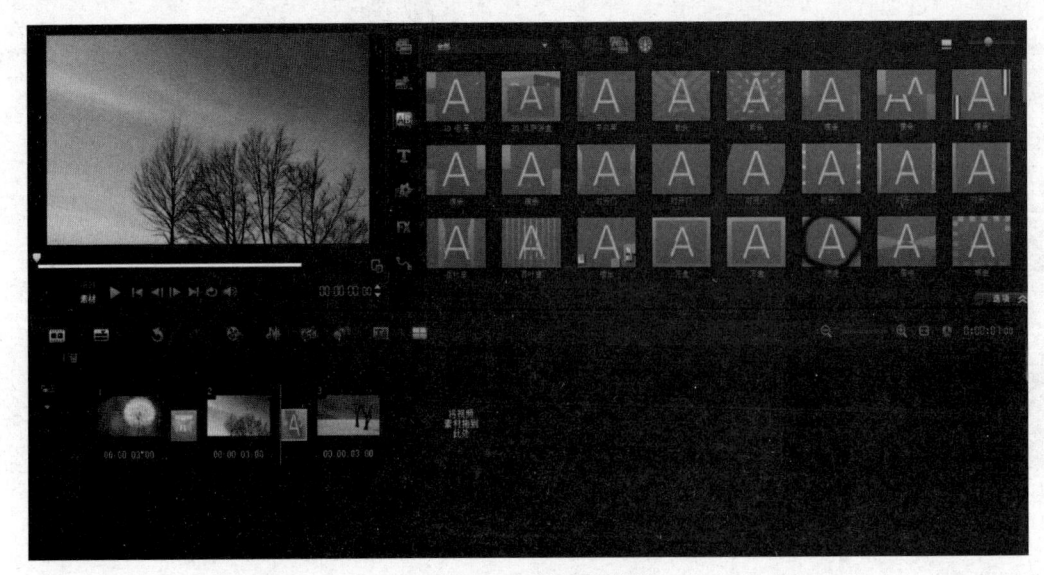

图 4-1-23　手动添加转场

（5）设置视频标题

标题面板默认包含多种标题样式，可以通过标题面板制作视频片头，添加视频字幕，这两者操作基本相同。以添加字幕为例，具体操作如下。

第一步：将需要添加文字的视频素材导入视频轨道上。单击"标题"，在字幕库中将满足需要的字幕拖动到标题轨道上，如图 4-1-24 所示。

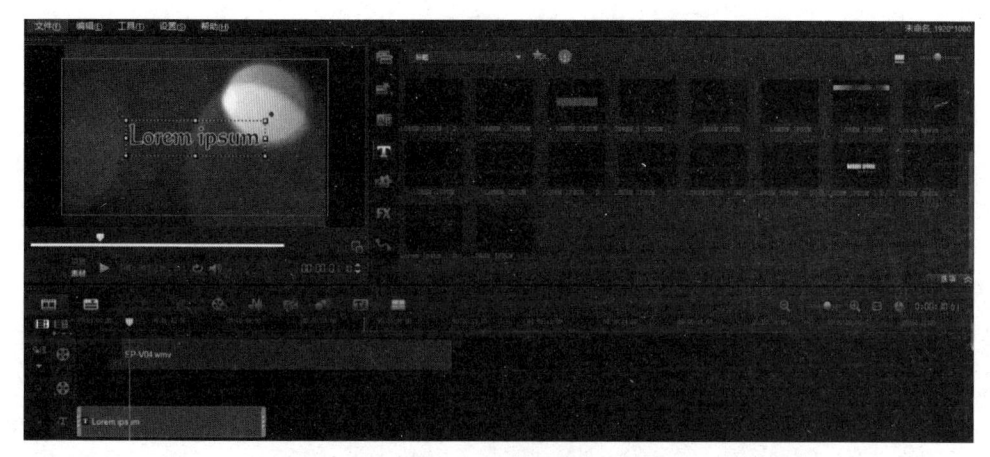

图 4-1-24　导入需要添加文字的视频素材

第二步：编辑文字样式。在视频预览框中选中文字，然后在"编辑"面板中对文字属性进行设置，字体、字号、颜色、对齐方式等都可在这里进行选择，如图 4-1-25 所示。

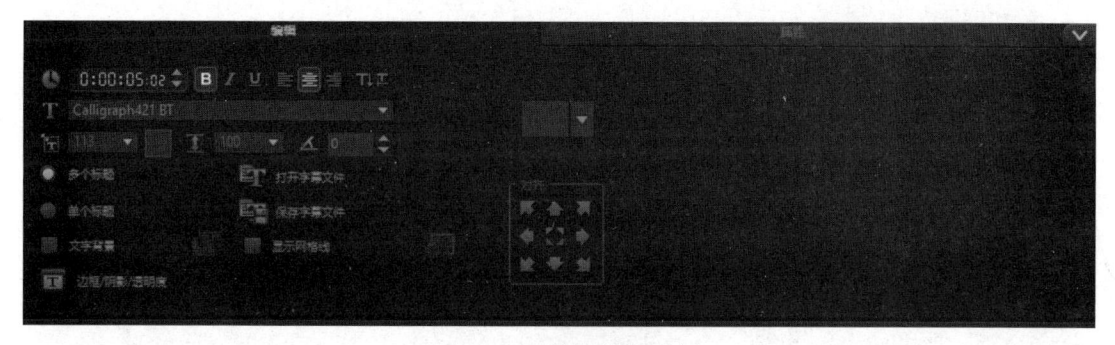

图 4-1-25　编辑文字属性

第三步：保存。在"编辑"面板中选择"保存字幕文件"，保存时需选好保存位置，并给文件命名，以免和其他项目弄混，如图 4-1-26 所示。

图 4-1-26　保存字幕文件

第四步：修改文字。如果保存后发现添加的字幕需要修改，选中字幕，在预览框中双击字幕，就可以修改了。

第五步：添加效果，字幕同样有很多特效，和视频转场特效类似，制作者可根据需要进行选择，同时，可在时间轨道上调整字幕显示时间。

（6）滤镜库的使用

滤镜就是用来实现图片各种特殊效果的工具，滤镜库中存储着各种样式的滤镜，下面以给图片添加滤镜为例，讲解滤镜的使用。

给图片添加单个滤镜：在轨道上插入一张图片或一个视频，然后在滤镜库中选择需要的效果；按住鼠标左键将其拖动到素材上；双击素材，在属性面板中单击"自定义滤镜"，在自定义滤镜中自行设置参数，如图 4-1-27 所示。

图 4-1-27　给图片添加单个滤镜

给图片添加多个滤镜：添加多个滤镜和添加单个滤镜的方法相似，但是在使用多个滤镜时，在属性面板里切记不要选中"替换上一个滤镜"复选框，如图 4-1-28 所示。

图 4-1-28　给图片添加多个滤镜

同时使用多个滤镜时，顺序不同，效果也不一样，如图 4-1-29 所示。

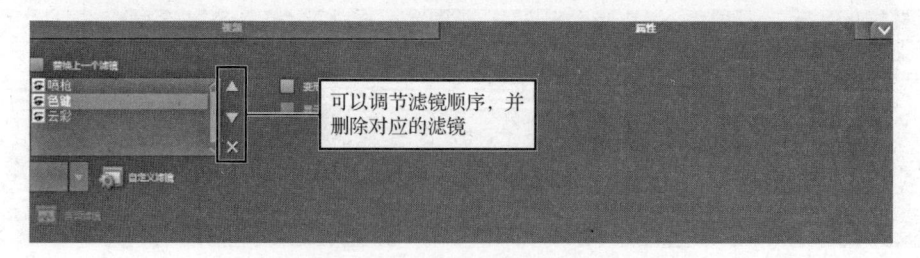

图 4-1-29　同时使用多个滤镜

3）共享

视频共享通常是编辑视频的最后一步，要将编辑好的素材文件生成视频，只需要单击步骤面板中的"共享",则进入"共享"面板,有 5 种共享方式可供选择,如图 4-1-30 所示。

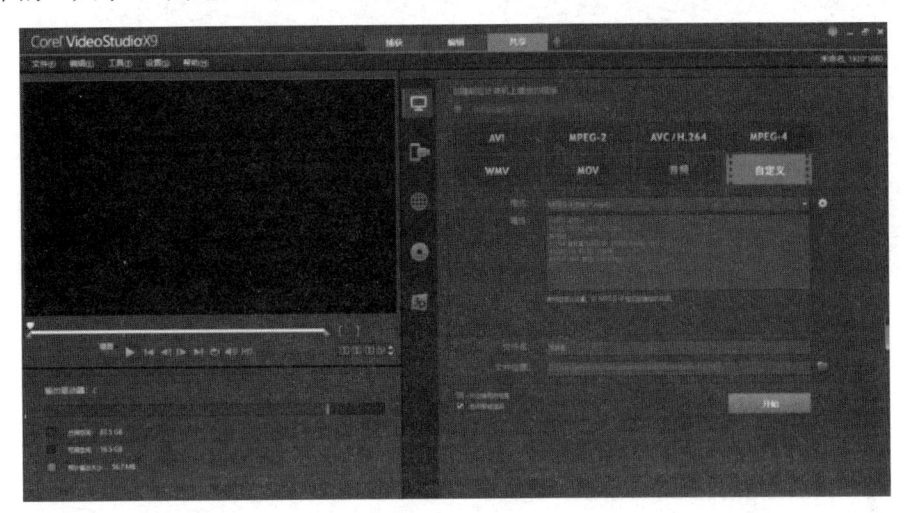

图 4-1-30　共享

(1) 计算机

渲染出的视频可以在计算机上播放,主要是 AVI、MP4、MOV、WMV、音频、自定义等格式,AVI 格式画质好,但是渲染之后文件太大;MOV 格式渲染之后的文件较小,但是画质相对较差;MPEG-4 格式则比较居中。如果用户有特殊需求,可以使用自定义设置,单击右侧的齿轮图标,可以设置分辨率。如果只渲染音乐则直接选择音频或 WMV,如图 4-1-31 所示。

(2) 移动设备

设备的渲染只在移动设备如手机或者摄像机上播放,主要有 DV、HDV、移动设备、游戏主机四种样式,根据自己的设备选择即可,如图 4-1-32 所示。

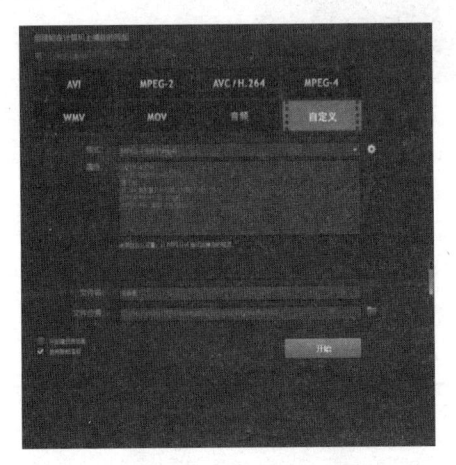

图 4-1-31　计算机 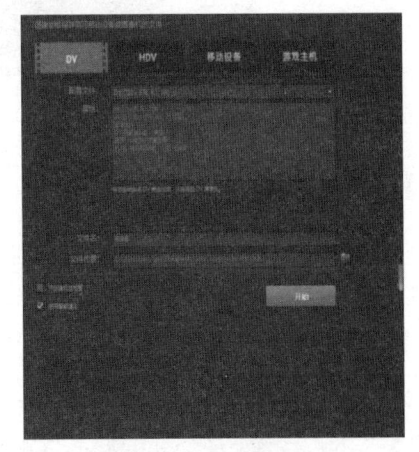　　　　　　图 4-1-32　移动设备

(3) 网络

将视频直接发到网络上,如图 4-1-33 所示。

(4) 光盘

将视频刻录到光盘中,主要有三种方式:DVD、AVCHD、SD 卡,如图 4-1-34 所示。

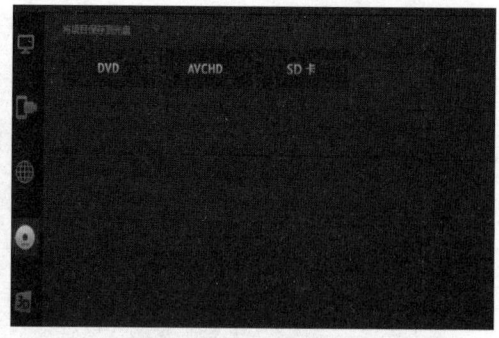

图 4-1-33　网络　　　　　　　　　　　图 4-1-34　光盘

（5）3D 影片

渲染 3D 效果的视频，如果前面制作的是拥有 3D 效果的视频就可以选择这种渲染方式，主要有 MPEG-2、AVC、H.264、WMV、MVC 格式，效果是立体和双重叠影视频文件，可以选择"红蓝"或者"并排"，深度可以调整，如图 4-1-35 所示。

当以上设置都完成之后，除了网络和 DVD，其他方式需要设置文件名和保存文件的位置，然后单击"开始"按钮，开始渲染文件。

图 4-1-35　3D 影片

【任务实施】

"for 语句"为"C 语言程序设计"微课程单元之一，受众为学习"C 语言程序设计"课程的学生。

1. 撰写脚本

授课教师姓名	张三	学科	C 语言程序设计
微课名称	for 语句	视频长度	7 分钟
知识点来源	教材		
教学目标	掌握 for 语句的语法格式 掌握 for 语句的执行过程 掌握有关 for 语句的说明		
微课类型	讲授型		
适用对象	大学一年级		

续表

微课结构（教学过程设计）			
教学环节	教师讲解词	画面内容	拍摄场记
片头	同学们好，欢迎大家走进C语言程序设计课堂，今天我们学习for语句，在C语言提供的3种循环语句中，for语句简洁、灵活，它既可以用于已知次数的循环，也可以用于未知次数的循环，但给出了循环结束条件的情况，首先我们来看看for语句语法格式	第1张PPT	
正文讲解	for语句语法格式如下：for(表达式1;表达式2;表达式3) {循环体}，可以看到它和while循环、do..while循环结构的差别较大	第2张PPT	
	在这个循环结构当中，表达式1：设置初始条件，只执行一次，可以为零个、一个或多个变量设置初值。表达式2：循环条件表达式，用来判定是否继续循环，在执行循环前先执行此表达式。表达式3：更新循环变量表达式，用来更新循环变量，它是在执行完循环体后才执行的	第3张PPT	
	可以理解为：for(设置初始条件;循环条件表达式;更新循环变量表达式){循环体}	第4张PPT	
	那么for循环是如何执行的呢？首先执行表达式1，再执行表达式2，若表达式2为真则执行循环体，执行表达式3，再次执行表达式2，进行判断；若表达式2为假，则退出循环，执行循环体之后的语句	第5张PPT	
	例如：求1到100数字之和，可以通过for语句实现，其代码段如下。其中i=1是给循环变量设初值，i<=100是指循环条件，当i的值在1到100之间，执行循环，i++是指使循环变量i的值不断变化，以最终满足终止循环的条件，让循环结束	第6张PPT	
	for语句与while语句可相互转换，与for语句等价的while语句为：表达式1;while(表达式2){ 循环体 表达式3;}	第7张PPT	
	"表达式1"可以省略，即在for循环当中设初值，但后面的分号不能省略。如"for(i=1;i<=100;i++){s=s+1;}"等价于"int i=1 for(;i<=100;i++){s=s+i;}"，需要在for语句前给循环变量设初值	第8张PPT	
	"表达式2"可以省略，即不设置循环条件表达式，此时，默认循环条件为真，循环无终止地进行下去。如"for(i=1; ;i++){s=s+1;}"等价于"int i=1;while(1){s=s+i;i++}"	第9张PPT	
	"表达式3"可以省略，即省略更新循环变量表达式，但需另外设置表达式更新循环变量否则循环无终止地进行下去。如"for(i=1;i<=100; i++){s=s+1;}"等价于"for(i=1;i<=100;){s=s+i;i++}"	第10张PPT	
	下面用一道题实践一下，编写程序求所有水仙花数，并统计水仙花个数，水仙花数是各个位数三次方之和等于它本身的三位数	第11张PPT	
结尾	本节的内容就讲到这里，感谢聆听	第12张PPT	

2．制作PPT演示文稿

（1）制作封面

启动PowerPoint软件，选择"设计"→"页面设置"，在打开的"页面设置"对话框中单击"幻灯片大小"下拉列表框，选择"全屏显示（16：9）"选项。插入图片，将图片高度设为19.05cm，宽度设为33.87cm。在图片上插入文本框，在文本框内输入主标题"for语句"（字体：宋体，字号：44，加粗）。换行输入副标题，内容为"主讲老师：张三"（字体：宋体，字号：32，加粗）。选中文本框，单击"动画"选项卡，在动画样式列表中选择"劈裂"，单击"动画"选项组中"效果选项"，将效果选项设置为"序列：作为同一个对象，方向：左右向中央收缩"。

封面页效果如图4-1-36所示。

（2）制作内容页1

在幻灯片中插入一个平行四边形，在"格式"选项卡中将高度设为1.72cm，宽度设为6.29cm，选择"编辑形状"→"编辑顶点"命令，将平行四边形调整为倒直角梯形，并将它移至幻灯片的左上角。

在"格式"→"形状样式"选项组中，将"形状填充"设为蓝色，"形状轮廓"设为"无轮廓"。将该幻灯片复制8份备用，分别为"附件2""附件3""附件4""附件5""附件6""附件7""附件8""附件9"。

右击倒直角梯形，编辑文字，输入"语法格式"（字体：微软雅黑，字号：18）。在空白处依次输入文字"for语句语法格式如下：for (表达式1;表达式2;表达式3)   {循环体}"（字体：微软雅黑，字号：18）。

选中文字"for(表达式1;表达式2;表达式3)   {循环体}"，在"动画"选项卡中将动画效果设为"切入"。内容页1效果如图4-1-37所示。

图4-1-36　封面页效果 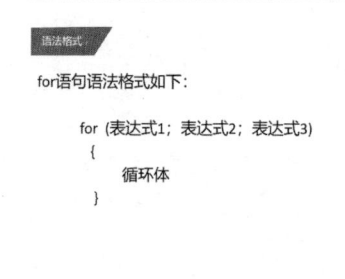　　　　　　图4-1-37　内容页1效果

（3）制作内容页2

选择幻灯片"附件2"，右击倒直角梯形，编辑文字，输入"语法格式"（字体：微软雅黑，字号：18）。在下方依次输入文字"在这个循环结构当中：表达式1：设置初始条件，只执行一次，可以为零个、一个或多个变量设置初值。表达式2：循环条件表达式，用来判定是否继续循环，在执行循环前先执行此表达式。表达式3：更新循环变量表达式，用来更新循环变量，它是在执行完循环体后才执行的。"（字体：微软雅黑，字号：23）。

选择"表达式1……""表达式2……""表达式3……"3段文字，在"动画"选项卡中将动画效果设为"擦除"，将效果选项设为"方向自左侧"。

内容页2效果如图4-1-38所示。

（4）制作内容页3

选择幻灯片"附件2"，右击倒直角梯形，编辑文字，输入"语法格式"（字体：微软雅黑，字号：18）。

在下方依次输入文字"可以理解为：for(设置初始条件;循环条件表达式;更新循环变量表达式){循环体}"（字体：微软雅黑，字号：28）。

选中文字"for(设置初始条件;循环条件表达式;更新循环变量表达式){循环体}"，在"动画"选项卡中将动画效果设为"切入"。内容页3效果如图4-1-39所示。

语法格式

在这个循环结构当中：

表达式1：设置初始条件，只执行一次，可以为零个、一个或多个变量设置初值。
表达式2：循环条件表达式，用来判定是否继续循环，在执行循环前先执行此表达式。
表达式3：更新循环变量表达式，用来更新循环变量，它是在执行完循环体后才执行的。

图 4-1-38 内容页 2 效果

语法格式

可以理解为：

　　for(设置初始条件; 循环条件表达式; 更新循环变量表达式)
　　{
　　　　循环体
　　}

图 4-1-39 内容页 3 效果

（5）制作内容页 4

选择幻灯片"附件 3"，右击倒直角梯形，编辑文字，输入"for 语句执行过程"（字体：微软雅黑，字号：18）。

在下方绘制 3 个矩形、1 个菱形，选中 4 个图形，在"格式"选项卡中，将高度设为 1.72cm，宽度设为 4.34cm。在"形状样式"选项组中将"形状填充"设为"无填充颜色"，"形状轮廓"设为"3 磅"线条。

在 3 个矩形中依次输入"表达式 1""循环体""表达式 3"，在菱形中输入"表达式 2"。将菱形放至幻灯片中间，将"表达式 1""循环体"矩形分别放至菱形的正上方和正下方，然后选中这 3 个图形，选择"格式"→"排列"→"对齐"，依次选择"对齐所选对象""左对齐""纵向分布"命令。将"表达式 3"矩形放到菱形左侧，绘制箭头使图形相连，全选箭头，在"形状样式"选项组中将"形状轮廓"设为 3 磅"线条。内容页 4 效果如图 4-1-40 所示。

（6）制作内容页 5

选择幻灯片"附件 4"，右击倒直角梯形，编辑文字，输入"案例解析"（字体：微软雅黑，字号：18）。

在幻灯片中输入文字："例：求 1 到 100 数字之和。int i, s=0;for (i=1;i<=100;i++){s=s+i;}printf("s=%d",s)"（字体：微软雅黑，字号：25）。

选中文字"int i, s=0;for (i=1;i<=100;i++){s=s+i;}printf("s=%d",s)"，在"动画"选项卡中将动画效果设为"浮入"。内容页 5 效果如图 4-1-41 所示。

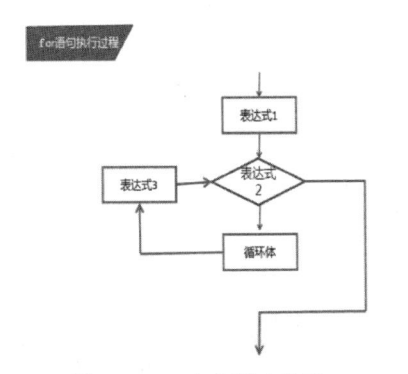

图 4-1-40 内容页 4 效果

图 4-1-41 内容页 5 效果

（7）制作内容页 6

选择幻灯片"附件 5"，右击倒直角梯形，编辑文字，输入"说明"（字体：微软雅黑，字号：18）。

在下方输入文字"1、for 语句与 while 语句可相互转换，与 for 语句等价的 while 语句为：表达式 1; while(表达式 2){ 循环体　表达式 3;}"（字体：微软雅黑，字号：25）。内容页 6 效果如图 4-1-42 所示。

（8）制作内容页 7

选择幻灯片"附件 6"，右击倒直角梯形，编辑文字，输入"说明"（字体：微软雅黑，字号：18）。在下方输入文字"2、'表达式 1'可以省略，即在 for 循环当中设初值，但后面的分号不能省略。如"（字体：微软雅黑，字号：24）。

在文字下方绘制两个文本框和一个左右箭头，选中两个文本框，在"格式"→"形状样式"选项组中，将"形状填充"设为"灰色"，"透明度"设为 20%；将"形状轮廓"设置为"无轮廓"。将两个文本框水平放置顶端对齐，在其中依次输入"for(i=1;i<=100;i++){s=s+1;}""int i=1 for(;i<=100;i++){s=s+i;}"（字体：微软雅黑，字号：24）。

选中左右箭头，在"格式"→"形状样式"选项组中，将"形状填充"设为"蓝色"，将"形状轮廓"设置为"无轮廓"。选中文本框和左右箭头，在"动画"选项卡中将动画效果设为"浮入"。

再绘制一个文本框，在文本框内输入"需要在 for 语句之前给循环变量设初值。"（字体：微软雅黑，字号：24）。将该文本框移动至幻灯片下方，选中该文本框，在"动画"选项卡中将动画效果设为"浮入"。在"计时"选项组中将动画开始方式设置为"上一动画之后"。内容页 7 效果如图 4-1-43 所示。

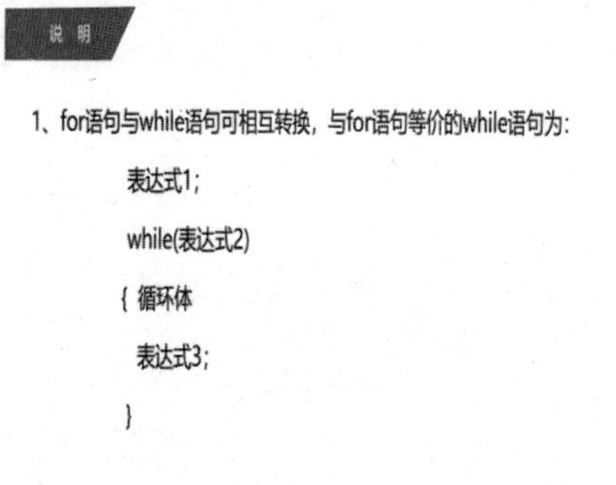

图 4-1-42　内容页 6 效果 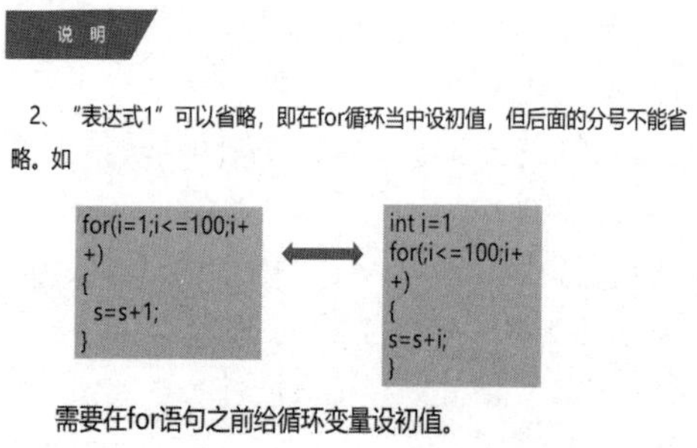　　　　　　　图 4-1-43　内容页 7 效果

（9）制作内容页 8、内容页 9

内容页 8、内容页 9 的制作方法与内容页 7 相同，如图 4-1-44、图 4-1-45 所示。

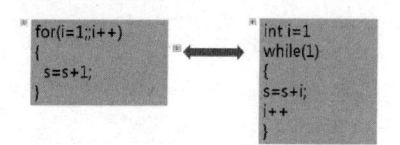

图 4-1-44　内容页 8 效果 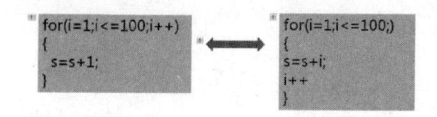　　　　　　　图 4-1-45　内容页 9 效果

（10）制作内容页 10

选择幻灯片"附件 9"，右击倒直角梯形，编辑文字，输入"拓展实践"（字体：微软雅黑，字号：18）。

在下方输入文字"编写程序求出所有水仙花数，并统计水仙花数个数（水仙花数是各个位数三次方之和等于它本身的三位数）。"（字体：微软雅黑，字号：28）。内容页 10 效果如图 4-1-46 所示。

（11）制作结尾页

新建幻灯片，插入图片，在"格式"选项卡中，将该图片的高度设为 12.68cm，宽度设为 12.39cm，放至幻灯片右侧。

在图片左侧绘制文本框，输入"感谢聆听"（字体：微软雅黑，字号：44），选中该文本框，在"动画"选项卡中将动画效果设为"擦除"，并将效果选项设为"自左侧"。结尾页效果如图 4-1-47 所示。

图 4-1-46　内容页 10 效果　　　　图 4-1-47　结尾页效果

【案例总结】

本次微课全面介绍了 for 语句的基本概念、语法，也进行了案例展示。通过引言，明确了 for 语句相对于 while 循环语句和 do...while 循环语句的优越性。通过讲解语法，让学习者对 for 语句的构成有了深入的理解。通过案例展示，让学习者加深了对 for 语句的记忆。此外，还重点说明了使用 for 语句时需注意的事项，帮助学习者更好地掌握 for 语句的基本知识点。

【技能实训】

在学习过程中，你一定对某一门课程、某一个或几个知识点有着自己的理解，用微课的形式将它表达出来，请选择主题进行设计，制作微课。需同时提交：（1）微课脚本。（2）如果制作微课时用到了演示文稿，请提交该演示文稿。（3）制作微课所采用的音视频、动画、图片素材。